气固两相流原理（下）
Principles of Gas-Solid Flows（Ⅱ）

〔美〕Liang-Shih Fan　Chao Zhu　著

张学旭　译

叶旭初　校

科学出版社

北京

图字：01-2018-2942 号

内 容 简 介

本书分上下两册。上册主要涉及的是基本关系和现象，包括颗粒的尺寸和性质、固体颗粒碰撞力学、颗粒的动量传递和电荷转移、颗粒的传热学与传质学基础、气固两相流的基本方程，以及气固两相流中的本征现象。下册主要是选择了一些应用气固两相流原理的工业过程，进行系统的讨论与分析，主要包括气固分离、料斗和竖管流、密相流化床、循环流化床、固体颗粒的气力输送、流化系统的传热传质现象。

作为气固两相流原理的综合信息源，本书可广泛地适用于诸多工程以及应用科学领域，包括化学工程、机械工程、农业科学、土建工程、环境工程、航天工程、材料工程以及大气与环境科学领域。

Principles of Gas-Solid Flows, first edition (978-0-521-02116-6) by Liang-Shih Fan and Chao Zhu first published by Cambridge University Press 1998
All rights reserved.
This simplified Chinese edition for the People's Republic of China is published by arrangement with the Press Syndicate of the University of Cambridge, Cambridge, United Kingdom.
© Cambridge University Press and China Science Publishing & Media Ltd. (Science Press) 2018
This book is in copyright. No reproduction of any part may take place without the written permission of Cambridge University Press and China Science Publishing & Media Ltd. (Science Press) .
This edition is for sale in the People's Republic of China (excluding Hong Kong SAR, Macau SAR and Taiwan Province) only.
此版本仅限在中华人民共和国境内（不包括香港、澳门特别行政区及台湾地区）销售。

图书在版编目（CIP）数据

气固两相流原理. 下/（美）范良士（Liang-Shih Fan），（美）朱超（Chao Zhu）著；张学旭译. — 北京：科学出版社，2018.9
书名原文：Principles of Gas-Solid Flows
ISBN 978-7-03-058271-3

Ⅰ. ①气… Ⅱ. ①范… ②朱… ③张… Ⅲ. ①气体-固体流动 Ⅳ. ①O359

中国版本图书馆 CIP 数据核字（2018）第 159762 号

责任编辑：刘信力／责任校对：邹慧卿
责任印制：吴兆东／封面设计：无极书装

科学出版社 出版
北京东黄城根北街 16 号
邮政编码：100717
http://www.sciencep.com

北京中石油彩色印刷有限责任公司 印刷
科学出版社发行　各地新华书店经销
*
2018 年 9 月第 一 版　开本：720×1000 B5
2022 年 2 月第三次印刷　印张：17 3/4
字数：338 000
定价：128.00 元
（如有印装质量问题，我社负责调换）

中译本序

此书原著主要作者范良士教授是世界著名的多相流反应工程专家及学者，长期从事颗粒流体系统的基础研究和工艺技术研发，他的研究工作跨越最基本的单颗粒输运及反应机理，实验室反应器设计，多相流测量技术研发，再到以化学链循环为代表的整体工艺开拓，此书是范良士先生科研团队对于气–固多相流领域工作的长期积累和系统总结。在同类著作中，独具以下几方面特色：

前沿性的专著：作者将其科研团队在颗粒流体系统领域前沿取得的成就贯穿于此书的论述之中，使得读者可以在了解该领域基本知识的同时，也能掌握相关的前沿动态，有利于读者有更加全面深入的认识。

手册型的构架：作者充分考虑各方面读者可能的需求，将基础知识贯穿于各实用条目之中，既利于工程技术人员参考，又便于科研人员了解某一方面的系统知识。这一手册型特征，大大拓展了著作的读者适用面，亦便于读者在学习基础知识的同时，注重其实际应用。

百科性的内容：作者首先从颗粒流体系统最小的颗粒单元入手，介绍了颗粒的特性及其测量手段，继而描述了颗粒之间的相互作用，然后又论述了颗粒与流体之间的相间作用，循序渐进、深入浅出地为引入系统传递特性打下基础；基于上述知识点和守恒定律，作者介绍了颗粒流体系统的运动和输运方程及推导，以及特定条件下对应的基本现象；最后具体描述了各类气固两相系统的特征。由上册基本知识，到下册各类反应器中这些知识点的应用，内容十分完整，读过此书，受益匪浅，是一本难得的百科式论著。

教学、科研与工程应用兼顾的布局：作者在每章不仅列出了相关的主流和必读的参考文献，又提供了若干知识要点，这对初学或者有一定基础的读者均有提纲挈领的帮助。非常值得一提的是，作者对课后习题的设置也煞费苦心，即便仅是顺应习题的思路加以思考，就可以大大深化读者对各章节内容的理解，这一特征是尤为难能可贵的。

原著合著作者朱超教授曾师从已故多相流大师苏绍礼先生，对多相流及颗粒技术也多有研究贡献。译者张学旭教授是粉料输运及加工领域资深的专家，此书又经著名多相流专家周力行先生校对译文，确保了中文版充分体现了英文版的原意。相信中文版的面世，对于全世界华人读者更直接且准确地了解原著的内容，以及气–固多相流原理在工程应用和学术上的发展会起到至关重要的作用。

范良士先生是华人化工及学术界的佼佼者，我本人的科研工作，也得到他多方面的帮助,他要我给中文版写一序言,我实在不敢当,就权当我学习此书的一些体会,与读者共享吧。

中国科学院院士　李静海
2017 年 4 月

译者前言

Principles of Gas-Solid Flows 是由美国俄亥俄州立大学 (The Ohio State University) Liang-Shih Fan (范良士) 院士和新泽西工学院 (New Jersey Institute of Technology) Chao Zhu(朱超) 教授合写的专著。该书的第一版于 1995 年由剑桥大学出版社 (Cambridge University Press) 出版，欧美等部分大学都将其作为研究生的教材使用，由于使用中得到好评，在 2005 年发行第二版。

译者是 2012 年在美国新泽西工学院做访问学者时，看到了该书。本人所在的专业领域是粉体工程，气固两相流是粉体工程中的气体分级、气固分离、气力输送等化工单元操作过程的重要基础。在认真阅读了本书的部分章节后，本人感觉到该书是粉体工程领域一本很有价值的参考书，正如原著前言所述，本书能适应多学科读者的需求。尤其是它将有助于从事热能工程、航空和航天工程、化学和冶金工程、机械工程以及农业技术、土木工程、环境科学与工程、制药工程、矿山工程、大气和气象科学的科技工作者参考使用。而且，本书的内容既有理论深度，又注重工程实践；对涉及的各种理论、数学模型，都追根溯源、详细分析，试图为读者提供得到专门信息的各种途径。书中内容逐章按照逻辑次序进行描述，各章都列出了所涉及的交叉性参考文献，并都维持其恰当的独立性。这样，读者想要快速查找专门的主题，可直接到相关的章节中查阅。每章后都有习题，很适合作为大学的研究生教材或参考书。因此本人认为，这是一本值得推广和传播的著作，在与朱超教授沟通，并征得范良士院士的同意后，决定将该书以中文出版。本译著是 2005 年第二版的译稿。

本译著自 2013 年启动，经过大家五年的努力，今天终于可以出版。由于原著分为两部分，且内容丰富，考虑到阅读的方便，分两册出版。上册为基础篇，下册为应用篇。在编译过程中，编译组的老师认真推敲、仔细琢磨，使译著既忠于原著，又符合汉语的表达习惯，所以，历时三年，终于完稿。翻译的具体分工是：张学旭教授负责第 1 章、第 5 章、第 6 章、第 9 章～第 12 章；刘宗明教授负责第 2 章；段广彬副教授负责第 3 章；赵蔚琳教授负责第 4 章；陶珍东教授负责第 7 章；姜奉华博士负责第 8 章。张学旭教授负责全书的审定和统稿。在此，感谢编译组的全体老师。

受原书作者范良士院士特约，由国际知名的多相流学术界前辈清华大学周力行教授对本书翻译初稿（第 5 章和第 6 章）进行校对，周教授认真地审阅、校对，提出了很多修改意见，尤其是对多相流体力学方面的专业术语，周教授给予了认真的校对和修改。周教授严谨的治学态度和执着的敬业精神，令人钦佩，在此，我们编译组对周教授表示最诚挚的谢意。另外要感谢周教授的同事、清华大学郭印诚副教授(对翻译初稿的第 1 章和第 2 章进行了校对)和张会强教授(对翻译初稿的第 3 章和第 4 章进行了校对)。周教授负责校对工作的最后审定。在译著付印之际，我们再次对周教授领导的校对组表示最衷心的感谢。

下册由两相流专家南京工业大学叶旭初教授负责校对。叶教授对下册的翻译初稿进行了认真的审阅，提出了很多非常宝贵的意见，为翻译稿更忠于原著，更符合汉语的阅读习惯，更加专业奠定了良好的基础。在此，对叶教授辛勤劳动和付出表示最衷心的感谢。

本书的翻译出版工作得到原书作者范良士院士和朱超教授的鼎力支持、关心和帮助，在此，对他们的帮助表示感谢。

还要感谢范良士院士和周力行教授对本书出版的部分资助。同时，要感谢济南大学教务处、学科处对我们翻译和出版工作的支持和资助。

最后要感谢科学出版社刘信力编辑为本书出版所做的努力。

我们的翻译工作尽管做了最大的努力，包括多次的修改与校对，但由于本书内容有较强的理论深度，且涉及的专业面较宽，书中可能还会存在专业词汇、语言表达翻译不准确的地方，如有这方面的不妥，恳请相关专家和读者不吝赐教，提出批评建议。我们将利用适当的时机予以更正，同时对您表示衷心的感谢。

在此对关心本书的各位专家表示最诚挚的谢意，我们的目的是促进气固两相流及多相流的科学和技术在我国的更大发展，希望我们的译著能够起到应有的作用。

张学旭

2018 年 7 月

前 言

气固两相流动现象在许多工业过程中都能见到，在一些自然现象中也时有发生。例如，在固体燃料的燃烧中，煤粉的燃烧、固体废物的焚烧、火箭推进剂的燃烧等，都涉及气固两相流动。在制药、食品、燃煤和矿石粉体加工处理过程中的气力输送更是典型的气固两相流。粉体物料的流态化也是一种常见的、有许多重要应用的气固两相流动过程，譬如在生成中间性碳氢化物的催化裂化、费托 (Fischer-Tropsch) 合成化学物质以及液体燃料的生产中都有粉体流态化的应用。在气固分离过程中，旋风分离器、静电除尘器、重力沉降和过滤分离都是气固两相流动常用的实例。细粉体与气体形成的两相流动常与材料加工过程密切相关，如陶瓷及硅酸盐产品的化学蒸气沉积、等离子喷涂和静电复印技术。在换热应用中，核反应堆的冷却、太阳能传输采用的石墨悬浮流，也涉及气固两相流动。固体颗粒离散型流动常见于颜料喷雾剂、粉尘爆炸和沉积以及喷嘴流。自然现象中伴随气固两相流动的典型例子有沙尘暴、沙丘移动、空气动力磨蚀和宇宙尘埃。对前所述各工业过程中气固两相流动的优化设计、一些自然现象的精确描述控制，都需要有控制这些流动原理的全面知识为基础。

本书的目的是介绍气固两相流动的基本原理和基本现象，选定部分在工程应用的气固两相流系统，介绍其原理及应用特性。本书涉及的气固两相流动中，其固体颗粒的尺寸范围是 $1\mu m \sim 10 cm$，本书也认为亚微米颗粒流动特性有巨大的工业价值。本书对所涉及颗粒动力学的一些重要理论或模型，以及其发展起源的流体力学都作了系统的论述，并着重论述了这些理论或模型的物理解释和应用条件。对气固两相流系统中存在的各种本征现象也做了说明。本书是为从事气固两相流研究的高年级本科生和研究生而编写的教科书。同时，也是为从事一般多相流领域的研究者和应用工作者提供的一本很好的参考书。本书可适应多学科读者的某些需求，尤其是它将有助于从事化学工程、机械工程以及其他工程学科，包括从事农业技术、土木工程、环境科学与工程、制药工程、航空工程、矿山工程、大气和气象科学的科技工作者参考使用。

本书分为上下册，每册由六章组成。上册是气固两相流基本关系和基本现象；下册是选择了某些工程上应用的气固两相流系统，并详细介绍这些系统的特性。具体来说，第 1 章介绍颗粒的材料性质及几何特性 (尺寸和尺寸分布)。颗粒当量直径的各种定义，相关的颗粒尺寸测量技术也包括在这一章中。第 2 章主要介绍基于弹性形变理论的固体颗粒碰撞力学，用弹性碰撞理论讨论了颗粒触碰的接触时间、接触面积、碰撞力,这对于和固体颗粒碰撞有关的动量传递、热量传递和电荷转移过程的描述都至关重要。第 3 章论述气固两相流的动量和电荷转移,介绍了气固两相流中气体与颗粒之间、颗粒与颗粒之间的相互作用及外场的各种力。根据力的平衡分析,导出了单颗粒的运动方程。本章也介绍了气固两相流中电荷产生的基本机理,详细讨论颗粒碰撞引起的电荷转移机制。第 4 章介绍气固两相流动中传热和传质的基本概念和理论,重点包括散式相弹性碰撞中的热辐射和热传导。第 5 章介绍气固两相流四种基本的建模方法,即连续介质模型或多流体模型、轨道模型、碰撞支配的稠密悬浮系统动力论模型和通过颗粒填充床流动的欧根 (Ergun) 方程模型。本章中首先讨论了单相流的流体动力学方程,这里用气体分子运动论和湍流模型的基本概念讨论其基本的建模方法。和单相流动的 k-ε 湍流模型不同,对考虑气固湍流相互作用的气固两相流,介绍了连续介质方法的 k-ε-k_p 模型。第 6 章讨论气固两相流中的本征现象,如磨蚀和磨损、声波和激波通过气固悬浮流的传播、气固混合物的热力学性质、不稳定流动和气固湍流的相互作用。

第 7 章介绍的是气固分离。本章中介绍的基本分离方法包括旋风分离、过滤、静电分离、重力沉降和湿法收尘。第 8 章介绍的是料斗和竖管流动,这是在散粒状固体粉料的操作处理及输送过程中常用的单元操作。为了分析料斗和竖管流的基本特性,也介绍了粉体力学的一些基本概念。第 9 章介绍气体流化的一般概念,重点介绍密相流化床,这也是工业应用中最为普遍的气固两相流操作。本章讨论了各种运行工况,包括散式流化、鼓泡/节涌流化、湍流流化和喷腾现象;介绍了气泡、气体介质中弥散的颗粒、气泡尾流的基本性质和固有气泡聚集和破裂,以及颗粒的夹带现象。第 10 章介绍高速条件下的快速流态化。快速流态化形成于循环流化床系统的上升管中,其中固体颗粒形成一个循环回路。本章通过考察单独的循环回路部分给出气固流动中的相互作用关系,及其对整体的气固流动特性的影响。第 11 章主要涉及稀相输送或气固悬浮系统的管流。本章讨论了一些相关的现象,譬如减阻;介绍了充分发展的管流和在弯管的气固流动特征。第 12 章描述的是流化系统的传热和传质现象,介绍了各种传递模型和经验公式,这些关系式可应用于确定各种流态化系统的热量传递和质量传递特性的定量关系。

本书附录中给出了正文中出现的标量、矢量和张量符号的解释。在全书正文中,除非特别注明以外,相关公式中所用的单位都采用国际 (SI) 单位制。有多章中使用的常用符号,譬如表观气体速度、颗粒雷诺数等都是统一的。每章后都有部分习题,对每章习题解答感兴趣的读者可以直接和出版商联系。

本书试图为读者提供其期望得到专门信息的各种途径。书中内容逐章按照逻辑次序进行描述,各章都列出了所涉及的交叉性参考文献,但各章都维持其恰当的独立性。这样,读者想要快速查找专门的主题,可直接到相关的章节中查阅。需要特别注意的是,气固两相流是一个发展很快的研究领域,气固两相流的物理现象又极其复杂，要想全面了解这些现象，本书所涉及的内容还远远不够。本书旨在为读者提供足够多的基本概念，使之能与时俱进，随时掌握该领域的最新发展。

在本书付印之际，我们对以下诸位同事表示最诚挚的谢意，他们认真地阅读了书稿，并提出了很多富有建设性的建议，他们是：R. S. Brodkey 教授，R. Clift 教授，J. F. Davidson 教授，R. Davis 博士，N. Epstein 教授，J. R. Grace 教授，K. Im 博士，B. G. Jones 教授，D. D. Joseph 教授，C.-H. Lin 博士，P. Nelson 博士，S. L. Passman 博士，R. Pfeffer 教授，M. C. Roco 教授，S. L. Soo 教授，B. L. Tarmy 博士，U. TÜzÜn 教授，L.-X. Zhou 教授。我们非常感谢下列诸位同事为本书资料准备中做了一些技术上的帮助，他们是：E. Abou-Zeida 博士，P. Cai 博士，S. Chauk 先生，T. Hong 博士，P.-J. Jiang 博士，J. Kadambi 教授，T. M. Knowlton 博士，S. Kumar 博士，R. J. Lee 博士和 J. Zhang 博士。

还要特别感谢 R. Agnihotri 先生，D.-R. Bai 博士，H.-T. Bi 博士，A. Ghosh-Dastidar 博士，E.-S. Lee 先生，S.-C. Liang 博士，J. Lin 先生，T. Lucht 先生，X.-K. Luo 先生，S.Mahuli 博士，J. Reese 先生，S.-H. Wei 先生，J. Zhang 博士，T.-J. Zhang 先生，J.-P. Zhang 先生，他们阅读了本书的部分内容，并提供了有价值的评阅意见。感谢 T. Hong 博士和 K. M. Russ 博士对本书的编辑提供的帮助，也感谢 E. Abou-Zeida 博士和 Maysaa Barakat 女士为本书绘制了漂亮的插图。我们曾在俄亥俄州立大学化学工程系开设了 801 号课程"气固两相流"和 815.15 号课程"流态化工程"，这两门课程都曾以本书的书稿作为参考教材，选修该课的学生们对本书提供了重要的反馈意见，这些意见对本书有非常大的参考价值。俄亥俄州立大学/流态化技术和颗粒反应工程行业协会的成员，包括壳牌 (Shell) 发展有限公司、杜邦 (E. I. duPont) 有限公司、烃研究公司、埃克森 (Exxon) 美孚研究工程有限公司、德士古 (Texaco) 公司、三菱 (Mitsubishi) 化学公司，他们为本书的出版提供了资助，在此，对他们的帮助表示深深的谢意。

目 录

中译本序
译者前言
前言

第 7 章 气固分离 ··· 1
  7.1 引言 ··· 1
  7.2 旋流分离 ··· 1
    7.2.1 旋流分离器的工作原理及类型 ································· 1
    7.2.2 旋风筒内的流场 ·· 3
    7.2.3 旋风筒的收集效率 ·· 8
  7.3 静电分离器 ··· 13
    7.3.1 静电分离器的分离机理 ·· 13
    7.3.2 迁移速度和电风 ·· 14
    7.3.3 静电分离器的收集效率 ·· 15
  7.4 过滤 ··· 17
    7.4.1 过滤机理和过滤器类型 ·· 17
    7.4.2 过滤器的压降 ·· 19
    7.4.3 纤维过滤器的收集效率 ·· 22
  7.5 重力沉降和湿法洗涤 ·· 24
    7.5.1 重力沉降室 ·· 24
    7.5.2 洗涤机理及洗涤器类型 ·· 26
    7.5.3 洗涤模拟及捕集效率 ··· 27
  符号表 ··· 31
  参考文献 ··· 33
  习题 ··· 34

第 8 章 料仓和竖管流 ··· 36
  8.1 引言 ··· 36
  8.2 料仓流中的粉体力学 ·· 37
    8.2.1 平面应力莫尔圆 ·· 37
    8.2.2 莫尔–库仑破坏准则和库仑粉体 ··························· 39
    8.2.3 竖管和料仓中的静态应力分布 ······························ 41

   8.2.4 稳定料斗流中的应力分布 ·· 44
   8.2.5 料斗设计中粉体的流动性 ·· 45
 8.3 料斗和竖管流动理论 ··· 50
   8.3.1 喂料斗中移动床料层流动 ·· 50
   8.3.2 竖管流 ·· 54
   8.3.3 料仓–竖管–卸料流动 ··· 58
   8.3.4 稳定竖管流动的多样性 ··· 61
   8.3.5 竖管中的泄漏气体流 ·· 62
 8.4 竖管系统的类型 ··· 65
   8.4.1 竖管的溢流和底流 ··· 65
   8.4.2 倾斜竖管和非机械阀门 ··· 67
符号表 ··· 69
参考文献 ·· 70
习题 ·· 72

第 9 章　密相流化床 ·· 74
9.1 引言 ··· 74
9.2 颗粒和流化特性分类以及流化床的结构 ···························· 75
   9.2.1 流化颗粒的分类 ·· 75
   9.2.2 流化特性分类 ··· 77
   9.2.3 密相流化床的构成 ·· 79
9.3 临界流态化和散式流态化 ·· 80
   9.3.1 临界流态化 ·· 81
   9.3.2 散式流态化 ·· 82
9.4 鼓泡流态化 ·· 83
   9.4.1 鼓泡的开始 ·· 83
   9.4.2 流化床中的单个气泡 ··· 85
   9.4.3 气泡/射流的形成、聚并和破裂 ································ 90
   9.4.4 气泡/射流的尺寸和上升速度 ··································· 92
   9.4.5 气流分配和床层膨胀 ··· 95
9.5 湍流流态化 ·· 99
   9.5.1 流态的转变及识别 ·· 99
   9.5.2 转变速度的确定 ··· 101
   9.5.3 流体力学特征 ·· 102
9.6 夹带和扬析 ·· 103
   9.6.1 固体颗粒向自由空域的喷射机制 ······························ 103

		9.6.2 关联和建模	104
9.7	节涌流		106
		9.7.1 单个节涌的形状和上升速度	106
		9.7.2 连续节涌	107
9.8	喷腾床		109
		9.8.1 喷腾的产生	110
		9.8.2 最大喷腾高度和喷射流直径	111
		9.8.3 回落区高度	112
		9.8.4 气流分布	112

符号表 ··· 113
参考文献 ··· 114
习题 ··· 120

第 10 章 循环流化床 ··· 125

10.1	引言		125
10.2	系统的构成		126
10.3	流态及其转变		128
		10.3.1 流态及辨识图	128
		10.3.2 流态转变的确定	129
		10.3.3 流态化特性的可操作性	134
10.4	宏观尺度流体力学行为		142
		10.4.1 横截面上平均空隙率在轴向上的分布	143
		10.4.2 空隙率在径向上的分布和固体颗粒流量	146
		10.4.3 总固体颗粒保持量	147
10.5	局部固体颗粒流的结构		148
		10.5.1 固体颗粒流的瞬时特性	149
		10.5.2 间歇式固体颗粒流的特征	150
10.6	快速流态化数学模型		152
		10.6.1 基于颗粒团簇概念的模型	152
		10.6.2 基于环-核心流结构的模型	152
		10.6.3 基于固体颗粒保持量在轴向上分布的模型	156
		10.6.4 两相流模型和计算流体动力学	156

符号表 ··· 158
参考文献 ··· 159
习题 ··· 164

第 11 章　固体颗粒的气力输送 ································· 167

11.1　引言 ··· 167
11.2　气力输送系统的分类 ································· 167
11.2.1　水平输送和垂直输送 ························· 168
11.2.2　正压输送和负压输送 ························· 168
11.2.3　稀相流和密相流 ································ 169
11.2.4　流态与流态的转变 ····························· 171
11.3　压降 ··· 173
11.3.1　一维流动的总压降 ····························· 174
11.3.2　阻力变小 ··· 174
11.3.3　压降和发展区的加速长度 ··················· 178
11.4　临界输送速度 ·· 180
11.4.1　最小输送速度 ··································· 180
11.4.2　携带速度 ··· 182
11.5　弯管处的流动 ·· 184
11.5.1　弯管中的单相流 ································ 184
11.5.2　弯管中的颗粒流 ································ 187
11.6　充分发展的稀相管道流 ····························· 188
11.6.1　基本方程和边界条件 ························· 189
11.6.2　无量纲参数关系 ································ 193
11.6.3　各相的温度分布 ································ 196
符号表 ·· 200
参考文献 ··· 201
习题 ··· 204

第 12 章　流化系统的传热传质现象 ····················· 205

12.1　引言 ··· 205
12.2　悬浮体系与表面之间的传热 ······················· 205
12.2.1　传热模型和流态 ································ 206
12.2.2　薄层模型 ··· 207
12.2.3　单颗粒模型 ······································ 209
12.2.4　乳化相/团束模型 ······························· 212
12.3　密相流化床中的传热 ································ 218
12.3.1　颗粒对气体以及床层对气体的传热 ······ 281
12.3.2　床层对表面的传热 ····························· 219
12.3.3　操作条件的影响 ································ 225

12.4 循环流化床中的传热 ··· 227
12.4.1 机理和建模 ··· 227
12.4.2 传热系数在径向和轴向上的分布 ··· 230
12.4.3 操作参数的影响 ··· 231
12.5 喷腾床上的传热 ··· 235
12.5.1 气体对颗粒的传热 ··· 233
12.5.2 床层对表面的传热 ··· 233
12.6 多颗粒气固系统的传质 ··· 233
12.6.1 密相流化床的传质 ··· 234
12.6.2 循环流化床上的传质 ··· 238
符号表 ··· 239
参考文献 ··· 241
习题 ··· 244
附录 标量、向量和张量的符号意义 ··· 247
名词索引 ··· 250

第7章 气固分离

7.1 引　　言

分离过程在气固两相流系统中主要涉及除尘、颗粒收集、取样、颗粒再循环等单元操作。气固分离可以利用离心原理、静电效应原理、过滤原理、重力沉降原理及洗涤原理等来实现。应用这些原理的分离器包括离心除尘器、静电除尘器、过滤除尘器、重力沉降室及洗涤器等。为了提高粉尘收集效率或除尘效率，往往使用由这些分离器组合而成的多级气固分离系统。

本章讨论气固分离的收集原理、类型及收集效率，以用旋流原理实现分离的设备——旋风分离器为例，重点叙述最常用的切向流旋风筒。介绍以静电原理实现分离的设备——静电分离器，并就精确估算静电分离器收集效率所存在的各类困难做出了解释。这些困难因素包括：系统结构的复杂性、电场风引起的明显的气流扰动及颗粒荷电的不可预测性等。另外，也介绍了过滤的概念。过滤过程可以收集几乎所有尺寸的颗粒，然而，滤布两侧的压力会随过滤器的内部结构、颗粒沉积方式（料饼型或厚料层沉积）、颗粒沉积量而发生明显的变化。本章还描述了因固体颗粒与液滴的碰撞形成湿料浆的湿法洗涤器。

7.2　旋流分离

基于旋流原理的分离是最常见的气固两相流操作方式之一。本节介绍旋流的基本原理及其在旋风筒中的应用，并描述旋风筒的收集效率。

7.2.1　旋流分离器的工作原理及类型

在旋流分离器中，分离器的结构，如切向进口、进口处设置导向叶片，以及形成旋转流的内外筒等导致产生气固悬浮旋转流。旋转流动使颗粒受到的离心力比重力至少大两个数量级。因此，即使很轻的颗粒在离心力的作用下也能飞向器壁，并被收集于集尘斗中，而净化后的气体则从气体出口排出。

采用此原理的旋风筒有折返流式旋风筒和单向流式旋风筒两类。折返流旋风筒的两种常见型式是切向进口的旋风筒和龙卷风式分离器，分别如图 7.1 和图 7.2 所示。含尘气流沿切向进入旋风筒使之沿筒内壁作圆周流动，离心沉降至筒壁的颗粒沿筒体内壁滑落并经锥形筒落入集尘斗。单向流式旋风分离器的典型代表有轴流式旋风分离器和滚筒式离心分离器两种。轴流式旋风分离器如图 7.3 所示，由导向叶片的作用产生旋转流动，固体颗粒在离心力作用下向壁面运动，并在同轴出口处与气体分离开来。滚筒式分离器以罗特克斯 (Rotex) 离心分离器为其典型代表，如图 7.4 所示。含尘气流通过旋转的圆筒，在与筒壁摩擦作用下开始旋转，借助于气流与颗粒之间的相对惯性作用及重力作用实现颗粒的分离。

　　旋风分离器是最简单的分离器之一，无运动部件，易于维护。尽管基本结构简单，但固体颗粒在筒内受到的离心力可轻易达到重力的 300~2000 倍，并且分离效率高。带导向叶片的旋风筒与切向进口的旋风筒相比，由于导向叶片会减缓气流的旋转速度，因而分离效率相对较低，但出口处的气固共轴结构可避免切向进口的旋风筒中常会发生的二次扬尘现象。旋风筒可处理高温气体，其优点还包括：操作成本低，可靠性好，适用于高温操作。

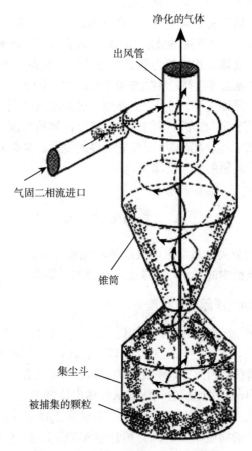

图 7.1　切向进口的旋风筒工作原理

7.2 旋流分离

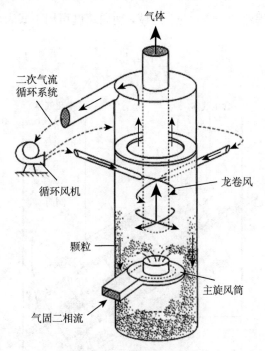

图 7.2 龙卷风式分离器工作原理示意图 [Ogawa, 1984]

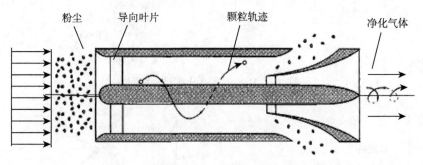

图 7.3 轴流式旋风分离器工作原理示意图

7.2.2 旋风筒内的流场

速度分布的摄影及测量结果显示，旋风筒内的切向速度分布基本由中部区域的核心流和外部区域的自由涡流组成 [Ogawa, 1984; Rietema, 1962]，基于此实验发现提出了许多涡流模型，其中最简单的是兰金 (Rankine) 提出的混合涡流模型。该模型认为，流场包括强制涡和自由涡两部分，如图 7.5 所示。

为描述该模型，分别以 U、V、W 表示气体在柱面坐标系中 r、θ、z 方向上的速度分量。在强制涡流 $(0 \leqslant r \leqslant r_\text{f})$ 区域，切向速度可用下式表示：

$$V = \omega r \tag{7.1}$$

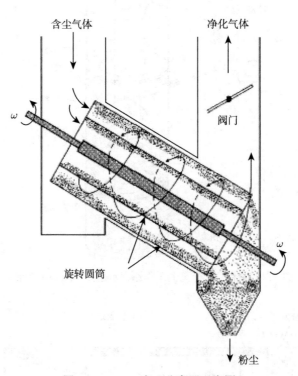

图 7.4　Rotex 离心分离器示意图

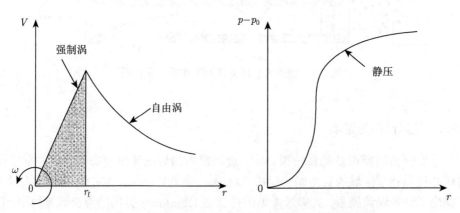

图 7.5　基于兰金混合涡模型的切向速度分布及静压分布

7.2 旋流分离

在自由涡 $(r > r_\mathrm{f})$ 区域，速度表达式为

$$Vr = \Gamma = \omega r_\mathrm{f}^2 \tag{7.2}$$

式中，r_f 为自由涡半径；ω 是角速度；Γ 表示环量。则相应强制涡内的静压分布表达式为

$$p = p_0 + \frac{\rho \Gamma^2}{2r_\mathrm{f}^4} r^2 \tag{7.3}$$

自由涡内的静压分布为

$$p = p_0 + \frac{\rho \Gamma^2}{2}\left(\frac{2}{r_\mathrm{f}^2} - \frac{1}{r^2}\right) \tag{7.4}$$

式中，p_0 是旋风收尘器中心的静压；ρ 是气体的密度。

另一个常用的模型的依据是质量和动量的微分平衡 [Burgers, 1948]。考虑稳定的不可压缩的轴对称流，忽略其质量力。在柱面坐标系中，流体的连续性方程为

$$\frac{\partial U}{\partial r} + \frac{\partial W}{\partial z} + \frac{U}{r} = 0 \tag{7.5}$$

纳维–斯托克斯 (Navier-Stokes) 方程可表示为

$$\begin{aligned}
U\frac{\partial U}{\partial r} + W\frac{\partial U}{\partial z} - \frac{V^2}{r} &= -\frac{1}{\rho}\frac{\partial p}{\partial r} + \nu\left(\frac{\partial^2 U}{\partial r^2} + \frac{\partial^2 U}{\partial z^2} + \frac{1}{r}\frac{\partial U}{\partial r} - \frac{U}{r^2}\right) \\
U\frac{\partial V}{\partial r} + W\frac{\partial V}{\partial z} + \frac{UV}{r} &= \nu\left(\frac{\partial^2 V}{\partial r^2} + \frac{\partial^2 V}{\partial z^2} + \frac{1}{r}\frac{\partial V}{\partial r} - \frac{V}{r^2}\right) \\
U\frac{\partial W}{\partial r} + W\frac{\partial W}{\partial z} &= -\frac{1}{\rho}\frac{\partial p}{\partial z} + \nu\left(\frac{\partial^2 W}{\partial r^2} + \frac{\partial^2 W}{\partial z^2} + \frac{1}{r}\frac{\partial W}{\partial r}\right)
\end{aligned} \tag{7.6}$$

式中，ν 为流体的动力学黏度。

若 U, V, W 和 p 为下述形式，则可获得通解

$$\begin{aligned}
U &= -Ar, \quad V = V(r), \quad W = 2Az \\
p &= -\frac{1}{2}\rho A^2 (r^2 + 4z^2) + \rho \int \frac{V^2}{r}\mathrm{d}r
\end{aligned} \tag{7.7}$$

式中，A 为常数。容易证明，上述方程在轴向和径向上满足连续性方程和动量方程。将式 (7.7) 代入切向的运动方程可得到

$$-Ar\frac{\mathrm{d}V}{\mathrm{d}r} - AV = \nu\left(\frac{\mathrm{d}^2 V}{\mathrm{d}r^2} + \frac{1}{r}\frac{\mathrm{d}V}{\mathrm{d}r} - \frac{V}{r^2}\right) \tag{7.8}$$

式 (7.8) 的解为

$$V = \frac{C}{2\pi r}\left[1 - \exp\left(-\frac{Ar^2}{2\nu}\right)\right] \tag{7.9}$$

式中，C 是系统最大环量时的常数。环量由下式给出：

$$\Gamma = \frac{\mathrm{d}V}{\mathrm{d}r} + \frac{V}{r} = \frac{AC}{2\pi v}\exp\left(-\frac{Ar^2}{2v}\right) \tag{7.10}$$

定义无因次速度和无因次半径为

$$U^* = \frac{U}{U_\mathrm{w}}, \quad V^* = \frac{V}{V_\mathrm{w}}, \quad r^* = \frac{r}{R} \tag{7.11}$$

式中，U_w 是气流在筒壁附近的径向速度；V_w 是气流在筒壁附近的切向速度；R 表示旋风筒断面半径。

应该注意，V_w 和 R 仅是轴向坐标 z 的函数。若忽略筒壁边界层的厚度，则由式 (7.7) 和式 (7.9)，无因次速度可表示为

$$U^* = r^*, \quad V^* = \frac{1}{r^*}\left[\frac{1-\exp(-\mathrm{Re}_\mathrm{w} r^{*2}/2)}{1-\exp(-\mathrm{Re}_\mathrm{w}/2)}\right] \tag{7.12}$$

式中，Re_w 为雷诺数，定义为

$$\mathrm{Re}_\mathrm{w} = -\frac{RU_\mathrm{w}}{\nu} \tag{7.13}$$

根据式 (7.12)，无因次切向速度 V^* 随雷诺数 Re_w 在径向上的变化如图 7.6 所示。可以看出，Re_w 在 10~30 范围内变化时，在 $r^* \leqslant 0.5$ 处，无因次切向速

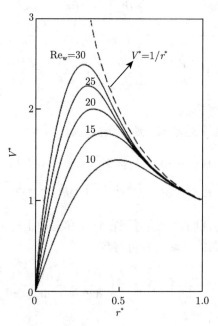

图 7.6　涡流分布 [Burgers, 1948]

度达最大值。在实际操作中，旋风筒内的气固两相流为湍流流动，然而，前两个模型中排除了湍流对气流速度和静压分布的影响。Zhou 和 Soo (1990) 利用 $k\text{-}e$ 模型对旋风筒入口处强烈的 (涡旋) 湍流进行了数值计算。图 7.7 示出了它们对轴向速度、切向速度及静压在径向上的变化的计算结果和用激光多普勒 (Doppler) 速度仪 (LDV) 对流场的测定结果。可以看出，在中心区域，气流向上运动；在近筒壁区域，气流向下运动；压力随半径增大而增大。$k\text{-}e$ 模型可以很好地预测旋风收尘器筒壁区域的气流速度及压力，但是，对于轴心附近区域的预测则不那么准确，因为该模型不能精确模拟具有强烈涡旋流的各向异性的湍流流动。

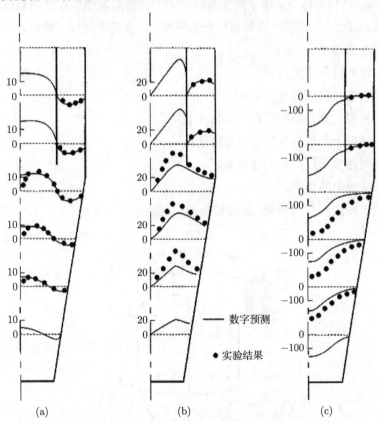

图 7.7 旋风筒内轴向速度、切向速度和静压变化的计算结果和试验结果

[Zhou and Soo, 1990]

(a) 轴向速度, m/s; (b) 切向速度, m/s; (c) 静压, Pa

对于切向进口旋风筒的工程设计，切向速度在径向上的变化可用下式修正

$$Vr^\beta = 常数 \tag{7.14}$$

式中的涡旋指数 β 与气体的绝对温度 T 及旋风收尘器的半径 R 有关 [Alexander,

1949]

$$\beta = 1 - \left(1 - 0.74R^{0.14}\right)\left(\frac{T}{283}\right)^{0.3} \tag{7.15}$$

对于大多数切向进口的旋风筒，β 的取值范围为 0.5~0.7。

7.2.3 旋风筒的收集效率

一般地，旋风筒的收集效率取决于其结构形状、颗粒的尺寸及密度、进口气流的切向速度。结构如图 7.8 所示的切向进口的旋风筒的收集效率可用利思-李希特 [Leith and Licht, 1972] 提出的简易模型来估算。该模型采用以下假设：

(1) 颗粒为球形；
(2) 气流的径向速度为零；
(3) 颗粒的径向速度接近常数；
(4) 颗粒阻力符合斯托克斯 (Stokes) 定律；
(5) 在切向上颗粒与气体无相对滑动；
(6) 切向速度可以用式 (7.14) 表示；
(7) 忽略静电的影响；
(8) 由于湍流混合的影响，未被捕集的颗粒的浓度分布均匀。

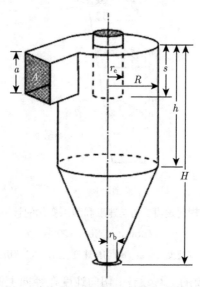

图 7.8　切向进口旋风筒的几何结构

如图 7.9 所示，在旋风筒的横断面上，在 dt 时间间隔内，微体积元 $dr(rd\theta)dz$

7.2 旋流分离

中捕集的颗粒个数 dN 由下式计算

$$-dN = \frac{d\theta}{2}\left[R^2 - (R-dr)^2\right]ndz \tag{7.16}$$

式中，n 是颗粒的个数密度。除尘后留在扇形面积中的颗粒总个数为

$$N = \frac{d\theta}{2}R^2 ndz \tag{7.17}$$

于是，在 dt 时间内被收集的颗粒的分数为

$$-\frac{dN}{N} = \frac{2Rdr - (dr)^2}{R^2} \approx \frac{2dr}{R} \tag{7.18}$$

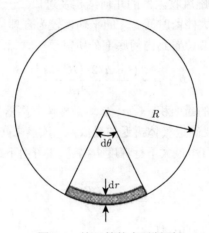

图 7.9 旋风筒的水平断面

根据阻力与离心力相平衡的颗粒在径向的运动方程可以确定 dr 和 dt 的相互关系，即

$$\frac{1}{\tau_S}\frac{dr}{dt} = \frac{V^2}{r} \tag{7.19}$$

式中，τ_S 是由式 (3.39) 定义的斯托克斯弛豫时间。

将式 (7.14) 代入式 (7.19)，有

$$\frac{1}{\tau_S}\frac{dr}{dt} = \frac{V_i^2 R^{2\beta}}{r^{2\beta+1}} \tag{7.20}$$

由上式可得，颗粒从 $t=0$ 时所处位置半径 r_0 运动至半径 r 所需的时间为

$$t = \frac{1}{2\tau_S(\beta+1)}\left(\frac{R}{V_i}\right)^2\left[\left(\frac{r}{R}\right)^{2\beta+2} - \left(\frac{r_0}{R}\right)^{2\beta+2}\right] \tag{7.21}$$

式中，V_i 为入口处气流速度。

假定未收集的颗粒位置为涡流中心 $r_0=0$，将式 (7.20) 和式 (7.21) 代入式 (7.18)，可得到

$$\frac{\mathrm{d}N}{N} = -2\tau_\mathrm{S} \left(\frac{V_\mathrm{i}}{R}\right)^2 \left[2\tau_\mathrm{S}(\beta+1)\left(\frac{V_\mathrm{i}}{R}\right)^2 t\right]^{-\frac{2\beta+1}{2\beta+2}} \mathrm{d}t \quad (7.22)$$

因此，将上式由 $t=0$ 到平均停留时间 t_m 积分，可得收尘效率为

$$\eta_\mathrm{c} = \frac{N_0 - N_\mathrm{m}}{N_0} = 1 - \exp\left[-2\left(\frac{2\tau_\mathrm{S} V_\mathrm{i}^2}{R^2}(\beta+1)t_\mathrm{m}\right)^{\frac{1}{2\beta+2}}\right] \quad (7.23)$$

式中，N_0 是当 $t=0$ 时的颗粒数；N_m 是当 $t=t_\mathrm{m}$ 时仍未被收集的颗粒数。

气体的停留时间与旋风收尘器的几何结构及进口气流速度有关。停留时间取最小停留时间 t_m1 与最大停留时间 t_m2 的平均值较为合理。此处最小停留时间 t_m1 为气流从旋风筒入口中心位置到内筒底部处所需要的时间，所以有

$$t_\mathrm{m1} = \frac{\pi(s-a/2)(R^2 - r_\mathrm{e}^2)}{V_\mathrm{i} A_\mathrm{i}} \quad (7.24)$$

式中，A_i 是旋风筒入口的断面积；s、a、R 均是旋风分离器的几何尺寸，见图 7.8。

为了估计 t_m2，需要确定气体折返的最低点，该点未必是以旋风筒高度 H 所对应的底部。该最低点可用最大下行深度 l 描述，l 可由下述经验公式 [Alexander, 1949] 给出

$$l = 7.3 r_\mathrm{e} \left(\frac{R^2}{A_\mathrm{i}}\right)^{\frac{1}{3}} \quad (7.25)$$

l 与入口气流速度无关。因此，有

$$t_\mathrm{m2} = t_\mathrm{m1} + \frac{1}{V_\mathrm{i} A_\mathrm{i}}\left[\pi R^2(h-s) + \frac{\pi}{3} R^2(l+s-h)(1+\xi+\xi^2) - \pi r_\mathrm{e}^2 l\right] \quad (7.26)$$

其中

$$\xi = 1 - \left(1 - \frac{r_\mathrm{b}}{R}\right)\left(\frac{s+l-h}{H-h}\right) \quad (7.27)$$

式中，h、H、r_b 均是旋风筒的几何尺寸，见图 7.8。

旋风筒设计的实际高度 $(H-s)$ 应接近于 l。如果该实际高度大于 l，则气流折返点以下的空间就浪费了；反之，若该实际长度小于 l，则不能充分发挥旋风筒的分离潜力。旋风筒尺寸合适时，t_m2 可用下式计算

$$t_\mathrm{m2} = t_\mathrm{m1} + \frac{1}{V_\mathrm{i} A_\mathrm{i}}\left[\pi R^2(h-s) + \frac{\pi}{3} R^2(H-h)\left(1 + \frac{r_\mathrm{b}}{R} + \frac{r_\mathrm{b}^2}{R^2}\right) - \pi r_\mathrm{e}^2 (H-s)\right]$$

$$(7.28)$$

则

$$t_\mathrm{m} = \frac{1}{2}(t_\mathrm{m1} + t_\mathrm{m2}) \quad (7.29)$$

7.2 旋流分离

式中的 t_{m1} 用式 (7.24) 计算，t_{m2} 用式 (7.26) 或式 (7.28) 计算。由式 (7.23) 和式 (7.29) 即可计算旋风筒的收集效率。

应该注意，边界层中颗粒与筒壁的相互作用以及由颗粒荷电导致的静电效应会严重影响颗粒的收集和折返气体的夹带，进而影响旋风筒的收集效率。在颗粒带静电或外电场存在的情形下，长锥筒切向进口旋风筒的收集效率可由下式计算 [Soo, 1989]

$$\eta_c = 1 - \exp\left\{-\frac{2\pi\sigma\tau_S H}{Q}\left[\frac{\Gamma_m^2}{R^2} + \frac{4\alpha_p\rho_p R^2}{\varepsilon_0}\left(\frac{q}{m}\right)^2 + E\left(\frac{q}{m}\right)R\right]\right\} \tag{7.30}$$

式中，ρ_p 为颗粒的密度；σ 是颗粒与筒壁或已收集的颗粒层的碰撞几率；Γ_m 是系统的最大环量；ε_0 为真空中的介电常数；Q 是气体的体积流量；q/m 表示颗粒的电荷–质量比；E 为电场强度。式 (7.30) 右边圆括号中第一项为涡流产生的离心力收集的部分；第二项为颗粒的空间荷电收集的部分；第三项为电场收集的部分。有人认为，颗粒的碰撞几率 σ 不仅取决于接触表面和沉积力，而且取决于颗粒的湍流扩散和湍流黏度 [Zhou and Soo, 1991]。

旋风筒的切割粒径是其重要性能指标。切割粒径定义为：收集效率为 50% 对应的颗粒粒径。根据式 (7.23)，气固两相流中无静电作用时，旋风筒的切割粒径 d_{pc} 可由下式估计

$$d_{pc} = \frac{3R}{V_i}\sqrt{\frac{\mu}{\rho_p(\beta+1)t_m}}\left(\frac{\ln 2}{2}\right)^{\beta+1} \tag{7.31}$$

颗粒荷电并存在外电场时，长锥筒切向入口旋风筒的切割粒径 d_{pc} 可根据式 (7.30) 导出

$$d_{pc}^2 = \frac{9(\ln 2)\mu Q}{\pi\rho_p\sigma H}\left[\frac{\Gamma_m^2}{R^2} + \frac{4\alpha_p\rho_p R^2}{\varepsilon_0}\left(\frac{q}{m}\right)^2 + E\left(\frac{q}{m}\right)R\right]^{-1} \tag{7.32}$$

式中，μ 是气体的黏度。

例 7.1 在旋风筒性能试验中，采用颗粒质量流量为 600kg/h 的含尘气体，如果随气流逸出的颗粒流量为 30kg/h，则该旋风筒的收集效率为多少？根据旋风筒进、出口颗粒的粒度分析结果（见表 E7.1）画出部分收集效率曲线并求出切割粒径。

解 总收集效率为

$$\eta_c = \frac{\text{收集的颗粒质量}}{\text{进口处的颗粒质量}} = \frac{600-30}{600} = 95\% \tag{E7.1}$$

用类似的公式计算出各粒度区间的部分收集效率，结果见表 E7.2。

根据各粒度区间的平均粒径和部分收集效率，绘制出如图 E7.1 所示的部分收集效率曲线。由此曲线可得，该旋风筒的切割粒径为 9μm。

表 E7.1 旋风筒进、出口颗粒的粒度分析结果

粒径范围/μm	粒度分布/wt%	
	进口	出口
<5	1.5	28.5
5~10	1.7	20.0
10~15	2.2	13.0
15~20	3.4	10.0
20~30	9.5	14.7
30~40	15.0	8.5
40~50	19.0	3.3
50~60	22.0	1.3
>60	25.7	0.7

表 E7.2 各粒度区间的部分分离效率计算结果

粒径 d_p/μm	d_p 的平均值/μm	进口/wt%	进口质量流量/(kg/h)	出口/wt%	出口质量流量/(kg/h)	η_{ci}/%
<5	2.5	1.5	9.0	28.5	8.55	5.0
5~10	7.5	1.7	10.2	20.0	6.0	41.2
10~15	12.5	2.2	13.2	13.0	3.9	70.5
15~20	17.5	3.4	20.4	10.0	3.0	85.3
20~30	25	9.5	57.0	14.7	4.4	92.3
30~40	35	15.0	90.0	8.5	2.6	97.1
40~50	45	19.0	114.0	3.3	1.0	99.1
50~60	55	22.0	132.0	1.3	0.4	99.7
>60	60	25.7	154.2	0.7	0.2	99.9

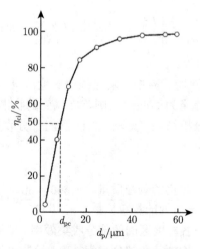

图 E7.1 旋风筒部分收集效率曲线

7.3 静电分离器

静电分离器是使悬浮于气流中的颗粒荷电,然后荷电颗粒在静电力的作用下从气流中分离出来的一种气固分离器。由于分离力直接作用于颗粒上,而对气相无影响,所以静电分离的流体动力通常比其他分离系统小得多。因此,静电分离器被广泛认为是一项重要的气固分离技术。该技术的特点是:压降低,对细粉颗粒收集效率较高,对各种工业废气的适应性好,适用于干法、湿法,也适用于腐蚀性颗粒的分离。

7.3.1 静电分离器的分离机理

静电分离器中颗粒被收集的整个过程可分为三个步骤:① 颗粒荷电;② 荷电颗粒在电场作用下迁移;③ 颗粒释放电荷并被捕集。颗粒捕集过程如图 7.10 所示。

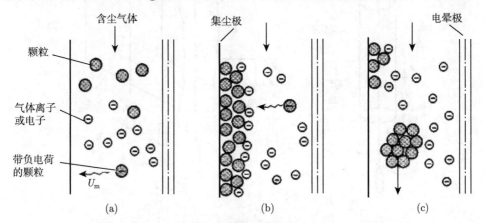

图 7.10　静电分离器中颗粒的捕集机理 [Ogawa, 1984]
(a) 颗粒荷电;(b) 荷电颗粒在电场作用下迁移;(c) 颗粒释放电荷并被捕集

气流中的颗粒可通过相互碰撞摩擦生电或通过与管壁及阀门等其他固体物质自然地获得静电荷 (见 §3.5.2)。然而,欲实现静电分离器的高收集效率,往往需要通过气体高度电离的电晕放电区人为地使颗粒荷电并达到饱和程度。电晕可以是正电晕也可以是负电晕,但负电晕比正电晕稳定得多,并易于控制。因此,工业静电分离器中常用负电晕。当颗粒在电场中遭遇到单极离子时,颗粒便与这些离子发生碰撞,并以两种机制使颗粒荷电,这两种机制分别是场荷电和扩散荷电。在场荷电过程中,电场驱使离子运动,颗粒在离子的轰击下而荷电。当颗粒粒径大于 $1\mu m$ 时,场荷电机理占主导地位。在扩散荷电过程中,颗粒通过离子的布朗运动而荷电。即使无外电场作用,扩散荷电也会发生,当颗粒粒径小于 $0.2\mu m$ 时,扩散荷电机理占主导地位。在大多数情况下，静电分离器中的颗粒在 1s 内即可达到电荷饱和状态。

荷电颗粒在电场库仑力的作用下向集尘极迁移，到达集尘极时，颗粒失去电荷，吸附于集尘极表面，然后滑落到集尘斗，从而实现颗粒与气体分离的目的。静电分离器的电晕放电极一般为金属线或金属针，集尘极一般为板状或圆筒状。因此，静电分离器可分为板状和圆筒状两种形式 (图 7.11)。圆筒状静电分离器有时用作湿法除尘器，其收集效率可高达 99.9%。板状静电分离器一般用于大流量含尘气流的干法分离，其收集效率可达 95%[Ogawa, 1984]。

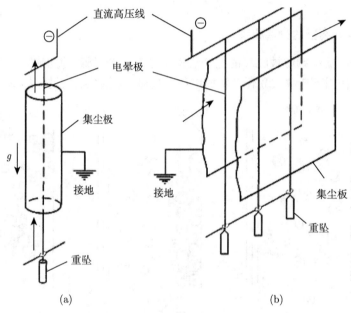

图 7.11 电极的基本形式 [Ogawa, 1984]
(a) 圆筒状静电分离器；(b) 板状静电分离器

静电分离方法与其他分离方法一样也存在缺点。如果没有另外的化学调质处理，有些颗粒很难荷电，因而难以将其捕集。处理大流量含尘气流时，静电分离器的尺寸即集尘极的总面积要足够大才能保证较高的收集效率。静电分离一般需要 10kV 以上的可调高压；集尘极板清理较困难。此外，此分离器的设备投资及操作成本相对较高。

7.3.2 迁移速度和电风

为了估计颗粒的迁移速度，假定：① 所有颗粒均为球形颗粒且粒径相同；② 所有颗粒的荷电程度相同；③ 颗粒运动仅由库仑力和斯托克斯阻力所主导；

7.3 静电分离器

④ 电场方向垂直于气流运动方向。

颗粒在电场方向上的运动方程为

$$m\frac{\mathrm{d}U_\mathrm{p}}{\mathrm{d}t} = qE - 3\pi\mu d_\mathrm{p} U_\mathrm{p} \tag{7.33}$$

式中，m 是颗粒质量；q 为颗粒携带的电荷。将式 (7.33) 积分可得颗粒运动速度 U_p 为

$$U_\mathrm{p} = \frac{qE}{3\pi\mu d_\mathrm{p}}\left[1 - \exp\left(-\frac{t}{\tau_\mathrm{S}}\right)\right] \tag{7.34}$$

定义迁移速度 U_m 为颗粒在电场中的终端速度，由式 (7.34) 可得

$$U_\mathrm{m} = \frac{qE}{3\pi\mu d_\mathrm{p}} \tag{7.35}$$

由于从电晕极到集尘极存在电风，所以，U_m 的实际测定值大于式 (7.35) 的计算值。电风是由强烈的电晕放电场引起离子运动导致的。电风的强度既与气体的性质有关，也与电场强度有关。如图 7.12 所示，电风的流体速度数量级为 10m/s[Kercher, 1969]，因此，电风对静电分离器中颗粒的迁移速度具有强烈的影响。

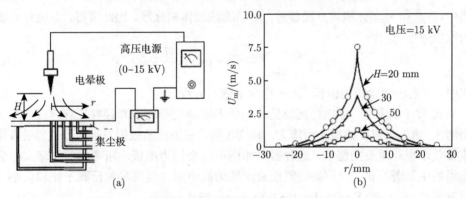

图 7.12　试验系统和电风测定结果描述 [Kercher, 1969]
(a) 试验系统；(b) 电风速度分布

实验表明，细颗粒 ($d_\mathrm{p} < 10\mathrm{\mu m}$) 在静电分离器中的迁移速度远大于该颗粒在重力场中的终端沉降速度。因此，细颗粒通常由静电分离器来捕集。

7.3.3　静电分离器的收集效率

线–板型静电分离器的收集效率可由广泛应用的多依奇 (Deutsch) 理论来估计 [Deutsch, 1922]。为了导出多依奇方程，须做如下假设：① 由于湍流混合作用，分离器任何断面上的颗粒浓度分布均匀；② 除分离器壁面附近以外，其余各处的气

流速度相同；③ U_m 为常数，且小于气流速度；④ 分离器内无颗粒的二次扬尘；⑤ 无干扰气流运动的电效应。

考虑荷电颗粒在两个矩形集尘极板之间作一维运动，集尘极板长度为 L，高度为 H，二板间距为 l_w，则在 dx 距离内，被收集的颗粒质量 dM 为

$$dM = 2H dx \alpha_p \rho_p U_m dt = 2H \alpha_p \rho_p \frac{U_m}{U} dx^2 \tag{7.36}$$

式中，α_p 是颗粒的体积分数。

另一方面，根据颗粒的质量平衡，有

$$dM = -d\alpha_p \rho_p l_w H dx \tag{7.37}$$

由式 (7.36) 和式 (7.37)，可得

$$\frac{d\alpha_p}{\alpha_p} = -\frac{2U_m}{U} \frac{dx}{l_w} \tag{7.38}$$

于是

$$\frac{\alpha_{po}}{\alpha_{pi}} = \exp\left(-\frac{2U_m}{U} \frac{L}{l_w}\right) \tag{7.39}$$

式中，α_{pi} 和 α_{po} 分别为分离器进、出口的颗粒体积分数。因此可得，静电分离器的收集效率 η_e 为

$$\eta_e = \frac{\alpha_{pi} - \alpha_{po}}{\alpha_{pi}} = 1 - \exp\left(-\frac{U_m A}{Q}\right) \tag{7.40}$$

式中，A 表示集尘极的面积。上式称为多依奇方程。

式 (7.40) 表明，静电分离器的收集效率随集尘极面积和颗粒迁移速度的增大而增大，随气流速度的减小而增大。颗粒在集尘极表面的吸附对静电分离器的实际收集效率也有重要的影响。这种吸附作用可能会因为电极电阻率的急剧增大而使电场发生显著变化。严重的吸附层及颗粒的高电阻甚至可导致反离子化和反电晕现象 [White, 1963; Svarovsky, 1981; Ogawa, 1984]。

例 7.2 现有某含尘气体通过静电分离器。假定所有颗粒的电荷–质量比 q/m 均相同，电场为均匀电场。若颗粒的质量粒度分布百分数可用下述质量密度函数 f_M 表示

$$f_M = \begin{cases} 0, & 0 < d_p < d_{pm} - \delta \\ \frac{3}{4\delta}\left[1 - \frac{(d_p - d_{pm})^2}{\delta^2}\right], & d_{pm} - \delta \leqslant d_p \leqslant d_{pm} + \delta \\ 0, & d_{pm} + \delta < d_p < \infty \end{cases} \tag{E7.2}$$

式中，d_{pm} 和 δ 为密度函数参数。

试用多依奇方程计算总收集效率。

解 根据式 (7.35)，迁移速度可表示为

$$U_{\mathrm{m}} = \frac{\rho_{\mathrm{p}} E}{18\mu} \left(\frac{q}{m}\right) d_{\mathrm{p}}^2 \tag{E7.3}$$

因此，由式 (7.40) 给出的部分分离效率为

$$\eta_{\mathrm{ei}} = 1 - \exp\left[-\frac{\rho_{\mathrm{p}} E}{18\mu} \left(\frac{q}{m}\right) \frac{A}{Q} d_{\mathrm{p}}^2\right] \tag{E7.4}$$

由于质量密度函数已知，所以，静电分离器的总收集效率可表示为

$$\eta_{\mathrm{e}} = \int_0^\infty f_{\mathrm{M}} \eta_{\mathrm{ei}} \mathrm{d}d_{\mathrm{p}} \tag{E7.5}$$

为简单起见，令

$$x = \frac{d_{\mathrm{p}}}{\delta}, \quad \beta = \frac{d_{\mathrm{pm}}}{\delta}, \quad \xi^2 = \frac{\rho_{\mathrm{p}} \delta^2 E}{18\mu}\left(\frac{q}{m}\right)\frac{A}{Q} \tag{E7.6}$$

则该静电分离器的总收集效率为

$$\begin{aligned}
\eta_{\mathrm{e}} &= \int_{\beta-1}^{\beta+1} \frac{3}{4}\left[1-(x-\beta^2)\right]\left[1-\exp(-\xi^2 x^2)\right]\mathrm{d}x \\
&= 1 - \frac{3}{4}\int_{\beta-1}^{\beta+1}\left[(1-\beta^2)+2\beta x - x^2\right]\exp(-\xi^2 x^2)\mathrm{d}x \\
&= 1 - \frac{3\sqrt{\pi}}{8\xi}\left(1-\beta^2-\frac{1}{2\xi^2}\right)\left\{\mathrm{erf}[\xi(\beta+1)]-\mathrm{erf}[\xi(\beta-1)]\right\} \\
&\quad + \frac{3(\beta+1)}{8\xi^2}\exp\left[-\xi^2(\beta-1)^2\right] - \frac{3(\beta-1)}{8\xi^2}\exp\left[-\xi^2(\beta+1)^2\right]
\end{aligned} \tag{E7.7}$$

7.4 过 滤

在过滤过程中，含尘气体通过单层、多层滤布或多孔透气介质时，将固体颗粒阻留在过滤介质一侧，气体则从过滤介质中穿过，从而将固体颗粒从气流中分离出来。该方法简单，对所有尺寸的颗粒都有很高的捕集效率。但是，被捕集的颗粒在滤布上不断积累会使压降增大，导致运行能耗提高。另外，对滤布材料的强度要求高。

7.4.1 过滤机理和过滤器类型

根据颗粒被捕集的特点，过滤过程可分为滤饼过滤和层间过滤。在滤饼过滤中，颗粒沉积于滤布的前表面，如图 7.13(a) 所示。这种过滤主要是通过滤布的筛

分作用来实现的。该方法是迄今为止在化学工业和加工业中最常见的过滤方法。对于层间过滤，颗粒流经滤布内部的过程被捕集下来，如图 7.13(b) 所示。利用料饼过滤的过滤器包括：纤维过滤器、筛分过滤器、微孔过滤器、薄膜过滤器等。利用层间过滤的过滤器包括：填充层过滤器、网格过滤器、流化床过滤器和玻璃纤维过滤器等。无论是料饼过滤还是层间过滤，持续的过滤都会导致过滤器的阻力增大，因而会降低收集效率。为了有效提高收集效率，需定期清理沉积在过滤器上的颗粒或更换过滤器。

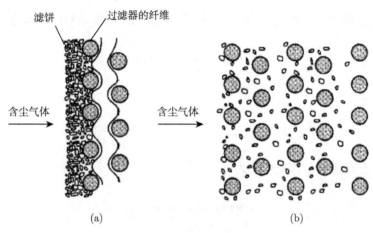

图 7.13 过滤的基本类型
(a) 滤饼过滤；(b) 层间过滤

过滤是一种物理分离，颗粒凭借过滤作用与气体分离并由滤层阻留。纤维类过滤器有惯性碰撞、拦截和扩散三种过滤机理。在惯性碰撞过滤中，当气流绕过纤维流动时，惯性较大的颗粒则脱离气体流动路线并与过滤器纤维碰撞而被捕集。在拦截过滤中，惯性较小的颗粒几乎与绕过纤维流动的气体一起流动，部分或全部浸没于边界层区域。随后，颗粒速度减慢，撞入纤维绒毛中，从而滞留在滤层表面。扩散捕集对细颗粒是非常重要的，在此捕集机理中，过滤器最邻近的区域内作锯齿形布朗运动的微细颗粒在过滤器的表面被捕集。扩散捕集效率随颗粒粒径和气流速度的减小而提高。另外，还有其他如重力沉降、静电诱导沉积、范德瓦耳斯力沉降等过滤机理。在某些处理过程中，这些机理对过滤也具有重要的影响。

过滤器可按照不同的特点进行分类。例如，根据粉尘浓度或含尘量，按照过滤器的设计处理能力分类 [Svarovsky, 1981]；按照过滤材料种类，譬如纤维材料或非纤维材料来分类 [Cooper and Freeman, 1982]。大多数过滤器采用纤维袋式过滤器，常见的纤维材料有棉织物、涤纶、羊毛织物、石棉织物、玻璃纤维织物、腈纶织物、聚四氟乙烯 (特氟龙) 织物、聚间亚苯基间苯二酸酯 (诺梅克斯)(芳纶 1313) 织物、

7.4 过滤

聚己内酰胺 (尼龙) 织物、丙纶织物等。

7.4.2 过滤器的压降

过滤器中纤维的错综结构使得流动形式很复杂，颗粒的沉积机制更复杂。因而难以精确估测过滤器的阻力。一种近似定量估测过滤器阻力的方法是将纤维附近的绕流过程看成是由几股简单流组成。

假定过滤器中的每根纤维是柱状的，且相互平行、均匀排列，如图 7.13(a) 所示，随着颗粒的沉积形成一多孔结构的料层，则有三个基本的流动模型适用于计算总阻力：① 流动平行于纤维的轴向；② 流动垂直于过滤器圆柱的轴向；③ 流动通过一个均匀的多孔介质层。前两个模型要晚于第三个模型，前两个模型的分析，使用哈伯尔 (Happel) 模型 [Happel, 1959]；而在第三个模型的分析中采用欧根 (Ergun) 近似法 [Ergun, 1952]。

首先看平行于过滤器圆柱体的流动情形。假定流体在纤维半径 a 与当量半径 b 所形成的环形空间内流动，如图 7.14 所示。又假定流体的流动为爬流，因而根据纳维–斯托克斯方程，可以忽略惯性项。因此，在柱坐标中，有

$$\frac{1}{r}\frac{\mathrm{d}}{\mathrm{d}r}\left(r\frac{\mathrm{d}W}{\mathrm{d}r}\right)=\frac{1}{\mu}\frac{\mathrm{d}p}{\mathrm{d}z} \tag{7.41}$$

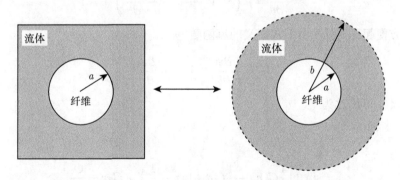

图 7.14 绕单一纤维的流动区域图

边界条件为

$$W|_{r=a}=0,\quad \left(\frac{\mathrm{d}W}{\mathrm{d}r}\right)_{r=b}=0 \tag{7.42}$$

可得在环形空间内的流体轴向速度为

$$W=-\frac{1}{4\mu}\frac{\mathrm{d}p}{\mathrm{d}z}\left(a^2-r^2+2b^2\ln\frac{r}{a}\right) \tag{7.43}$$

流体通过整个环形空间的流量为

$$Q=-\frac{\pi}{8\mu}\frac{\mathrm{d}p}{\mathrm{d}z}\left(4a^2b^2-a^4-3b^4+4b^4\ln\frac{b}{a}\right) \tag{7.44}$$

以 α_f 表示纤维的体积分数，以 A 表示总横截面积，则 $\alpha_f = \dfrac{a^2}{b^2}$，$A = \pi b^2$，由式 (7.44) 可得过滤器厚度为 L 时的总压降为

$$\frac{\Delta p}{L} = \frac{Q\mu}{Aa^2} \frac{4\alpha_f}{(2\alpha_f - \alpha_f^2/2 - 3/2 - \ln\alpha_f)} \tag{7.45}$$

下面讨论流动垂直于过滤器圆柱体的情形。当压力梯度与阻力相平衡时，圆柱体可认为是静止的。因此，压降可以通过作用于单根圆柱体上的阻力获得。我们也可以将其看成是半径为 a 的圆柱体在半径为 b 的流体单元内作垂直于其轴线的运动。假定流体在圆柱体外部表面上无剪应力存在，此时，阻力与流体垂直于相同半径的静止圆柱体运动时相同。在柱坐标系中，可得连续性方程

$$\frac{\partial U}{\partial r} + \frac{U}{r} + \frac{1}{r}\frac{\partial V}{\partial \theta} = 0 \tag{7.46}$$

式中，U 和 V 分别为流体在径向上的速度分量和切向上的速度分量。

动量方程为

$$\begin{aligned}\frac{\partial p}{\partial r} &= \mu\left(\nabla^2 U - \frac{U}{r^2} - \frac{2}{r^2}\frac{\partial V}{\partial \theta}\right) \\ \frac{1}{r}\frac{\partial p}{\partial \theta} &= \mu\left(\nabla^2 V - \frac{V}{r^2} + \frac{2}{r^2}\frac{\partial U}{\partial \theta}\right)\end{aligned} \tag{7.47}$$

为方便起见，引入由下式定义的流函数 ψ

$$U = \frac{1}{r}\frac{\partial \psi}{\partial \theta}, \quad V = -\frac{\partial \psi}{\partial r} \tag{7.48}$$

则式 (7.47) 可简化为

$$\nabla^4 \psi = 0 \tag{7.49}$$

其通解为

$$\psi = \sin\theta \left[\frac{1}{8}C_1 r^3 + \frac{1}{2}C_2 r\left(\ln r - \frac{1}{2}\right) + C_3 r + \frac{C_4}{r}\right] \tag{7.50}$$

式中，C_1、C_2、C_3、C_4 为由边界条件确定的常数。在此情形时，边界条件为

$$\begin{gathered} U|_{r=a} = U_0 \cos\theta, \quad V|_{r=a} = -U_0 \sin\theta \\ U|_{r=b} = 0, \quad \left(\frac{\partial V}{\partial r} + \frac{1}{r}\frac{\partial U}{\partial \theta} - \frac{V}{r}\right)_{r=b} = 0 \end{gathered} \tag{7.51}$$

式中，U_0 是圆柱体的运动速度。因此，C_1、C_2、C_3、C_4 确定为

$$C_1 = \frac{4a^2 U_0}{(a^4 + b^4)}\left(\ln\frac{b}{a} + \frac{a^4}{a^4 + b^4} - \frac{1}{2}\right)^{-1} \tag{7.52}$$

7.4 过滤

$$C_2 = -2U_0 \left(\ln\frac{b}{a} + \frac{a^4}{a^4+b^4} - \frac{1}{2}\right)^{-1} \tag{7.53}$$

$$C_3 = U_0 \left(\ln b - \frac{1}{2}\right)\left(\ln\frac{b}{a} + \frac{a^4}{a^4+b^4} - \frac{1}{2}\right)^{-1} \tag{7.54}$$

$$C_4 = \frac{-a^2 b^4 U_0}{2(a^4+b^4)}\left(\ln\frac{b}{a} + \frac{a^4}{a^4+b^4} - \frac{1}{2}\right)^{-1} \tag{7.55}$$

因而，单一圆柱体所受的阻力 F_D 为

$$F_D = -4\pi\mu U_0 \left(\ln\frac{b}{a} + \frac{a^4}{a^4+b^4} - \frac{1}{2}\right)^{-1} \tag{7.56}$$

此外，单一圆柱体上的压力梯度可根据作用于该圆柱体上的力的平衡来确定

$$\frac{\mathrm{d}p}{\mathrm{d}z} = \frac{F_D}{\pi b^2} = -\frac{4\mu U_0}{b^2}\left(\ln\frac{b}{a} + \frac{a^4}{a^4+b^4} - \frac{1}{2}\right)^{-1} \tag{7.57}$$

注意到，过滤器的体积分数 $\alpha_f = a^2/b^2$，表观速度 $U = Q/A$，则对于贯穿于整个圆柱过滤器的流动而言，在过滤厚度 L 上单位厚度的压降为

$$\frac{\Delta p}{L} = -\frac{8Q\mu\alpha_f}{a^2 A}\left(\ln\alpha_f + \frac{1-\alpha_f^2}{1+\alpha_f^2}\right)^{-1} \tag{7.58}$$

对于通过多孔介质层的流动情形，压降可用上册 §5.6 中的式 (5.358) 来估算。随机排布的纤维上有粉尘层时，滤饼过滤过程中纤维过滤器上的总压降可用下式表示

$$\Delta p_t = \Delta p_3 + \gamma_1 \Delta p_1 + \gamma_2 \Delta p_2 \tag{7.59}$$

式中，Δp_1、Δp_2 和 Δp_3 分别为由三个不同基本模型贡献的压力；γ_1、γ_2 分别为权重系数。对于随机分布的流动情形，对垂直于纤维的流动，其权重系数须用平行于纤维流动的 2 倍予以修正，这是因为，对于垂直于纤维的流动来说，纤维的交叉排布和平行排布并无区别 [Happel, 1959]。

例 7.3 一家用吸尘器的过滤器由随机排列的纤维织物做成。过滤器的孔隙率为 0.97，纤维的有效直径为 10μm，滤袋长度为 0.1m。若含尘气体流速为 0.2m/s，试估算过滤器的压降。气体的黏度为 1.8×10^{-5} kg/(m·s)。

解 总压降是平行于纤维的流动和垂直于纤维流动共同作用的结果。平行于纤维的流动的压降由式 (7.45) 给出

$$\begin{aligned}\Delta p_\parallel &= \frac{16LU\mu\alpha_f}{d_f^2\left(2\alpha_f - \alpha_f^2/2 - 3/2 - \ln\alpha_f\right)} \\ &= \frac{16\times 0.1\times 0.2\times 1.8\times 10^{-5}\times 0.03}{10^{-10}(2\times 0.03 - (0.03)^2/2 - 1.5 - \ln 0.03)} = 836\,\mathrm{Pa}\end{aligned} \tag{E7.8}$$

垂直于纤维流动的压降由式 (7.58) 给出

$$\Delta p_\perp = -\frac{32LU\mu\alpha_{\rm f}}{d_{\rm f}^2}\left(\ln\alpha_{\rm f} + \frac{1-\alpha_{\rm f}^2}{1+\alpha_{\rm f}^2}\right)^{-1}$$

$$= -\frac{32\times 0.1\times 0.2\times 1.8\times 10^{-5}\times 0.03}{10^{-10}}\left(\ln 0.03 + \frac{1-0.03^2}{1+0.03^2}\right)^{-1}$$

$$=1378\,{\rm Pa} \qquad (E7.9)$$

对于通过随机排布的纤维编织的过滤器的流动，垂直于纤维流动的压降所占权重应该为平行于纤维流动的压降权重的 2 倍，故总压降为

$$\Delta p_{\rm t} = \Delta p_{||} + 2\Delta p_\perp = 836 + 2\times 1378 = 3592\,{\rm Pa} \qquad (E7.10)$$

7.4.3 纤维过滤器的收集效率

纤维的收集效率定义为：实际碰撞到纤维上的颗粒数目与气流不改变方向时应碰撞至纤维上的颗粒数目之比 [Dorman, 1966]。粒径 $d_{\rm p} > 1\mu{\rm m}$ 的颗粒主要通过惯性碰撞和拦截机理捕集下来，亚微米颗粒则主要通过扩散机理捕集。以下仅讨论拦截收集效率的确定方法。对微细粉体、超细粉体的过滤和颗粒过滤器的详细讨论可参见戴维斯 [Davies, 1973]、弗奇斯 [Fuchs, 1964]、迪克依 [Dickey, 1961]、麦迪逊和奥尔 [Matteson and Orr, 1987]，以及蒂恩 [Tien, 1989] 等的著作。

流体流过圆柱形纤维的横断面时的情形如图 7.15 所示。

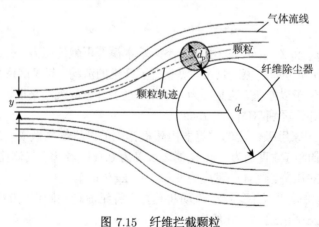

图 7.15 纤维拦截颗粒

纤维的收集效率 $\eta_{\rm i}$ 可根据定义直接给出

$$\eta_{\rm i} = \frac{y}{a} \qquad (7.60)$$

7.4 过滤

式中，y 为能被捕集的颗粒流线的极限宽度，它可以根据绕纤维流动的颗粒轨迹来计算。一般地，将颗粒的运动方程与气体的动量方程相耦合。由于耦合方程的复杂性，故大多数情形下，要得到颗粒轨迹解，需要数值计算解决。

欲确定厚度为 L，高度为 H，宽度为 W 的袋式过滤器的收集效率，假定纤维被松散排列，所以纤维间的相互作用可以忽略。当流体横向流过圆柱形纤维时，空隙中的流体速度 u 可由下式给出

$$u = \frac{U}{1-\alpha_f} \tag{7.61}$$

式中，U 是含尘气体的表观速度。在 dL 厚的单元体内，纤维的数目 N_f 为

$$N_f = \frac{dLH\alpha_f}{\pi a^2} \tag{7.62}$$

在 dt 时间内，由单一纤维捕集的颗粒数目为

$$-dN_i = 2yudtWn \tag{7.63}$$

因此，在 dt 时间内，在单元体内全部纤维捕集的总颗粒数为

$$-dN = 2yudtWnN_f \tag{7.64}$$

在 dt 时间内进入的总颗粒数为

$$N = UdtHWn \tag{7.65}$$

所以，有

$$-\frac{dN}{N} = \frac{2y\alpha_f dL}{\pi a^2 (1-\alpha_f)} \tag{7.66}$$

对式 (7.66) 在整个 L 上积分，得

$$\frac{N_L}{N_0} = \exp\left(-\frac{2y\alpha_f L}{\pi a^2 (1-\alpha_f)}\right) \tag{7.67}$$

式中，N_L 为过滤器出口处的颗粒数。

将式 (7.60) 代入式 (7.67)，则可得袋式过滤器的捕集效率 η_f 为

$$\eta_f = 1 - \frac{N_L}{N_0} = 1 - \exp\left(-\frac{2L\alpha_f \eta_i}{\pi a (1-\alpha_f)}\right) \tag{7.68}$$

7.5 重力沉降和湿法洗涤

将固体颗粒从气流中分离出来的最传统的方法是重力沉降。在沉降过程中,根据物质密度的不同,利用颗粒自身的重力从其携带的介质中分离出来。重力沉降装置或沉降室具有结构简单、操作经济等优点,但其收集效率低($d_p > 40\mu m$ 的颗粒的收集效率一般为 20%~60%);另外,与旋风分离器、袋式过滤分离器、静电分离器和湿法洗涤分离器相比,其沉降室占地面积太大,所以,目前已几乎停止发展。不过,在工业生产中,仍可在除尘系统中用于预分离设备以捕集大颗粒物料。

湿法洗涤是从气体中收集固体颗粒的另一种方法。在湿法洗涤过程中,固体颗粒在洗涤器中与由喷嘴喷出的液滴相碰撞而附着在液滴上,然后,收集下来的颗粒与液滴形成料浆下落至料浆收集室。湿法洗涤中最常用的工作液体是水。洗涤器可安装于旋风分离器、重力沉降室、颗粒层分离器中,也可作为独立的操作分离装置。湿法洗涤的优点是:压降低,细颗粒的收集效率高,无二次扬尘,利用化学溶液作为收集液体时还可同时收集气体中的有毒物质。其缺点是:需要对湿法洗涤过程中产生的料浆进行处理。

7.5.1 重力沉降室

重力沉降分离时,含尘气体水平进入突然扩大的分离室,气体流动方向上横截面积的增大使其速度显著降低,颗粒在重力作用下沉降至收集表面或底部的集灰斗中。气流速度降低可减少被收集颗粒的二次飞扬,延长气体在沉降室中的停留时间从而使颗粒有足够的时间沉降。

重力沉降室有两种基本形式:一种为简单扩大式沉降室或水平流动沉降室(图 7.16(a)),另一种是多层盘式沉降室或称豪沃德(Howard)沉降室(图 7.16(b))。在多层盘式沉降室中,多层薄板的存在使气流速度稍大,但与扩大式沉降室相比,其沉降高度明显变小,因而其总收集效率高于简单扩大式沉降室。收尘效率相同时,多层盘式沉降室的尺寸小于简单扩大式沉降室。重力沉降室稍做改变后作为淘洗器也经常用于工业生产,图 7.17 表示了由三个淘洗器组成的系列淘洗器。

对于一定形式的重力沉降器,必须确定能够收集的最小颗粒的粒径和气体的携带速度。携带速度是颗粒能够扬起的最低速度,其大小取决于颗粒的大小。气体流量应该以这样的方式控制:沉降室中的平均气流速度远小于携带速度。借助于下述分析可以估计收集的最小颗粒粒径。

现分析一个小颗粒在二维简单扩大沉降室中沉降。沉降室的长度和高度分别为 L 和 H。假定:① 气流速度 U 在沉降室中均匀分布;② 在水平方向上,颗粒与气流之间无相对滑动;③ 颗粒以其终端速度沉降;④ 作用到颗粒上的力为斯托克

斯力。则颗粒在沉降室中的停留时间 t_r 为

$$t_r = \frac{L}{U} \tag{7.69}$$

沉降时间可用下式估计

$$t_s = \frac{y}{U_{pt}} \tag{7.70}$$

式中，y 表示颗粒与沉降板之间的初始垂直距离；U_{pt} 是由式 (1.7) 确定的颗粒终端沉降速度。

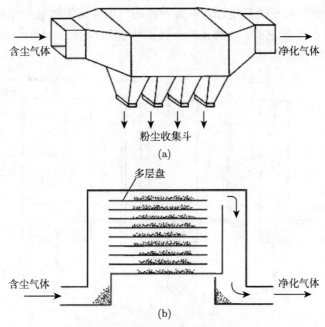

图 7.16　典型的重力沉降室

(a) 水平流动沉降室；(b) 豪沃德沉降室

为了确保颗粒能够被收集下来，颗粒的最大沉降时间 t_{sm} 应小于其在沉降室中的停留时间，即

$$t_{sm} = \frac{H}{U_{pt}} \leqslant t_r \tag{7.71}$$

将式 (1.7) 和式 (7.69) 代入式 (7.71)，可得能够被收集下来的颗粒粒径为

$$d_p^2 \geqslant \frac{18\mu U H}{L(\rho_p - \rho)g} \tag{7.72}$$

如果沉降室中的气流速度太大，则沉降至收集板上的颗粒可能会被气流卷起，因而会大幅度降低收集效率。若忽略颗粒间的相互摩擦，携带速度 U_{pp} 可由下式

估计 [Zenz and Othmer, 1960]

$$U_{\mathrm{pp}} = \sqrt{\frac{4gd_{\mathrm{p}}}{3}\left(\frac{\rho_{\mathrm{p}}}{\rho}-1\right)} \tag{7.73}$$

在实际应用中，重力沉降室中的气流运动往往为湍流，且不均匀；颗粒呈多分散性；流动超出斯托克斯范围。在此情形下，颗粒的沉降行为及收集效率可用上册第 5 章介绍的基本方程，采用数值求解的方法来描述。常见的近似方法是用欧拉 (Eulerian) 方法描述气流，用拉格朗日 (Lagrangian) 方法表征颗粒的运动轨迹。由湍流脉动、颗粒尺寸及初始进入位置导致的气流速度的随机变化可用蒙特卡罗 (Monte Carlo) 模拟来估算。西奥多和布奥尼科 [Theodore and Buonicore, 1976] 提出了这种近似方法的实例。

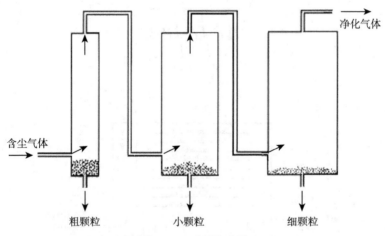

图 7.17　系列淘洗器

7.5.2　洗涤机理及洗涤器类型

湿法洗涤利用微小液滴去除气流中的微细粉尘。所有湿法洗涤器的基本净化原理都是使颗粒附着在液滴上。液滴在洗涤器中的作用与过滤器中球形纤维的作用类似，同样，洗涤的主要收集机理也与过滤相类似，即惯性碰撞、内部拦截和扩散 [Fan, 1989]。次要收集机理包括：温度梯度导致的热泳、颗粒荷电引起的凝聚、液体浓缩引起的颗粒长大。

几乎所有颗粒分离装置都可以通过加装液体喷洒系统改变为湿法洗涤器。常见的洗涤器有喷射室、旋风洗涤器和文丘里洗涤器三种，图 7.18 表示的是简单的喷射室，洗涤用水通过一系列喷嘴喷洒至沉降室。含尘气体从沉降室底部进入，净化后的气体从沉降室上部排出，通过水滴与颗粒的逆向运动实现颗粒的捕集。

7.5 重力沉降和湿法洗涤

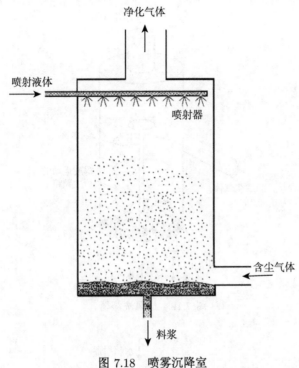

图 7.18 喷雾沉降室

在旋风洗涤器中,洗涤用水从位于中心轴上的喷射器喷射至旋风沉降室,如图 7.19 所示。水滴主要以交叉流形式捕获颗粒,在离心力作用下将其抛至器壁,形成料浆层并向下流动至旋风筒底部的料浆出口。

利用文丘里喷射器的洗涤器如图 7.20 所示。气固悬浮流在文丘里喉管处被加速至最高速度,水雾入口位于文丘里喉管之前,使颗粒与水滴之间速度差最大,以通过惯性碰撞实现较高的捕集效率。文丘里洗涤器通常与沉降室、旋风筒等颗粒收集器结合使用以便于料浆收集。

7.5.3 洗涤模拟及捕集效率

在湿法洗涤过程中,水滴与颗粒以下述三种流动方式相互碰撞:① 交叉流动;② 顺流;③ 逆流。在此我们主要介绍由丰达 (Fonda) 和赫尼 (Herne) [Ogawa, 1984] 提出的数学模型,借以描述上述各种流动方式。

交叉流湿法洗涤模型如图 7.21 所示。将一个长度为 L,高度为 H,单位宽度的矩形湿法洗涤设备置于笛卡儿坐标系中,假定气固悬浮流水平流动,颗粒形状为球形且粒度均匀,在垂直于流体流动方向的任一平面上颗粒的浓度分布均匀,水滴垂直下落并均匀分布于整个体系中。

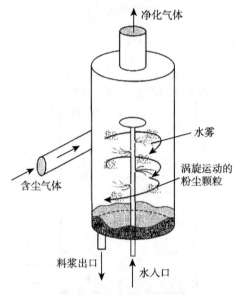

图 7.19 旋风洗涤器

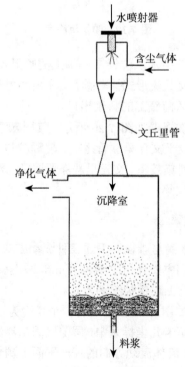

图 7.20 文丘里洗涤器

7.5 重力沉降和湿法洗涤

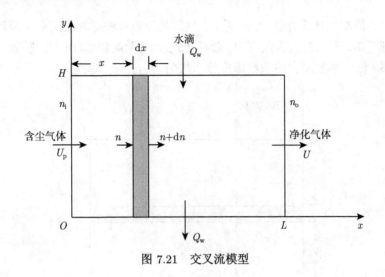

图 7.21 交叉流模型

图 7.21 中体积元内的质量平衡方程为

$$U_\mathrm{p} H \rho_\mathrm{p} n - U_\mathrm{p} H \rho_\mathrm{p} \left(n + \frac{\mathrm{d}n}{\mathrm{d}x} \mathrm{d}x \right) - U_\mathrm{w} H \eta_\mathrm{w} \alpha_\mathrm{w} \left(\frac{3}{2 d_\mathrm{w}} \right) \rho_\mathrm{p} n \mathrm{d}x = 0 \tag{7.74}$$

式中，d_w 为水滴的平均直径；α_w 为水滴的体积分数；$\dfrac{3}{2 d_\mathrm{w}}$ 为水滴的横截面积与其体积之比；$\left(\dfrac{3}{2 d_\mathrm{w}} d_\mathrm{w} \right) H \mathrm{d}x \alpha_\mathrm{w}$ 为体积元中水滴的总横截面积；η_w 为单一水滴的收集效率；U_p 为颗粒速度；U_w 为水滴速度；ρ_p 为颗粒密度。

因此，有

$$\frac{\mathrm{d}n}{n} = -\frac{3}{2 d_\mathrm{w}} \frac{U_\mathrm{w}}{U_\mathrm{p}} \eta_\mathrm{w} \alpha_\mathrm{w} \mathrm{d}x = -\frac{3}{2 d_\mathrm{w}} \frac{Q_\mathrm{w}}{Q_\mathrm{p}} \frac{H}{L} \eta_\mathrm{w} \alpha_\mathrm{pi} \mathrm{d}x \tag{7.75}$$

式中，Q_p、Q_w 表示颗粒和水滴的流量；α_pi 为进口处的颗粒体积分数。

式 (7.75) 积分可得总收集效率 η_s 为

$$\eta_\mathrm{s} = 1 - \frac{n_\mathrm{o}}{n_\mathrm{i}} = 1 - \exp\left(-\frac{3}{2} \frac{Q_\mathrm{w}}{Q_\mathrm{p}} \frac{H}{d_\mathrm{w}} \eta_\mathrm{w} \alpha_\mathrm{pi} \right) \tag{7.76}$$

式中，n_i、n_o 表示进、出口处的颗粒个数密度。

式 (7.76) 表明，收集效率随洗涤器高度和液滴与颗粒流量比的增大而提高。

垂直逆流洗涤体系如图 7.22 所示。气固悬浮流自洗涤器底部向上流动, 液滴则由顶部下落。假定在洗涤过程中, 悬浮流速度和液滴速度均不变、颗粒与气流之间无滑移、任一水平面上的颗粒浓度分布均匀。

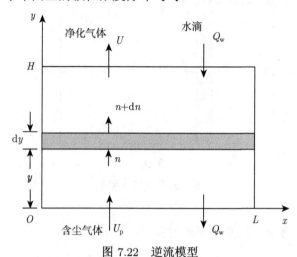

图 7.22　逆流模型

与交叉流动情形类似, 颗粒在图 7.22 所示的体积元内的质量平衡式为

$$U_\mathrm{p} L \rho_\mathrm{p} n - U_\mathrm{p} L \rho_\mathrm{p} \left(n + \frac{\mathrm{d}n}{\mathrm{d}y} \mathrm{d}y \right) - U_\mathrm{w} L \eta_\mathrm{w} \alpha_\mathrm{w} \left(\frac{3}{2 d_\mathrm{w}} \right) \rho_\mathrm{p} n \mathrm{d}y = 0 \tag{7.77}$$

式中

$$\alpha_\mathrm{w} = \frac{Q_\mathrm{w}}{(U_\mathrm{w} - U_\mathrm{p}) L} \tag{7.78}$$

于是, 式 (7.77) 可变为

$$\frac{\mathrm{d}n}{n} = -\frac{3}{2} \frac{U_\mathrm{w}}{(U_\mathrm{w} - U_\mathrm{p})} \frac{Q_\mathrm{w}}{Q_\mathrm{p}} \frac{\eta_\mathrm{w} \alpha_\mathrm{pi} \mathrm{d}y}{d_\mathrm{w}} \tag{7.79}$$

由此可导出

$$\eta_\mathrm{s} = 1 - \frac{n_\mathrm{o}}{n_\mathrm{i}} = 1 - \exp\left[-\frac{3}{2} \frac{U_\mathrm{w}}{(U_\mathrm{w} - U_\mathrm{p})} \frac{Q_\mathrm{w}}{Q_\mathrm{p}} \frac{\eta_\mathrm{w} \alpha_\mathrm{pi} H}{d_\mathrm{w}} \right] \tag{7.80}$$

由式 (7.78) 可注意到, 如果液滴不发生凝聚, 当向上的两相流速度与液滴下落速度近似相等时, 可获得液滴最大滞留时间, 假设没有液滴的合并现象发生, 则在此条件下, 收集效率最高。

在如图 7.23 所示的顺流流动情形中, 假定气固悬浮流的速度始终高于液滴下落速度。液滴的体积分数为

$$\alpha_\mathrm{w} = \frac{Q_\mathrm{w}}{(U_\mathrm{p} - U_\mathrm{w}) L} \tag{7.81}$$

由此可得顺流流动的收集效率为

$$\eta_\mathrm{s} = 1 - \exp\left[-\frac{3}{2}\frac{U_\mathrm{w}}{(U_\mathrm{p}-U_\mathrm{w})}\frac{Q_\mathrm{w}}{Q_\mathrm{p}}\frac{\eta_\mathrm{w}\alpha_\mathrm{pi}H}{d_\mathrm{w}}\right] \qquad (7.82)$$

有意思的是，尽管顺流洗涤与逆流洗涤两种情形下气固悬浮流与液滴的相对运动方向截然相反，但二者的体积分数和收集效率计算式的形式却是相同的。

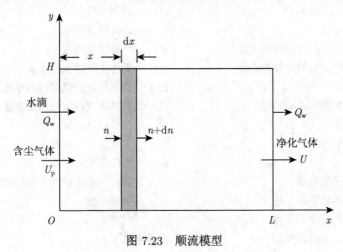

图 7.23 顺流模型

符 号 表

A	式 (7.7) 定义的常数	f_M	质量密度函数
A	集尘极面积	g	重力加速度
A_i	图 7.8 定义的面积	H	矩形捕集板的高度
a	纤维的直径	H	图 7.8 定义的旋风分离器尺寸
a	图 7.8 定义的尺寸	H	洗涤器高度
b	绕单纤维流动单元的当量半径	H	沉降室高度
C	式 (7.9) 定义的常数	H	过滤袋高度
d_f	纤维直径	h	图 7.8 定义的旋风分离器尺寸
d_p	颗粒直径	L	矩形捕集板的长度
d_pc	旋风分离器的切割粒径	L	洗涤器长度
d_pm	式 (E7.2) 定义的参数	L	过滤厚度
d_w	水滴直径	L	沉降室长度
E	电场强度	l	最大下行深度
F_D	阻力	l_w	集尘板间距

m	颗粒质量	U_e	电风速度
N	颗粒数	U_m	颗粒在电场中的迁移速度
N_o	$t=0$ 时的颗粒数	U_p	颗粒速度
N_1	单纤维捕集的颗粒数	U_{pp}	携带速度
N_f	纤维数量	U_{pt}	颗粒终端沉降速度
N_L	出口处的颗粒数	U_w	旋风筒壁附近的气体径向速度
N_m	$t=t_m$ 时的颗粒数	U_w	液滴速度
n	颗粒数密度	u	间隙气体速度
n_i	分离器进口处的颗粒数密度	V	气体速度分量
n_o	分离器出口处的颗粒数密度	V^*	无因次气体速度分量
p	压力	V_i	旋风筒进口气体切向速度
p_0	旋风分离器中心的静压	V_w	旋风筒壁附近气体切向速度
Q	气体流量	W	气体速度分量
Q_p	颗粒流量	W	袋式过滤器宽度
Q_w	液滴流量	y	颗粒流极限宽度
q	颗粒携带的电荷	y	颗粒与集尘板间的初始距离
R	旋风分离器断面半径	z	轴向坐标
R	旋风分离器最大半径		
Re_w	基于 U_w 的雷诺数	**希腊字母**	
r	径向坐标		
r^*	无因次径向坐标	α_f	纤维体积分数
r_0	$t=0$ 时颗粒在径向的位置	α_p	颗粒体积分数
r_b	图 7.8 定义的旋风分离器尺寸	α_{pi}	进口处颗粒体积分数
r_e	图 7.8 定义的旋风分离器尺寸	α_{po}	出口处颗粒体积分数
r_f	自由涡半径	α_w	液滴体积分数
s	图 7.8 定义的旋风分离器尺寸	β	涡指数
T	气体绝对温度	Γ	环量
t	时间	Γ_m	最大环量
t_m	平均滞留时间	γ	式 (7.59) 定义的权重系数
t_{m1}	最小滞留时间	Δp	压降
t_{m2}	最大滞留时间	δ	式 (E7.2) 定义的参数
t_r	颗粒滞留时间	ε_0	真空介电常数
t_s	颗粒沉降时间	η_c	旋风筒收集效率
t_{sm}	颗粒最大沉降时间	η_{ci}	粒度区间部分收集效率
U	气体表观速度	η_e	静电除尘器收集效率
U	气体速度分量	η_f	过滤器收集效率
U^*	无因次气体径向速度	η_i	纤维收集效率
U_0	运动圆柱的速度	η_s	洗涤器收集效率

η_w	液滴收集效率	ρ	气体密度
θ	切向坐标	ρ_p	颗粒密度
μ	气体动力学黏度	τ_S	斯托克斯 (Stokes) 弛豫时间
ν	气体运动黏度	σ	附着几率
ξ	式 (7.27) 定义的参数	ψ	流函数
ξ	式 (E7.6) 定义的参数	ω	角速度

参考文献

Alexander, R. M. (1949). Fundamentals of Cyclone Design and Operation. *Proc. Australas. Inst. Min. Met.*, 152, 203.

Burgers, J. M. (1948). A Mathematical Model Illustrating the Theory of Turbulence. In *Advances in Applied Mechanics*, 1. Ed. von Mises and von Karman. New York: Academic Press.

Cooper, D. W. and Freeman, M. P. (1982). Separation. In *Handbook of Multiphase Systems*. Ed. G. Hetsroni. New York: McGraw-Hill.

Davies, C. N. (1973). *Air Filtration*. London: Academic Press.

Deutsch, W. (1922). Bewegung und Ladung der Electrizitatstrager im Zylinderkondensator. *Ann. Phys.*, 68, 335.

Dickey, G. D. (1961). *Filtration*. New York: Reinhold.

Dorman, R. G. (1966). Filtration. In *Aerosol Science*. Ed. C. N. Davies. New York: Academic Press.

Ergun, S. (1952). Fluid Flow Through Packed Columns. *Chem. Eng. Prog.*, 48, 89.

Fan, L.-S. (1989). *Gas-Liquid-SolidFluidization Engineering*. Stoneham, Mass.: Butterworths.

Fuchs, N. A. (1964). *The Mechanics of Aerosol*. Oxford: Pergamon Press.

Happel, J. (1959). Viscous Flow Related to Arrays of Cylinders. *AIChE J.*, 5, 174.

Kercher, H. (1969). Elektischer Wind: Rücksprüken und Staubwiderstand als Einfluβgröβen im Elektrofilter. *Staub*, 29, 314.

Leith, D. and Licht, W. (1972). The Collection Efficiency of Cyclone Type Particle Collectors: A New Theoretical Approach. *AIChE. Symp. Ser*, 68(126), 196.

Matteson, M. J. and Orr, C. (1987). *Filtration: Principles and Practices*, 2nd ed. New York: Marcel Dekker.

Ogawa, A. (1984). *Separation of Particles from Air and Gases*, II. Boca Raton, Fla.: CRC Press.

Rietema, K. (1962). *Proceedings of Symposium on Interaction Between Fluid and Particles*. London: Institute of Chemical Engineers.

Soo, S. L. (1989). *Particulates and Continuum: Multiphase Fluid Dynamics.* New York: Hemisphere.

Svarovsky, L. (1981). *Solid-Gas Separation.* New York: Elsevier Scientific.

Theodore, L. and Buonicore, A. J. (1976). *Industrial Air Pollution Control Equipment for Particulates.* Cleveland, Ohio: CRC Press.

Tien, C. (1989). *Granular Filtration of Aerosols and Hydrosols.* Stoneham, Mass.: Butterworths.

White, H. J. (1963). *Industrial Electrostatic Precipitation.* Reading, Mass.: Addison-Wesley.

Zenz, F. A. and Othmer, D. F. (1960). *Fluidization and Fluid-Particle Systems.* New York: Reinhold.

Zhou, L. X. and Soo, S. L. (1990). Gas-Solid Flow and Collection of Solids in a Cyclone Separator. *Powder Tech.*, 63, 45.

Zhou, L. X. and Soo, S. L. (1991). On Boundary Conditions of Particle Phase and Collection Efficiency in Cyclones. *Powder Tech.*, 64, 213.

习 题

7.1 证明：式 (7.7) 为式 (7.6) 的通解。

7.2 一个长锥体切向进口的旋风分离器，其操作条件如下：$R = 0.12\text{m}$，$Q = 0.20\text{m}^3/\text{s}$，$\Gamma_\text{m} = 4.2\text{m}^2/\text{s}$，$H = 0.87\text{m}$，$d_\text{p} = 10\mu\text{m}$，$\rho_\text{p} = 2000\text{kg/m}^3$，$q/m = 10^{-4}\text{C/kg}$，$a_\text{p}\rho_\text{p}/\rho = 4$，$\sigma = 0.05$。含尘气体为室温空气。试计算：(1) 该旋风分离器的收集效率；(2) 如果除颗粒尺寸外，上述其他条件不变，试估算该旋风分离器的切割粒径。

7.3 某旋风分离器在 1 个大气压、25℃ 条件下对含尘气体的总收集效率为 90%，粉尘与气体的质量比为 5，进、出口处的颗粒粒度分析结果见表 P7.1。请绘出部分分离效率曲线，并计算该旋风分离器的切割粒径。

表 P7.1 旋风收尘器进、出口处颗粒粒度分布数据

粒度范围/μm	含量/wt%	
	进口处	出口处
0～5	8.0	76.0
5～10	1.4	12.9
10～15	1.9	4.5
15～20	2.1	2.1
20～25	2.1	1.5
25～30	2.0	0.7
30～35	2.0	0.5
35～40	2.0	0.4
40～45	2.0	0.3
>45	76.5	1.1

7.4 某平行板式静电分离器的电场电压为 10kV，板间距为 1cm，颗粒密度为 2000 kg/m³，气体流量为 0.5m³/s，集尘极总面积为 10m²，试利用表 P7.2 所列数据计算下列各项：

(a) 不同颗粒尺寸的电荷-质量分布；
(b) 该静电分离器的总收集效率；
(c) 出口处的颗粒粒度分布 (wt%)。

表 P7.2　静电除尘器捕集的颗粒的性能数据

$d_p/\mu m$	$U_m/(cm/s)$	wt%($< d_p$)
5	2.2	—
10	5.9	10
20	8.3	50
40	11.2	90
80	13.8	99.6
>80	14.0	—

7.5 某纤维随机排布的家用袋式过滤器的孔隙率为 0.97，纤维的有效直径为 10μm，袋长度为 0.1m，空气黏度为 1.8×10^{-5} kg/(m·s)，含尘气体的速度为 0.2m/s，单一纤维的收集效率为 1.50%，请计算该过滤器的总收集效率。欲使收集效率达到 99.99%，则滤袋的最小长度为多少？此长度时，滤袋的总压降为多少？

7.6 请根据旋风分离器中气体流动的纳维-斯托克斯方程式 (7.6) 推导静压分布方程式 (7.3) 和式 (7.4)。假定气体的径向速度分量可以忽略。

第 8 章 料仓和竖管流

8.1 引 言

在食品、制药、化工、燃料等工业中，颗粒材料通过料仓和竖管的流动是常见的工艺过程。颗粒材料在重力作用下通过垂直或倾斜的管道形成料流，若固体颗粒物料在管道中近似于填满状态，所形成的料流就称为竖管流或下降流。在竖管流中，由于竖管的横截面积不变，底部气体的压力要比顶部的高。当向下输送时，如果顶部的压力较高，这种粉体输送方式称为排出流。对于排出流的研究已超出本章的范围，有兴趣的读者可参阅伯格 [Berg, 1954] 和诺尔顿 [Knowlton, 1986; 1989] 等的研究。

料仓可分为两类，分别为整体流料仓和中心（漏斗）流料仓。整体流料仓的特点是在卸料过程中每一个颗粒物质都同步运动，如图 8.1(a) 所示。而漏斗流料仓的物料在卸料过程中存在滞流区，如图 8.1(b) 所示。整体流料仓比漏斗流料仓具有更多的优点，在整体流料仓中很少发生溢流、偏析、不稳定流、结拱等现象。料仓流主要有两类流动模式。第一类型是圆锥形或轴对称料仓，料仓中应力的分布呈圆锥形轴对称，流动图形以料仓中心轴对称。第二种类型是二维或平面应变料仓，料仓中应力和固体流量存在独立的横向力。

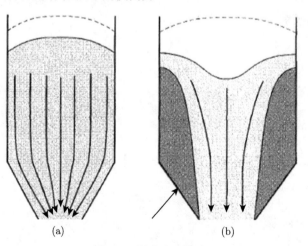

图 8.1 料斗流动模式

(a) 整体流；(b) 漏斗流

本章将描述物料的料仓流的机理和竖管流的操作特征。同时也将讨论如何防止和杜绝在散粒料仓中出现诸如偏析、不稳定流、结拱和管流等不正常现象；提出了采用诸如振动、空气炮等促流装置作为具体措施以使颗粒正常流动；强调料仓设计是关系到操作过程中固体颗粒流动性的重要因素。

8.2 料仓流中的粉体力学

料仓中粉体的移动是由粉体应力分布引起的。因此，料仓内粉体流动与料仓中的应力分布密切相关。詹森 [Janssen, 1895] 首先研究了圆筒仓横截面上的平均应力分布。沃克 [Walker, 1966] 和沃尔特斯 [Walters, 1973] 将詹森的研究成果应用于锥形料斗中。粉体的局部静态应力分布只能通过求解平衡方程获得。根据应力分析和适当的屈服定律，可以预测到颗粒物料崩塌的位置。因此，料仓中颗粒物料的流动性与物料的内部应力分布、料仓的几何形状和粉体材料的特性有关。

8.2.1 平面应力莫尔圆

如图 8.2 所示，在 x-z 平面内研究平面力系的应变问题，在笛卡儿坐标系中，应力张量可表示为

$$\boldsymbol{T} = \begin{bmatrix} \sigma_\mathrm{x} & 0 & \tau_\mathrm{xz} \\ 0 & \sigma_\mathrm{y} & 0 \\ \tau_\mathrm{zx} & 0 & \sigma_\mathrm{z} \end{bmatrix} \tag{8.1}$$

式中，σ 是压应力 (压应力为正)；τ 为剪应力。

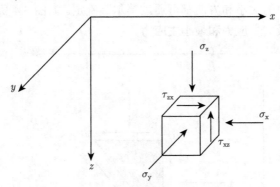

图 8.2　平面应变问题的应力分量

假设在 y 方向没有位移，由胡克定律 (式 (1.50)) 可得

$$\sigma_\mathrm{y} = \nu(\sigma_\mathrm{x} + \sigma_\mathrm{z}) \tag{8.2}$$

其中，ν 为泊松比；$\boldsymbol{T}$ 是对称张量，由角动量守恒得出 $\tau_{zx}=\tau_{xz}$；于是，式 (8.1) 中平面应力张量只取决于 σ_x、σ_z 和 σ_{xz}。

由于相对一定的坐标系，张量是不变的，所以，任一平面内的应力可用 σ_x、σ_z 和 σ_{xz} 表示。如图 8.3 所示，由微元体上力的平衡，在 BC 面上存在如下应力关系：

$$\begin{aligned}\sigma &= \sigma_x \cos^2\beta + \sigma_z \sin^2\beta + 2\tau_{xz}\sin\beta\cos\beta \\ \tau &= \tau_{xz}(\cos^2\beta - \sin^2\beta) + (\sigma_z - \sigma_x)\sin\beta\cos\beta\end{aligned} \quad (8.3)$$

其中，β 是 BC 平面的法线与 x 轴的夹角。由式 (8.3) 可知，在两个相互垂直的平面上剪应力消失（即 $\tau=0$）。这两个平面的方向称为主方向，相应的压应力为主应力。主方向的角度 β_{pr} 由式 (8.3) 导出

$$\beta_{pr} = \frac{1}{2}\tan^{-1}\left(\frac{2\tau_{xz}}{\sigma_x - \sigma_z}\right) \quad (8.4)$$

其产生的主应力为

$$\sigma_{1,3} = \frac{\sigma_x + \sigma_z}{2} \pm \sqrt{\left(\frac{\sigma_x - \sigma_z}{2}\right)^2 + \tau_{xz}^2} \quad (8.5)$$

如果采用 x 轴和 z 轴为主要方向，式 (8.3) 简化为

$$\begin{aligned}\sigma &= \sigma_x\cos^2\beta + \sigma_z\sin^2\beta \\ \tau &= (\sigma_z - \sigma_x)\sin\beta\cos\beta\end{aligned} \quad (8.6)$$

该式是在 σ-τ 坐标系下圆的方程，如图 8.4 所示。这个圆称为莫尔 (Mohr) 圆。在任意平面上应力的大小和方向都可通过莫尔圆确定。如图 8.4 所示，作用于主平面上的压应力为最大主应力和最小主应力。

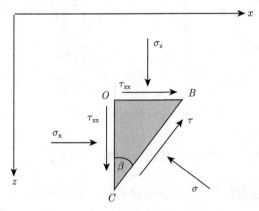

图 8.3 粉体中任意单元的平衡应力

8.2.2 莫尔–库仑破坏准则和库仑粉体

莫尔–库仑 (Mohr-Coulomb) 破坏准则是常见的粉体材料破坏准则，根据莫尔 1910 年提出的颗粒材料崩塌理论。颗粒材料在一定的压应力作用下，沿着剪切破坏面发生崩塌，即颗粒材料沿某个面发生破坏，是压应力和剪切应力达到一个临界状态时发生的，而处于临界状态时的剪应力又是压应力的函数，这个函数关系称为莫尔–库仑准则，即

$$\tau = c + \sigma \tan \eta \tag{8.7}$$

其中，c 是颗粒材料的内聚力，即当压应力为 0 时，颗粒材料的剪切强度、内聚力的产生是由于颗粒材料内分子间的结合力、摩擦力等其他力共同作用的结果。η 是颗粒材料的内摩擦角，对应的是颗粒材料的最大静摩擦力，即此时颗粒材料的一部分沿剪切面开始滑动。

莫尔–库仑破坏准则可认为是粉体层内任意面上的应力极限。图 8.4 中 A、B、C 三点，在 A 点的应力状态下，粉体层不会发生破坏。B 点处于破坏包络线上，在此点的应力状态下，粉体层将沿该平面发生破坏。而 C 点应力状态是不存在的，因为它在破坏包络线之上。由于莫尔–库仑破坏包络线反映的是在粉体层开始滑动时应力状态的特征，所以通常被称为屈服轨迹 YL。

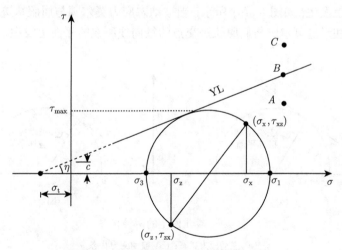

图 8.4 莫尔圆和莫尔–库仑破坏包络线

对于塑性粉体，其屈服轨迹是线性的，这样的粉体称为库仑粉体。虽然在某些情况下，低压应力时出现粉体的线性屈服轨迹是非线性的，但大部分粉体的屈服轨迹都是线性的。对于库仑粉体，在破坏时最大主应力和最小主应力之间的关系可以

从莫尔圆中得出，如图 8.4 所示。最大主应力和最小主应力之间的关系为

$$\frac{(\sigma_3 + \sigma_t)}{(\sigma_1 + \sigma_t)} = \frac{1 - \sin\eta}{1 + \sin\eta} \tag{8.8}$$

式中，σ_t 为粉体的扩张强度。对于无粘附性粉体 ($\sigma_t = c = 0$)，式 (8.8) 简化成

$$\frac{\sigma_3}{\sigma_1} = \frac{1 - \sin\eta}{1 + \sin\eta} \tag{8.9}$$

上式的一个重要应用是区分两个极限破坏的条件，即粉体层的主动破坏和被动破坏。首先，对应力的主动状态和被动状态做出解释：对无粘附性库仑粉体，如果粉体储存于一个连续且水平层不受干扰的大容器中，由于对称性粉体层在水平和垂直平面内没有剪切应力，因此，在任何状态下，粉体层在水平和垂直平面的应力就是该点的主应力。在这种情况下，如果最大主应力是水平应力，σ_h 被称为粉体层在被动状态的压力。另一方面，如果最大主应力是垂直应力，σ_v 被称为粉体层在主动状态的压力。方程 (8.9) 可表示为

$$\begin{aligned}\frac{\sigma_h}{\sigma_v} &= \frac{1 + \sin\eta}{1 - \sin\eta} = K_p \quad (\text{被动状态}\ \sigma_h > \sigma_v) \\ \frac{\sigma_h}{\sigma_v} &= \frac{1 - \sin\eta}{1 + \sin\eta} = K_a \quad (\text{主动状态}\ \sigma_v > \sigma_h)\end{aligned} \tag{8.10}$$

式中，K_p 和 K_a 分别为在被动状态和主动状态下主应力之间的比率。当主动态应力莫尔圆与屈服轨迹相交时，主动破坏就会在沿过莫尔圆与屈服轨迹交点的径向线所在的平面上发生，如图 8.5(a) 所示；当被动态应力莫尔圆与屈服轨迹相交时，被动屈服就会在沿过莫尔圆与屈服轨迹交点的径向线所在的平面上发生，如图 8.5(b) 所示。

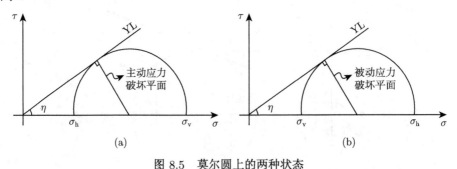

图 8.5 莫尔圆上的两种状态

(a) 主动应力状态；(b) 被动应力状态

在料仓处于满载状态时，因为粉体都受到垂直方向的压力，所以该粉体处于主动应力状态。当粉体静止时，这种应力状态称为"静态"。在卸料过程中，粉体在垂直方向上的应力趋近于零，在这种情况下，水平应力成为最大主应力，出现被动应力状态，因为粉体处于流动状态，这种状态称为应力"动态"。

8.2.3 竖管和料仓中的静态应力分布

由莫尔–库仑破坏准则可知，粉体的流动性取决于其所受的"破坏"应力。因此，料仓及料仓中粉体的流动性分析应紧密结合系统的应力分析。假设粉体层为一个连续的固体颗粒物料，在料仓或立筒中静态应力分布，即主动应力状态和被动应力状态可由平衡方程和适当的边界条件得到。在以下分析中，以圆筒形料仓和锥形料仓为代表，简单介绍其横截面上平均应力的计算方法。希望更详细地了解这些方法的读者可参考专业学科资料，如 [Home and Nedderman, 1978; Nedderman and Tiiztin, 1979; Drescher, 1991; Nedderman, 1992]。

8.2.3.1 筒仓内的平均应力

1895 年，詹森系统地研究了储存在大型圆筒料仓内无黏性散粒状固体物料的应力分布，提出了评价应力分布的简单模型，如图 8.6(a) 所示。在詹森的模型中，假设

(1) 料仓中粉体的应力仅仅沿 z 轴而变化；

(2) σ_r 和 σ_z 都是主应力，其关系为

$$\sigma_r = K\sigma_z \tag{8.11}$$

式中，K 等于 K_a 或 K_p，按照主动或被动应力状态确定；

(3) 粉体层中的容积密度 $\alpha_p \rho_p$ 是恒定的；

(4) 粉体整体流动，粉体沿料仓壁面滑动时，具有摩擦力。

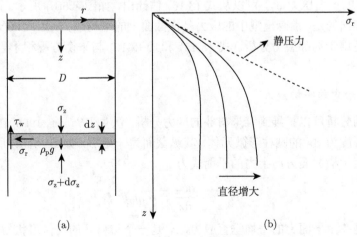

图 8.6　筒仓中应力分布的詹森模型

(a) 粉体层受力图; (b) 压力分布图

根据假设 (4)，壁面上的切应力 τ_w 与水平应力 σ_r 的关系可用下式表示

$$\tau_w = f_w \sigma_r \tag{8.12}$$

式中，f_w 是壁面摩擦系数。因此，在 z 轴方向某个横截面上列出力的平衡式，可得到

$$\frac{d\sigma_z}{dz} = \alpha_p \rho_p g - \frac{4\tau_w}{D} = \alpha_p \rho_p g - \frac{4f_w K}{D}\sigma_z \tag{8.13}$$

式中，D 是圆筒料仓的直径。边界条件为

当 $z = 0$ 时，

$$\sigma_z = 0 \tag{8.14}$$

对式 (8.13) 积分可得到式 (8.15)，即 σ_z 为

$$\sigma_z = \frac{\alpha_p \rho_p g D}{4 f_w K}\left[1 - \exp\left(\frac{-4 f_w K}{D}z\right)\right] \tag{8.15}$$

将假设 (2) 代入式 (8.15) 得到

$$\sigma_r = \frac{\alpha_p \rho_p g D}{4 f_w}\left[1 - \exp\left(\frac{-4 f_w K}{D}z\right)\right] \tag{8.16}$$

式 (8.15) 和式 (8.16) 表明：随着 z 增加，σ_z 和 σ_r 趋向于最大值

$$\sigma_{zmax} = \frac{\alpha_p \rho_p g D}{4 f_w K}, \quad \sigma_{rmax} = \frac{\alpha_p \rho_p g D}{4 f_w} \tag{8.17}$$

此外，水平的壁面压力 σ_r 可以从式 (8.16) 估计出，如图 8.6(b) 所示。

应该指出的是，詹森模型中的应力是横截面上的平均应力，因此该模型得出的结论并不适用于局部应力分析。式 (8.15) 和式 (8.16) 与平衡方程相矛盾可以清楚地说明这一点。

8.2.3.2 料仓中的平均应力

詹森的分析可以扩展到锥形料斗的应力分析。沃克 [Walker, 1966] 在料仓内任意选取了厚度为 dz 的圆柱形微元体，其纵截面为一矩形，如图 8.7(a) 所示，在微元体的垂直于横截面方向上力的平衡式为

$$N\frac{\sigma_z}{z} - \frac{d\sigma_z}{dz} = \alpha_p \rho_p g \tag{8.18}$$

式中，σ_z 是在水平面上的平均垂直应力，N 是一个与料斗的几何形状相关的参数，在沃克的模型中，N 由下式给出

$$N = \frac{2B\Delta}{\tan \varphi_w} \tag{8.19}$$

式中，φ_w 是料斗半顶角，Δ 是一个分布系数，其定义为壁面上的垂直压应力 σ_{wz} 与横截面上的平均压应力 σ_z 之比；B 为壁面上的剪切应力 τ_{wz} 与垂直压应力 σ_{wz} 之比，可用壁面上的应力莫尔圆来估算 (图 8.8)，B 由下式给出

$$B = \frac{\tau_{zw}}{\sigma_{zw}} = \frac{\sin\eta \sin 2(\varphi_w + \gamma)}{1 - \sin\eta \cos 2(\varphi_w + \gamma)} \tag{8.20}$$

式中，γ 是主平面和料斗壁面的夹角。考虑边界条件在 $z = z_0$ 时，$\sigma_z = \sigma_0$，σ_0 是料斗的顶部有额外载荷时的主应力。对式 (8.18) 积分可得到

$$\sigma_{zw} = \Delta \sigma_z = \frac{\alpha_p \rho_p g z \Delta}{N-1} \left[1 - \left(\frac{z}{z_0}\right)^{N-1}\right] + \sigma_0 \Delta \left(\frac{z}{z_0}\right)^N \tag{8.21}$$

料斗壁面的压应力 σ_w 可由下式给出

$$\sigma_w = \sigma_{zw} \frac{1 + \sin\eta \cos 2\gamma}{1 - \sin\eta \cos 2(\varphi_w + \gamma)} \tag{8.22}$$

沃尔特斯 [Walters, 1973] 对沃克的研究做了改进，使之更加精确，沃尔特斯所取的微元体不是圆柱体，而是一个截锥体，即纵向截面是一个梯形，梯形的两侧边与料斗壁面平行，如图 8.7(b) 所示。沃尔特斯的研究结果与沃克类似，但对参数 N 的计算稍有差别，沃尔特斯给出的 N 用下式表示

$$N = 2\left(\frac{B\Delta}{\tan\varphi_w} + \Delta - 1\right) \tag{8.23}$$

应该指出的是，上述分析的主要目的是估算料斗或料斗壁面上主动和被动压应力分布的极限值。采用这些简单的计算方法，目的是设计合适的料斗结构，并非获得散粒状固体物料应力场的通解。

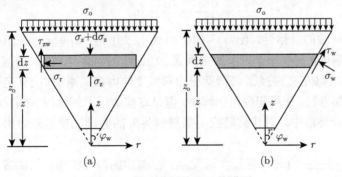

图 8.7 料斗分析的微元体模型

(a) 沃克 [Walker, 1966]；(b) 沃尔特斯 [Walters, 1973]

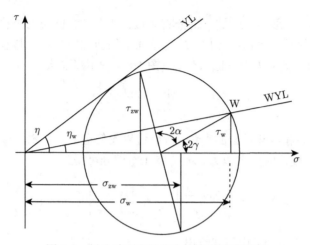

图 8.8 料斗壁面附近应力状态下的莫尔圆

8.2.4 稳定料斗流中的应力分布

对于缓慢而稳定运动的粉体物料,它内部的应力可近似地认为是拟静态的,因此,平衡方程式为

$$\nabla \cdot \boldsymbol{T} + \boldsymbol{F} = 0 \tag{8.24}$$

式中,$\boldsymbol{F}$ 表示质量力。

现在我们分析料斗中粉体的重力流动,首先建立圆柱坐标系,取 z 轴与重力方向重合,其平衡方程为

$$\frac{\partial \sigma_r}{\partial r} + \frac{\partial \tau_{rz}}{\partial z} + \frac{\sigma_r - \sigma_\theta}{r} = 0 \tag{8.25}$$

$$\frac{\partial \sigma_z}{\partial z} + \frac{\partial \tau_{rz}}{\partial r} + \frac{\tau_{rz}}{r} + \alpha_p \rho_p g = 0 \tag{8.26}$$

锥形料斗轴的对称性,使得 $\varepsilon_\theta=0$,由式 (2.20) 得:$\sigma_\theta=(\sigma_r + \sigma_z)\nu$。为了求得上述方程的解,就需要一个以上的关系式。在连续的固体物料中,这些关系式称为兼容性要求,譬如应力关系。可借助应力和应变的内在关系 (如胡克定律),给出关于应力的附加方程,使得问题得到解决。但是这些适用于连续固体颗粒的关系式并不能扩展到粉体层中。对粉体层应力需要做另外的假设或模型来导出其他合适的方程。

詹尼克 [Jenike, 1961] 通过实验发现,在稳定的料斗流中,局部应力不改变的情况下,粉体经历一个连续的剪切形变。这表明,稳定运动着的散粒固体物料可视为是塑性的,如图 8.9 所示。在不同组合 (指压应力和剪应力) 条件下,对密实堆积状态的颗粒物料的稳定流动,作出其莫尔圆,过原点作该莫尔圆的切线得到一条直

线 (称为有效屈服轨迹), 见图 8.9。可得到下式

$$\sin\eta_k = \frac{\sigma_1 - \sigma_3}{\sigma_1 + \sigma_3} \tag{8.27}$$

式中, η_k 是动内摩擦角。詹尼克在 1961 年介绍了锥形料斗中径向应力场的理论, 在这一理论中, 詹尼克认为应力仅仅是辐射距离的函数, 此处的辐射距离是以料斗虚拟顶点为原点计算的。因此, 采用适当的边界条件, 通过求解方程组可得到一个稳定漏斗流中的局部应力分布。这些方程组包括平衡方程式 (8.24) 和修正后的莫尔–库仑屈服 (破坏) 判定准则, 即式 (8.27)。应该指出, 除本书介绍的屈服准则, 还可参考其他屈服准则, 如冯·米泽斯 (von Mises) 的准则可用于料斗中散粒固体流的模型; 再譬如利维 (Levy) 流动法则, 为了求解该方程组, 可能需要更多附加条件 [Cleaver and Nedderman, 1993]。

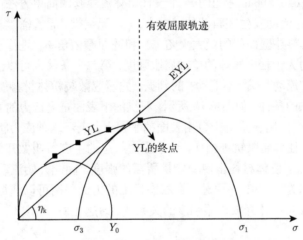

图 8.9　料斗中稳定流动的有效的屈服轨迹和估计值 Y_0 和 σ_1

8.2.5　料斗设计中粉体的流动性

在料斗设计中主要考虑粉体的流动性能, 避免在料斗内出现结拱、流速和流量不足、管涌、偏析、溢流等问题。最先形成的粉体流是从作用于粉体层中的应力超过了固体物料的固结强度的位置开始, 粉体层的崩塌取决于散粒粉体的以下力学性能 [Johanson, 1981]:

(1) 静内摩擦角 η_s;
(2) 动内摩擦角 η_k;
(3) 壁面摩擦角 η_w;
(4) 容积密度 $\alpha_p\rho_p$;
(5) 开放屈服强度 Y_0;

(6) 最大主应力 σ_1;

(7) 内聚力 c 等。

摩擦角与摩擦系数的关系由下式给出

$$\eta_i = \tan^{-1} f_i, \quad i = s, k, w \tag{8.28}$$

除了上述参数以外，还有一些重要的参数如休止角、塌落角、压缩性能和分散性能，这些参数作为对颗粒状物料流动性评价的参考依据，尤其当颗粒状物料从料斗中卸出时，这些参考依据不可缺少 [Carr, 1965]。一般来说，粉体的存储条件，如含水率、存储时间和总压力等都会影响其流动性。粉体的这些性能可采用一些简单的台式设备进行测定，如詹尼克移动剪切盒 [Jenike, 1961]，旋转错层式剪切盒 [Peschl, 1989] 和其他剪切测试设备 [Kamath et al., 1993]。

詹尼克 [Jenike, 1964a] 提出了一个设计整体流料仓的简单方法；该方法基于两个基本条件：(a) 流动发生在料斗的壁面上；(b) 无结拱、无管涌。第一个条件容易满足，可以根据料斗壁面间的最大夹角 φ_w 和壁面摩擦角 η_w 进行设计；如果稳定拱或管道的应力大于松散粉体的单轴屈服强度，第二个条件也可以满足。为了定义粉体在料斗中 "流动" 或 "不流动" 的判据，先研究散装粉体材料能够在料斗出口附近形成稳定拱的条件。如图 8.10 所示，料拱的下表面是无应力的表面，称为自由表面，主应力 σ_a 作用在垂直于自由表面的平面上。表示这种应力状态的莫尔圆一定通过原点，并且与屈服轨迹相切，这个应力状态的主应力叫做开放屈服强度 Y_0，表示在这种情况下粉体材料出现稳定拱所需的强度。因此开始流动和产生拱坍塌的临界应力状态为 $\sigma_a = Y_0$。通过研究稳态拱上的力的平衡可以获得避免结拱的料斗最小出口尺寸与粉体开放屈服强度的关系 (见习题 8.3)。

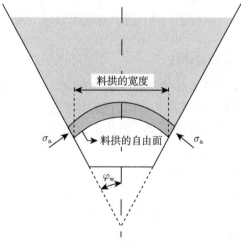

图 8.10 料斗出口上方的料拱 (或凸起)

8.2 料仓流中的粉体力学

现引入流动函数 FF 和流动系数 ff 这两个概念。材料的流动函数 FF 与开放屈服强度 Y_0 和对应的固结主应力 σ_1 有关，该应力由材料屈服轨迹的实验确定，见图 8.9。流动函数 FF 用 Y_0 对 σ_1 描点作图求得，见图 8.11，而流动系数 ff 定义由下式给出

$$ff = \frac{\sigma_1}{\sigma_a} \tag{8.29}$$

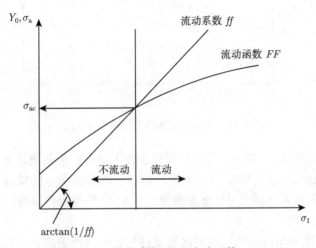

图 8.11 流动系数 ff 和流动函数 FF

流动系数作为对流动中断时所能达到的应力的一个量，流动中断是由形成稳定料拱造成的。詹尼克 [Jenike, 1964a] 研究发现，对于给定的 φ_w、η_k 和 η_w，$\dfrac{\sigma_1}{\sigma_\mathrm{a}}$ 比是一个常数，因此，当与流动函数在同一坐标系中描点绘图时，流动系数是一条通过原点的直线，该直线的斜率为 $1/ff$。如图 8.11 所示，流动系数 ff 和流动函数 FF 的交点表示粉体流动或不流动的临界条件。根据流动判据，流动函数 FF 线位于流动系数 ff 线之下的部分满足流动条件，σ_a 的临界值对应的交点可用来确定料仓出口的最小宽度，以确保料拱的崩塌，该最小尺寸由下式给出 [Jenike, 1964b]

$$d_{\min} = \frac{\sigma_{\mathrm{ac}} H(\varphi_\mathrm{w})}{\alpha_\mathrm{p} \rho_\mathrm{p} g} \tag{8.30}$$

式中，$d_{\min}$ 是料斗防止结拱的最小开口尺寸；$H(\varphi_\mathrm{w})$ 是料仓顶和料斗几何形状的函数。图 8.12 给出了对圆形出口和方形出口的整体流料斗，其料斗半顶角与 $H(\varphi_\mathrm{w})$ 的关系。

流动系数的引入使得设计者不必解应力场方程来确定料斗的出口尺寸。詹尼克 [Jenike, 1964b] 和其他一些设计规范 [BMHB, 1988] 都给出了 ff 与 φ_w、η_k 和

η_w 的定量关系图表，下面通过实际例子说明运用这些图表进行料斗标准设计的步骤。

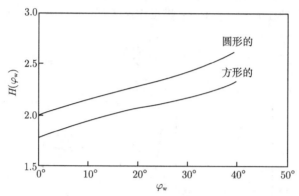

图 8.12　圆形和方形出口的函数 $H(\varphi_w)$

例 8.1　如图 E8.1 所示，在不同固结条件下得到三条屈服轨迹，已知粉体的容积密度为 $1500 kg/m^3$。试设计一个锥形料斗，在确保稳定的整体流条件下，确定料斗的壁面斜度和开口尺寸。壁面摩擦角为 $15°$，整体流锥形料斗设计参数见图 E8.2[BMHB, 1988]。

解　动内摩擦角可由莫尔圆与屈服轨迹相切的终点求出，由莫尔圆得到最大固结主应力 σ_1 和最小固结主应力 σ_3，由式 (8.27) 求出 η_k 为 $30°$，或者由过原点并与莫尔圆相切的直线与横轴的夹角求出，如图 E8.1 所示。

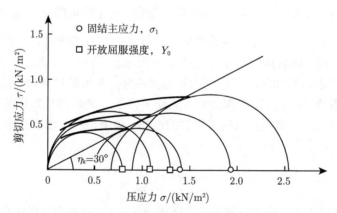

图 E8.1　剪切试验结果和流动性能测量

为了求出 FF，在每个屈服轨迹上绘制两个莫尔圆，如图 E8.1 所示。由经过原点并与屈服轨迹的相切的莫尔圆可得开放屈服强度 Y_0；而由在屈服轨迹终点与有效屈服轨迹相切的莫尔圆可得出相应的最大主应力 σ_1，从三条屈服轨迹得出三

8.2 料仓流中的粉体力学

组 Y_0 和 σ_1，FF 的确定如图 E8.3 所示。

由图 E8.2 可知：$\eta_\mathrm{w} = 15°$，$\eta_\mathrm{k} = 30°$，料斗半顶角 φ_w 为 $35°$ 时，相应的流动系数 ff 为 1.88；由图 E8.3 给出 FF 和 ff 之间的交点即为临界点，即形成稳定料拱时的最大主应力 σ_ac 为 $1.23\ \mathrm{kN/m^2}$。根据图 8.12，卸料口为圆形，$H(\varphi_\mathrm{w})=2.52$ 时，对应的 $\varphi_\mathrm{w} = 35°$。最小锥形料斗开口直径可由式 (8.30) 得出

$$d_\mathrm{min} = \frac{\sigma_\mathrm{ac} H(\varphi_\mathrm{w})}{\alpha_\mathrm{p}\rho_\mathrm{p} g} = \frac{(1.23\times 1000)\times 2.52}{1500\times 9.81} = 0.21\,\mathrm{m} \tag{E8.1}$$

因此，为了确保粉体在锥形料斗中形成整体流，料斗的半顶角应不大于 $35°$，圆形卸料口直径应大于 $0.21\ \mathrm{m}$，这样在卸料口处就不会形成稳定的料拱。

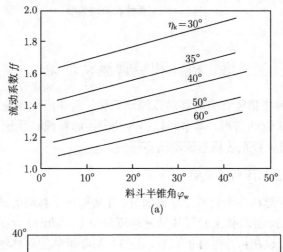

(a)

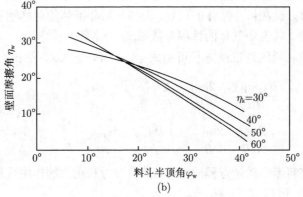

(b)

图 E8.2　锥形料斗整体流设计图

(a) 流动系数；(b) 壁面摩擦角

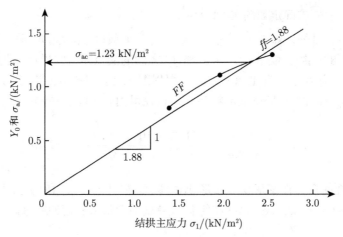

图 E8.3 流动系数和流动函数

8.3 料斗和竖管流动理论

本节介绍在料斗和竖管中的移动床流动理论,料斗流动理论可以扩展到经卸料阀排料的移动床流动情形。本节将以料斗-竖管-卸料流动系统为例讨论这些理论的应用,并说明竖管系统稳态流动的多样性。

8.3.1 喂料斗中移动床料层流动

首先分析在锥形料斗中物料流动的情况。在物料向下移动的过程中,尽管气体也随物料向下运动,但总体上看气体是逆料流而向上运动的。为了分析方便,我们将球面坐标的原点设在料斗锥体的顶点,极轴与料斗锥体的对称轴重合。假设流动的方位角 θ 不变,料流中气体的体积分数 α_{mb} 为常数。

气体和颗粒物料的连续性方程可由式 (8.31) 和式 (8.32) 给出

$$\frac{\partial(\rho u_R)}{\partial R} + \frac{2\rho u_R}{R} + \frac{1}{R}\frac{\partial(\rho u_\varphi)}{\partial \varphi} + \frac{\rho u_\varphi}{R}\cot\varphi = 0 \tag{8.31}$$

$$\frac{\partial u_{Rp}}{\partial R} + \frac{2u_{Rp}}{R} + \frac{1}{R}\frac{\partial u_{\varphi p}}{\partial \varphi} + \frac{u_{\varphi p}}{R}\cot\varphi = 0 \tag{8.32}$$

对于气体在料流中动量方程的推导,其惯性力和重力的作用可忽略,则由压力损失与阻力平衡,可得

$$\frac{\partial p}{\partial R} = \beta(u_{Rp} - u_R) \tag{8.33}$$

$$\frac{1}{R}\frac{\partial p}{\partial \varphi} = \beta(u_{\varphi p} - u_\varphi) \tag{8.34}$$

式中，β 是与气固混合物空隙率有关的系数。固体物料的动量方程为 (Nguyen et al., 1979; Chen et al., 1984)

$$\frac{\partial \sigma_R}{\partial R} + \frac{1}{R}\frac{\partial \tau_{R\varphi}}{\partial \varphi} + \frac{1}{R}(2\sigma_R - \sigma_\theta - \sigma_\varphi + \tau_{R\varphi}\cot\varphi) + (1-\alpha_{mb})\rho_p g\cos\varphi$$
$$+ (1-\alpha_{mb})\rho_p\left(u_{Rp}\frac{\partial u_{Rp}}{\partial R} + \frac{u_{\varphi p}}{R}\frac{\partial u_{Rp}}{\partial \varphi} - \frac{u_{\varphi p}^2}{R}\right) + \beta(u_{Rp} - u_R) = 0 \quad (8.35)$$

$$\frac{\partial \tau_{R\varphi}}{\partial R} + \frac{1}{R}\frac{\partial \sigma_\varphi}{\partial \varphi} + \frac{1}{R}[(\sigma_\varphi - \sigma_\theta)\cot\varphi + 3\tau_{R\varphi}] - (1-\alpha_{mb})\rho_p g\sin\varphi$$
$$+ (1-\alpha_{mb})\rho_p\left[u_{Rp}\frac{\partial u_{\varphi p}}{\partial R} + \frac{u_{\varphi p}}{R}\frac{\partial u_{\varphi p}}{\partial \varphi} + \frac{u_{Rp}u_{\varphi p}}{R}\right] + \beta(u_{\varphi p} - u_\varphi) = 0 \quad (8.36)$$

为得到方程组的解，须将固体的应力张量分量内部关系以及应力和速度之间的关联建立其确定的关系。假定散粒物料是库仑粉体，则可应用各向同性条件和莫尔-库仑屈服条件。另外，σ_θ 必须用一个其他应力分量表示的公式。

各向同性条件就是在 (R, φ) 平面内主应力方向和形变的速率一致。因此，各向同性条件写成

$$\frac{\sigma_R - \sigma_\varphi}{\tau_{R\varphi}} = \frac{\dfrac{\partial u_{Rp}}{\partial R} - \dfrac{1}{R}\dfrac{\partial u_{\varphi p}}{\partial \varphi} - \dfrac{u_{Rp}}{R}}{\dfrac{1}{2}\left(\dfrac{\partial u_{\varphi p}}{\partial R} - \dfrac{u_{\varphi p}}{R} + \dfrac{1}{R}\dfrac{\partial u_{Rp}}{\partial \varphi}\right)} \quad (8.37)$$

莫尔-库仑屈服条件由下式给出

$$\left(\frac{\sigma_R - \sigma_\varphi}{2}\right)^2 + \tau_{R\varphi}^2 = \left(\frac{\sigma_R + \sigma_\varphi}{2}\right)^2 \sin^2\eta_k \quad (8.38)$$

在此，采用哈尔-冯·卡门 (Haar-von Karman) 的假说，即所要求的 σ_θ 等于 (R, φ) 平面内的一个主要应力。固体物料在料斗中向下移动时，由于在锥体汇聚而沿着锥体的方位角方向压缩而产生形变，所以，假设 σ_θ 为最大主应力，得到

$$\sigma_\theta = \frac{\sigma_R + \sigma_\varphi}{2}(1+\sin\eta_k) \quad (8.39)$$

至此，我们有了九个变量 (u_R, u_φ, u_{Rp}, $u_{\varphi p}$, p, σ_R, σ_θ, σ_φ, $\tau_{R\varphi}$) 的九个方程 (式 (8.31)～式 (8.39))。因此，从理论上讲，就能得到这些方程组的数值解。但是，对该模型方程进一步简化，可得到一个更合适的解析解。

为了获得前述方程的解析解，用平均应力 σ_m 和应力角 ψ 来表示各应力：各应力由式 (8.40) 给出 [Sokolovskii, 1965]

$$\begin{aligned}\sigma_R &= \sigma_m(1 - \sin\eta_k \cos 2\psi), & \sigma_\varphi &= \sigma_m(1 + \sin\eta_k \cos 2\psi) \\ \tau_{R\varphi} &= -\sigma_m \sin\eta_k \sin 2\psi, & \sigma_\theta &= \sigma_m(1 + \sin\eta_k)\end{aligned} \quad (8.40)$$

式中，$\sigma_m = (\sigma_R + \sigma_\varphi)/2$，$\pi/2 - \psi$ 是一个锐角，该角是在 (R, φ) 平面内径向与最大主应力轴之间的夹角。此外，关于变量极角 φ 可以使用摄动方法近似求得 [Nguyen et al., 1979]，将极角 φ 按幂级数展开，并按 $o(\varphi)$ 截取其近似值，可得到式 (8.41) 各量

$$\sigma_m \approx \sigma_m(R), \quad \psi \approx 0, \quad u_R \approx u_R(R), \quad u_\varphi \approx 0$$
$$u_{Rp} \approx u_{Rp}(R), \quad u_{\varphi p} \approx 0, \quad p \approx p(R), \quad \rho \approx \rho(R) \tag{8.41}$$

则式 (8.31) 和式 (8.32) 可简化成式 (8.42) 和式 (8.43)

$$\frac{d(\rho u_R)}{dR} + \frac{2\rho u_R}{R} = 0 \tag{8.42}$$

$$\frac{du_{Rp}}{dR} + \frac{2u_{Rp}}{R} = 0 \tag{8.43}$$

对式 (8.42) 和式 (8.43) 积分得式 (8.44) 和式 (8.45)

$$\rho u_R = \frac{\rho_i U_{Ri} R_i^2}{\alpha_{mb} R^2} = \frac{\rho_o U_{Ro} R_o^2}{\alpha_{mb} R^2} \tag{8.44}$$

$$u_{Rp} = \frac{U_{Rpi} R_i^2}{(1-\alpha_{mb})R^2} = \frac{U_{Rpo} R_o^2}{(1-\alpha_{mb})R^2} \tag{8.45}$$

式中，下标 "i" 和 "o" 分别表示进口和出口的位置，U 表示表观速度。类似的，对于理想气体在等温过程中，式 (8.33) 变成

$$\frac{dp}{dR} = \frac{\beta R_i^2}{R^2} \left(\frac{U_{Rpi}}{1-\alpha_{mb}} - \frac{U_{Ri}}{\alpha_{mb}} \frac{p_i}{p} \right) \tag{8.46}$$

对于整体流料斗，压力分布由下式给出

$$p_i - p + B \ln\left(\frac{p_i - B}{p - B}\right) = A\left(\frac{1}{R} - \frac{1}{R_i}\right) \tag{8.47}$$

式中，A 和 B 由下式给出

$$A = \beta R_i^2 \frac{U_{Rpi}}{1-\alpha_{mb}}, \qquad B = \frac{U_{Ri}}{U_{Rpi}} \frac{(1-\alpha_{mb})}{\alpha_{mb}} p_i \tag{8.48}$$

注意，对式 (8.35) 中的三角函数，由于 φ 可按幂级数展开，所以各三角函数的近似值由式 (8.49) 给出

$$\cos 2\psi \approx 1, \quad \sin 2\psi \approx 2\psi_w \frac{\varphi}{\varphi_w}, \quad \cot \varphi \approx \frac{1}{\varphi} \tag{8.49}$$

式中，φ_w 是喂料斗的半顶角，ψ_w 是喂料斗壁面处的 ψ 值，则式 (8.35) 可简化为

$$(1 - \sin \eta_k)\frac{d\sigma_m}{dR} - \frac{4\sigma_m}{R}\left(1 + \frac{\psi_w}{\varphi_w}\right)\sin \eta_k + (1-\alpha_{mb})\rho_p g$$

8.3 料斗和竖管流动理论

$$+ (1-\alpha_{mb})\rho_p u_{Rp}\frac{du_{Rp}}{dR} + \beta(u_{Rp} - u_R) = 0 \tag{8.50}$$

将式 (8.44) 和式 (8.45) 代入式 (8.50)，可得到

$$(1-\sin\eta_k)\frac{d\sigma_m}{dR} - \frac{4\sigma_m}{R}\left(1+\frac{\psi_w}{\varphi_w}\right)\sin\eta_k + (1-\alpha_{mb})\rho_p g$$
$$-\frac{2\rho_p U_{Rpi}^2 R_i^4}{(1-\alpha_{mb})R^5} + \frac{A}{R^2}\left(1-\frac{B}{p}\right) = 0 \tag{8.51}$$

根据式 (8.51)，就可确定平均应力分布 σ_m，则料斗内的应力分布便可由式 (8.40) 计算。

例 8.2 有一个半顶角为 $10°$ 的截锥形喂料斗，料斗的进料口直径为 1.0m，卸料口直径为 0.5 m，颗粒粒径为 $200\mu m$，容积密度为 2300 kg/m³，喂入料斗的质量流量为 100 kg/(m²·s)，入口压力为 10^5 Pa，颗粒在料流中的体积分数为 0.5，料斗出口压力为 1.2×10^5 Pa。试求空气在料斗流中的流量。已知常数 $\beta=102700$ kg/(m²·s)。

解 取截锥形料斗顶点为球面坐标原点，那么，从顶点到料斗进料口和出料口的距离分别为

$$R_i = \frac{r_i}{\tan\varphi_w} = \frac{0.5}{\tan 10°} = 2.84\mathrm{m}, \quad R_o = \frac{r_o}{\tan\varphi_w} = \frac{0.25}{\tan 10°} = 1.42\mathrm{m} \tag{E8.2}$$

在进口颗粒的表观速度由式 (E8.3) 给出

$$U_{Rpi} = \frac{\alpha_p \rho_p u_p}{\rho_p} = \frac{-100}{2300} = -0.043\mathrm{m/s} \tag{E8.3}$$

负号表示颗粒流动方向与极轴方向相反。

进料口和出料口压力之间的关系由式 (8.47) 给出，将所有给定的条件代入式 (8.47) 可得

$$10^5 - 1.2\times10^5 + B\ln\left(\frac{10^5 - B}{1.2\times10^5 - B}\right)$$
$$= 1.027\times10^5\times2.84^2\left(\frac{-0.043}{0.5}\right)\left(\frac{1}{1.42}-\frac{1}{2.84}\right) \tag{E8.4}$$

解得 $B = 0.23\times10^5$ Pa。由式 (8.48) 得出，进口处气体的表观速度为

$$U_{Ri} = U_{Rpi}\frac{\alpha_{mb}}{(1-\alpha_{mb})}\frac{B}{p_i} = -0.043\times\frac{0.5}{1-0.5}\times\frac{0.23\times10^5}{10^5} = -0.01\mathrm{m/s} \tag{E8.5}$$

则出料仓中总气体流量为

$$Q = |U_{Ri}|\pi r_i^2 = 0.01\times\pi\times0.5^2 = 0.0079\mathrm{m^3/s} \tag{E8.6}$$

8.3.2 竖管流

如 §8.1 中所给出的定义，竖管流是指固体物料借助于重力作用逆气体压力梯度而向下流动的物料流。尽管气体流动方向相对于向下流动的固体物料方向是向上的，但实际气体的流动方向相对于管壁既可能向上流也可能向下流 [Knowlton, 1986]。固体物料通常从料斗、旋风筒或流化床进入竖管中。竖管既可以是垂直的也可以是倾斜的，而其出口可能是一简单的孔，也可能连接一阀门或与流化床相连。沿着竖管的侧面可以有气体充入。图 8.13 示出的一个催化裂化的反应—再生系统流程图，是竖管流应用的典型实例。应用中，固体从流化床和通过滑动阀门喂入垂直竖管。应当注意，侧面的通气管是专门为竖管流而设的。

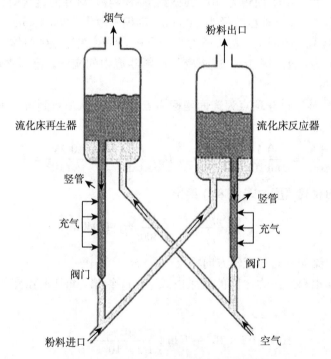

图 8.13　底流竖管的循环粉体流装置图

下面所介绍的竖管流模型是严格按吉内斯特拉 [Ginestra et al., 1980; Chen et al., 1984; Jackson, 1993] 等所提出的方法，在该模型中，做如下假设：

(1) 穿过竖管系统的固体和气体可视为一个连续体；

(2) 固体和气体的运动是稳定的一维流动 (沿轴向)；

(3) 固体物料的流动模型既可按移动床模型处理也可按稀相悬浮模型对待；当按移动床流动模型处理时，要考虑固体颗粒与颗粒之间以及颗粒和管壁之间存在

的应力, 而作为稀相悬浮流模型处理时, 这个应力可以忽略;

(4) 气体可作为理想气体对待, 输送过程是等温的。

竖管中的流动可选择圆柱坐标系统, 如图 8.14 所示。对于一维稳态运动的固体, 颗粒的动量方程可由下式给出

$$\rho_p(1-\alpha)u_{zp}\frac{du_{zp}}{dz} = \rho_p g(1-\alpha) - \frac{d\sigma_{pz}}{dz} - \frac{2\tau_{pw}}{R_s} + F_D \tag{8.52}$$

式中, σ_{pz} 是固体物料的压力, τ_{pw} 是固体物料在管壁处的剪应力, F_D 是单位体积的阻力, R_s 是竖管的半径。在颗粒雷诺数较低的条件下, 阻力受黏度控制, F_D 可用气体和固体的相对速度表示, F_D 由下式给出

$$F_D = \beta(u_z - u_{zp}) \tag{8.53}$$

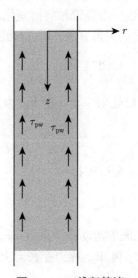

图 8.14 一维竖管流

对于均相气固两相流, 可以应用著名的理查森 (Richardson) 和扎基 (Zaki) 关系式, 由下式给出 [Richardson and Zaki, 1954; Growther and Whitehead, 1978]

$$\frac{U}{U_{pt}} = \alpha^n \tag{8.54}$$

β 由下式给出

$$\beta = \frac{\rho_p g(1-\alpha)}{U_{pt}\alpha^{n-1}} \tag{8.55}$$

在式 (8.54) 中, U_{pt} 是颗粒的终端沉降速度, n 是理查森-扎基 (Richardson-Zaki) 对气固系统的修正系数, 因此, 根据式 (8.52) 和式 (8.53), 固相的一般动量

方程可写成

$$\rho_\text{p}(1-\alpha)u_\text{zp}\frac{\mathrm{d}u_\text{zp}}{\mathrm{d}z} = \rho_\text{p}g(1-\alpha) - \frac{\mathrm{d}\sigma_\text{pz}}{\mathrm{d}z} - \frac{2\tau_\text{pw}}{R_\text{s}} + \beta(u_\text{z} - u_\text{zp}) \tag{8.56}$$

应注意，对于流动处于高雷诺数的情况，式 (8.53) 中必须考虑到惯性效应。因此，式 (8.56) 应该做出相应的修正。固体和气体的实际速度与其表观速度的关系可分别由式 (8.57) 给出

$$U_\text{zp} = \frac{U_\text{zp}}{(1-\alpha)} \tag{8.57a}$$

$$u_\text{z} = \frac{U_\text{z}}{\alpha} \tag{8.57b}$$

由连续性方程可知：因为竖管的横截面积不变，固体物料是不可压缩的，所以固体表观速度保持不变。但是，对于气体，由于压力沿竖管的轴向而变化，而且气体是可压缩的，所以气体表观速度沿竖管轴向而变化。由假设 (4) 可知，任何位置的 U_z、ρ、p 与竖管的进口处的相关量有关，则可得到

$$\frac{U_\text{z0}}{U_\text{z}} = \frac{\rho}{\rho_0} = \frac{p}{p_0} \tag{8.58}$$

式中，下标 "0" 表示竖管的进口处 ($z=0$)。因此，由式 (8.57b) 和式 (8.58) 得到

$$u_\text{z} = \frac{U_\text{z0}p_0}{\alpha p} \tag{8.59}$$

因为固体颗粒沿管壁下滑，所以可得

$$\tau_\text{pw} = f_\text{w}\sigma_\text{prw} \tag{8.60}$$

式中，f_w 是固体物料和管壁之间的滑动摩擦系数，σ_prw 表示固体物料表面 (径向) 在管壁上的压应力。由假设 (2) 可知压应力在径向上是常数。σ_prw 与 σ_pz 的关系根据式 (8.11) 可得到

$$\sigma_\text{prw} = \sigma_\text{pr} = K\sigma_\text{pz} \tag{8.61}$$

式中，K 由式 (8.10) 给出，将式 (8.57a)、式 (8.59)、式 (8.60) 和式 (8.61)，代入式 (8.56) 可得到

$$\frac{\rho_\text{p}U_\text{zp}^2}{(1-\alpha)^2}\frac{\mathrm{d}\alpha}{\mathrm{d}z} = \rho_\text{p}g(1-\alpha) - \left[\frac{\mathrm{d}\sigma_\text{pz}}{\mathrm{d}z} + \frac{2f_\text{w}K\sigma_\text{pz}}{R_\text{s}}\right] + \beta\left[\frac{U_\text{z0}p_0}{\alpha p} - \frac{U_\text{zp}}{1-\alpha}\right] \tag{8.62}$$

式 (8.62) 是常规动量平衡方程，对在竖管中移动床固体物料的输送，α 是一个其值为 α_mb 的常数，则式 (8.62) 可简化成

$$\frac{\mathrm{d}\sigma_\text{pz}}{\mathrm{d}z} + \frac{2f_\text{w}K\sigma_\text{pz}}{R_\text{s}} = \rho_\text{p}g(1-\alpha_\text{mb}) + \beta\left(\frac{U_\text{z0}p_0}{\alpha_\text{mb}p} - \frac{U_\text{zp}}{1-\alpha_\text{mb}}\right) \tag{8.63}$$

8.3 料斗和竖管流动理论

应该指出，式 (8.63) 中等号右边的第二项为阻力，该阻力根据气体压缩性所反映的 p 值大小可能为正也可能为负，因此 σ_{pz} 沿管道的增减取决于气体曳力的影响。对于固体物料的输送采用悬浮流模型，由于 σ_{pz} 很小，可以忽略，则式 (8.62) 可简化成

$$\frac{U_{zp}^2}{g(1-\alpha)^3}\frac{d\alpha}{dz} = 1 + \frac{\beta}{\rho_p g(1-\alpha)}\left(\frac{U_{z0}p_0}{\alpha p} - \frac{U_{zp}}{1-\alpha}\right) \tag{8.64}$$

如果梯度压力和气体-颗粒的曳力相等，则气相的动量平衡方程可用下式表示

$$\frac{dp}{dz} = \beta(u_{zp} - u_z) \tag{8.65}$$

式 (8.65) 也可用下式表示

$$\frac{dp}{dz} = \beta\left(\frac{U_{zp}}{1-\alpha} - \frac{U_{z0}p_0}{\alpha p}\right) \tag{8.66}$$

式 (8.66) 适用于固体物料输送的悬浮流动模型，对于移动床流动，式 (8.66) 可以简化为

$$\frac{dp}{dz} = \beta\left(\frac{U_{zp}}{1-\alpha_{mb}} - \frac{U_{z0}p_0}{\alpha_{mb}p}\right) \tag{8.67}$$

对于悬浮流动，α 和 p 可以用控制方程式 (8.64) 和式 (8.66) 通过数值求解获得。对于移动床流动，通过控制方程式 (8.63) 和式 (8.67) 可求得分析解。对式 (8.67) 积分，可得到无因次形式的 p。

$$p^* - 1 + a\ln\left(\frac{p^* - a}{1 - a}\right) = bz^* \tag{8.68}$$

式中

$$p^* = \frac{p}{p_0}, \quad z^* = \frac{z}{H}, \quad a = \frac{U_{z0}(1-\alpha_{mb})}{U_{zp}\alpha_{mb}}, \quad b = \frac{H\beta U_{zp}}{p_0(1-\alpha_{mb})} \tag{8.69}$$

式中，H 是竖管的高度。对式 (8.63) 积分得到

$$\sigma^* = \sigma_0^* \exp(-cz^*) + \left\{\int_0^{z^*}\left[1 + d\left(\frac{a}{p^*} - 1\right)\right]\exp(cx)dx\right\}\exp(-cz^*) \tag{8.70}$$

式中

$$\sigma^* = \frac{\sigma_{pz}}{H\rho_p g(1-\alpha_{mb})}, \quad c = \frac{2f_w KH}{R_s}, \quad d = b\frac{p_0}{\rho_p gH(1-\alpha_{mb})} \tag{8.71}$$

在竖管中，散粒状固体物料的流量不仅与竖管的几何形状有关，也与喂料设备位于竖管顶部和底部的控制阀门有关。固体物料在管道中的流动模式随物料在管道中的位置而变化，该流动模式取决于物料在竖管中的滑动速度 $u_{zp} - u_z$。由压力增加导致的气体压缩效应非常明显，ρ 沿竖管轴向而变化，进而改变 α 和滑动速度。因此，对于竖管流，当固体物料通过竖管时，在轴向不同位置有可能存在几种流动模式。

8.3.3 料仓-竖管-卸料流动

如上文所述,在竖管中固体物料的流量取决于固体喂料设备和流量控制阀。本节将讨论在一个简单的竖管系统的气固流动。喂料设备是一个整体流料斗,固体流量调节靠卸料孔口 (Chen et al., 1984),如图 8.15 所示。竖管的入口与半顶角为 φ_w 的锥形料斗喂料器连接,卸料口位于竖管底部。在此,我们考虑两个有代表性的固体流动模式,一个是稀相悬浮流,另一个是固体物料移动床。为此,需作如下假设:

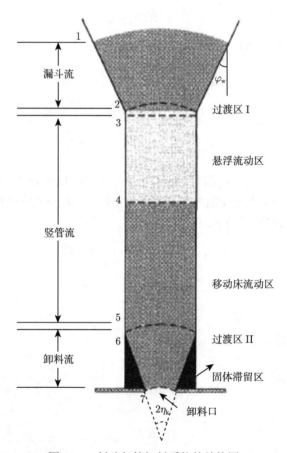

图 8.15 料斗竖管卸料系统的结构图

(1) 进料斗的角度足够小以使竖管中固体物料保持连续流动,在料斗中不存在停滞区。

(2) 由于固体物料在孔板处堆积,固体物料流通过卸料孔口时,形成锥形通道,通道的半角是颗粒的摩擦角,如图 8.15 所示。

(3) 对给定的某种固体物料,竖管系统的控制变量是卸料孔的开度大小和竖管

8.3 料斗和竖管流动理论

顶部与底部的压力差。如图 8.15 所示，一般系统由六个部分组成：料斗、过渡区 I (料斗和竖管之间)、竖管中稀相输送区、竖管中的移动床区、过渡区 II (在竖管和卸料孔) 和排料区。

在料斗段 (1—2)，压力损失由下式给出

$$p_2 - p_1 + B \ln\left(\frac{p_2 - B}{p_1 - B}\right) = A\left(\frac{1}{R_1} - \frac{1}{R_2}\right) \tag{8.72}$$

式中，$R_2 = R_s/\sin\varphi_w$，A 和 B 由式 (8.48) 给出，其中下标 "i" 用 "2" 替代，气体和颗粒的速度由式 (8.44) 和式 (8.45) 给出，下标 "i" 和 "o" 分别用 "2" 和 "1" 替代。

在过渡区 I (2—3)，根据固体物料的质量平衡得到

$$(1-\alpha_3)u_{zp3}A_s = -(1-\alpha_2)u_{Rp2}A_{ch} \tag{8.73}$$

式中，u_{Rp2} 是在球面坐标中固体物料的径向速度，u_{zp3} 是在柱坐标下固体物料的轴向速度，$\alpha_2 = \alpha_{mb}$，A_{ch} 是在料斗出口附近球冠面的表面积，A_s 为竖管的横截面积，A_{ch} 与 A_s 的关系由下式给出

$$\frac{A_{ch}}{A_s} = \frac{2(1-\cos\varphi_w)}{\sin^2\varphi_w} \tag{8.74}$$

则式 (8.73) 可变为

$$-\frac{u_{zp3}}{u_{Rp2}} = \left(\frac{1-\alpha_{mb}}{1-\alpha_3}\right)\frac{2(1-\cos\varphi_w)}{\sin^2\varphi_w} \tag{8.75}$$

同理，气体的质量平衡 (假定该区域内的气体是不可压缩的) 可由下式给出

$$-\frac{u_{z3}}{u_{R2}} = \frac{\alpha_{mb}}{\alpha_3}\frac{2(1-\cos\varphi_w)}{\sin^2\varphi_w} \tag{8.76}$$

如果忽略过渡区的壁面摩擦，固体物料沿轴向上的动量平衡方程可表示为

$$(1-\alpha_3)\rho_p u_{zp3}^2 + \sigma_{pz3} = (1-\alpha_{mb})\rho_p u_{Rp2}^2 + \sigma_{pR2} \tag{8.77}$$

式中，σ_{pR2} 可由式 (8.51) 的积分得出。该区域的压降可由气体的动量平衡得出

$$p_3 - p_2 = \alpha_{mb}\rho u_{R2}^2 - \alpha_3\rho u_{z3}^2 \tag{8.78}$$

在竖管中的稀相输送区域 (图 8.15 中的 3—4 段)，由固体和气体的质量平衡可得到式 (8.79) 和式 (8.80)

$$u_{zp} = \frac{u_{zp3}(1-\alpha_3)}{1-\alpha} \tag{8.79}$$

$$u_z = \frac{u_{z3}\alpha_3 p_3}{\alpha p} \tag{8.80}$$

在悬浮流动中固体物料的动量方程由下式给出

$$\frac{u_{zp}^2}{g(1-\alpha)}\frac{d\alpha}{dz} = 1 + \frac{\beta}{\rho_p g(1-\alpha)}(u_z - u_{zp}) \tag{8.81}$$

气体动量方程由式 (8.65) 得出，因此，气相速度、压力分布和颗粒浓度通过解方程组式 (8.65)、式 (8.79)、式 (8.80) 和式 (8.81) 得出。

在竖管中的移动床区域 (4—5 段)，由于固体体积分数保持不变，则固体和气体的速度可由式 (8.82) 和式 (8.83) 给出

$$u_{zp} = \frac{u_{zp3}(1-\alpha_3)}{1-\alpha_{mb}} \tag{8.82}$$

$$u_z = \frac{u_{z3}\alpha_3 p_3}{\alpha_{mb} p} \tag{8.83}$$

该区域的压力分布可以由式 (8.68) 得到，压应力分布可从式 (8.70) 得到。

在过渡区 II (5—6 段)，固体物料的质量平衡式为

$$u_{zp5}A_s = -u_{Rp6}A_{co} \tag{8.84}$$

式中，u_{zp5} 是在圆柱坐标中固体物料的轴向速度，u_{Rp6} 是在球面坐标中固体物料的径向速度，A_s 表示竖管的横截面积，A_{co} 表示排料口附近球冠状区域的表面积。A_s 与 A_{co} 的关系可由下式给出

$$\frac{A_{co}}{A_s} = \frac{2(1-\cos\eta_k)}{\sin^2\eta_k} \tag{8.85}$$

则由式 (8.84) 和式 (8.85) 可得到

$$-\frac{u_{zp5}}{u_{Rp6}} = -\frac{u_{z5}}{u_{R6}} = \frac{2(1-\cos\eta_k)}{\sin^2\eta_k} \tag{8.86}$$

忽略过渡区的壁面摩擦，则固体沿轴向的动量平衡方程为

$$(1-\alpha_{mb})\rho_p u_{zp5}^2 + \sigma_{pz5} = (1-\alpha_{mb})\rho_p u_{Rp6}^2 + \sigma_{pR6} \tag{8.87}$$

该区域的压降可由气体的动量平衡得到

$$p_6 - p_5 = \alpha_{mb}\rho u_{z5}^2 - \alpha_{mb}\rho u_{R6}^2 \tag{8.88}$$

在排料口区 (图 8.15 中 6—7 段) 的压降可由下式给出

$$p_7 - p_6 + B\ln\left(\frac{p_7 - B}{p_6 - B}\right) = A\left(\frac{1}{R_6} - \frac{1}{R_7}\right) \tag{8.89}$$

式中，$R_6 = R_s/\sin\eta_k$，$R_7 = r_d/\sin\eta_k$，r_d 是排料口的半径。A 和 B 由式 (8.48) 得出，其中下标 "i" 代表 "6"，气体和颗粒的速度由式 (8.44) 和式 (8.45) 得出，其中下标 "i" 和 "o" 分别代表 "6" 和 "7"。

这样，该系统的总压力损失为

$$\Delta p = p_1 - p_7 = \sum_{i=1}^{6}(p_i - p_{i+1}) \tag{8.90}$$

质量流量则取决于排料口的大小。

8.3.4 稳定竖管流动的多样性

一个竖管系统，可能存在不同的稳态流动模式，这取决于系统的操作参数控制范围，这种现象通常称为稳态流动的多样性。§8.3.3 中已经介绍了基于竖管系统的稳态流动多样性的一般概念，在该系统中，固体物料在喂料斗中保持稳定的移动床运动。

在竖管流中有四种可能的流动类型，如图 8.16 所示，类型 1 表示通过竖管的移动床流动模式。如果出现悬浮流，由于颗粒加速离开料斗出口，气体体积分数 α 随 z 增加而增加，直到重力和阻力平衡时为止。然后，由于气体压缩使 α 减少到 α_{mb}，移动床流动开始。如果在卸料锥体上部某个区域局部的 α 达到 α_{mb}，就成为第 2 种流动类型；如果这个局部的 α 达到 α_{mb} 发生在卸料锥体内，则为第 3 种流动类型。如果在竖管的全部长度上 α 都不能达到 α_{mb}，则为第 4 种流动类型。四种类型中，每一种流动方式都可以类比使用 §8.3.3 中的模型。因此，竖管系统稳定的竖管流的多样性可以具有两个特征参数，即卸料口与竖管直径的比率 γ 和整个系统的压力降 Δp。

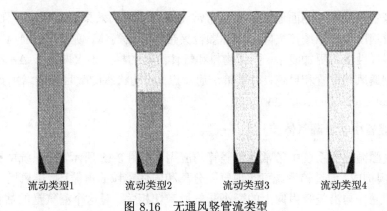

流动类型1　　流动类型2　　流动类型3　　流动类型4

图 8.16 无通风竖管流类型

在一个固定 γ 的系统中，稳态多样性可从固体物料的表观速度 U_p 和压降 Δp 曲线上看出，如图 8.17 所示，在两条（上、下）曲线之间形成一滞后回线 [Chen *et al.*, 1984]。上面的曲线对应于类型 2、3 或 4,而下面的曲线对应于类型 1。当 $\Delta p < (\Delta p)_1$ 时,系统按上面的曲线表示的速度操作,当 $\Delta p > (\Delta p)_2$ 时,系统按下面的曲线操作,当 Δp 介于 $(\Delta p)_1$ 和 $(\Delta p)_2$ 之间时,系统按固体物料的多个表观速度之一操作。而且,从类型 1 过渡到其他类型 (反之亦然) 可能不会连续。最初操作系统在类型 1,当 Δp 减少时,U_p 将沿下面的曲线运行直到点 $(\Delta p)_1$ 后,突然升高到上面的曲线,这表明突然从类型 1 转变到类型 2,形成悬浮流动。相反,如果最初系统有一段悬浮流,当 Δp 增大时,U_p 沿上面的曲线运行直到点 $(\Delta p)_2$ 后,突然降低到下面的曲线,这表明从类型 2 过渡到类型 1,固体物料突然填补悬浮部分变成移动床。此外,应注意,Δp 非常高时,竖管系统将无法操作,超过上限 $(\Delta p)_3$ 时,气流相对于管壁开始向上流动。

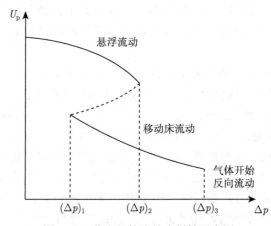

图 8.17 稳定竖管流的多样性示意图

在竖管系统中,侧面通风的实施常常使得固体流动效果更顺畅,而且在竖管流中加设辅助通风系统可去除由固体颗粒夹带的不良气体。使用侧面通风,在竖管流动的多样性变得更加复杂。固体物料和气体流动的模式不仅取决于 Δp 和 γ,还取决于侧通风的位置和风速,对于单个通风点,流动状态的数目可能增加到 12 种 [Mountziaris and Jackson, 1991]。

8.3.5 竖管中的泄漏气体流

在气固循环流系统中常常遇到竖管的应用,如图 8.18 所示,该系统由旋风筒-竖管-阀门构成,通过该系统可实现气固分离和固体颗粒的再循环。旋风筒-竖管系统的理想操作与沿竖管内向上的微小漏气量密切相关。对这个漏气量的估算,Soo 和 Zhu (1993) 曾给出了一个简单的方法,下面将他们提出的方法作一介绍。

现考察一由无黏性物料流动的竖管系统。通过阀门的颗粒质量流量可以与颗粒物料从卸料口卸出时一样建立其流动模型,卸料口物料的卸出流动符合伯努利

方程 [Li et al., 1982]，因此，在竖管中颗粒质量流量可用下式表示

$$\alpha_p \rho_p u_p = C_o \frac{A_o}{A_s} \sqrt{2\rho_p \alpha_{pmf} \Delta p_o} \tag{8.91}$$

式中，C_o 是孔口系数；A_o 是阀门开度面积；A_s 是竖管的截面积；α_{pmf} 是在最小流化时的颗粒体积分数。当竖管中颗粒的体积分数高于 0.2 时，竖管中由重力引起的压头可以用下式估算 [Chong et al., 1987]

$$\Delta p_s = \alpha_p \rho_p g z_b \tag{8.92}$$

式中，z_b 是散粒状固体物料在竖管中的高度。

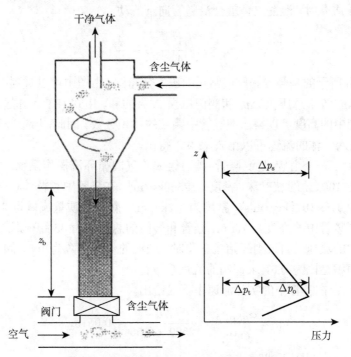

图 8.18 旋风筒-竖管-阀门系统配置图

竖管中气体的动量方程可以用下式表示 [Soo, 1989]

$$(1-\alpha_p)\rho\xi(u+u_p) - \frac{\Delta p_s}{z_b} = 0 \tag{8.93}$$

式中，假定 u 的方向向上，u_p 的方向向下，ξ 是从颗粒到气体动量传递的弛豫时间常数，ξ 由下式给出

$$\xi = \frac{150\alpha_p^2 u}{(1-\alpha_p)^3 \rho d_p^2} + \frac{1.75\alpha_p(u+u_p)}{(1-\alpha_p)^2 d_p} \tag{8.94}$$

式中，μ 为气体黏度。

为简单起见，我们假设竖管中颗粒体积分数为常数，将式 (8.92) 代入式 (8.93) 得到

$$u = \sqrt{\frac{A^2}{4} + B} - \frac{A + 2u_p}{2} \tag{8.95}$$

式中，A 和 B 由下式给出

$$A = \frac{150\alpha_p\mu}{1.75(1-\alpha_p)\rho d_p}, \quad B = \frac{(1-\alpha_p)}{1.75}\left(\frac{d_p\rho_p g}{\rho}\right) \tag{8.96}$$

式 (8.95) 有效性的条件是：$|u + u_p|$ 小于颗粒的终端沉降速度。式 (8.95) 还表明，当式 (8.97) 成立时，泄漏气体就会沿竖管向下流动。

$$u_p > \sqrt{\frac{A^2}{4} + B} - \frac{A}{2} \tag{8.97}$$

图 8.18 所示的是竖管和阀门常见的压力分布图，由图中可以看到：竖管的"绝对"压头 Δp_s 等于总压头 Δp_t 和阀门压损 Δp_0 的和。由式 (8.92) 并通过测量散粒物料在竖管中的高度可以得出在竖管中颗粒的体积分数。因此，给定竖管的颗粒质量流量，漏入气体的流速可以由式 (8.95) 得出。

例 8.3 一个由旋风筒-竖管-阀门组成的气固循环流操作系统，所用固体颗粒是粒径为 100μm 的玻璃珠，密度为 2500kg/m³，在竖管中颗粒体积分数为 0.55，空气黏度为 1.8×10^{-5}kg/(m·s)，密度为 1.2kg/m³。颗粒的质量流量为 70kg/(m²·s)，固体颗粒在竖管中的高度为 1.4 m，竖管和阀门的总压头为 4500Pa。试计算泄漏空气在竖管中的流速。如果刚开始流态化时，颗粒的体积分数为 0.5，阀门开口面积与竖管截面积之比为 0.6，求该阀的流量系数？

解 颗粒在竖管中的实际流速由下式给出

$$u_p = \frac{\alpha_p\rho_p u_p}{\rho_p\alpha_p} = \frac{70}{2500\times0.55} = 0.051\text{m/s} \tag{E8.7}$$

根据式 (8.96) 可得到下式

$$\begin{aligned}A &= \frac{150\alpha_p\mu}{1.75(1-\alpha_p)\rho d_p} = \frac{150\times0.55\times1.8\times10^{-5}}{1.75\times0.45\times1.2\times10^{-4}} = 15.71\text{m/s} \\ B &= \frac{(1-\alpha_p)}{1.75}\left(\frac{d_p\rho_p g}{\rho}\right) = \frac{0.45}{1.75}\left(\frac{10^{-4}\times2500\times9.8}{1.2}\right) = 0.525\text{m}^2/\text{s}^2\end{aligned} \tag{E8.8}$$

因此，泄漏空气的实际流速可根据式 (8.95) 得到

$$u = \sqrt{\frac{A^2}{4} + B} - \frac{A+2u_p}{2} = \sqrt{\frac{15.71^2}{4} + 0.525} - \frac{15.71+2\times0.051}{2} = -0.018\text{m/s} \tag{E8.9}$$

负号表示泄漏空气的流动方向向下。

在阀门上的压力损失由下式给出

$$\Delta p_{\mathrm{o}} = \alpha_{\mathrm{p}}\rho_{\mathrm{p}}gz_{\mathrm{b}} - \Delta p_{\mathrm{t}} = 0.55 \times 2500 \times 9.8 \times 1.4 - 4500 = 14365 \mathrm{Pa} \qquad (\mathrm{E}8.10)$$

则根据式 (8.91)，阀门的孔口系数可由下式给出

$$\begin{aligned} C_{\mathrm{o}} &= \alpha_{\mathrm{p}}\rho_{\mathrm{p}}u_{\mathrm{p}}\left(\frac{A_{\mathrm{o}}}{A}\sqrt{2\rho_{\mathrm{p}}\alpha_{\mathrm{pmf}}\Delta p_{\mathrm{o}}}\right)^{-1} \\ &= 70 \times (0.6\sqrt{2 \times 2500 \times 0.5 \times 14356})^{-1} = 0.019 \qquad (\mathrm{E}8.11) \end{aligned}$$

8.4 竖管系统的类型

应用于流化床系统的竖管有多种方式。下面将描述竖管在工业领域中应用的一般情况，并给出非机械阀门控制固体流速的应用。

8.4.1 竖管的溢流和底流

通常竖管分为溢流型和底流型，如图 8.19 所示，溢流型竖管的结构是固体颗粒由流化床顶部溢出的竖管。而固体颗粒从流化床底部流出，则为底流型竖管。

一般来说，溢流型竖管的出口嵌入料床中以便为竖管提供适当的静压头或密封压力，如图 8.19(a) 所示，溢流管既可用于移动床层也可用于流化床的操作。通常，在竖管出口附近，固体物料仅占竖管体积的一小部分。固体物料在竖管中的流量取决于从流化床溢出的流量。因此，管道出口不需要阀门。在固体物料从一个流化床转移到另一个流化床的竖管溢出系统中，压力损失贯穿于低部流化床至上部流化床的孔网 (气流分布板)，再到上面的流化床、竖管中固体物料的整个高度上。对于一定颗粒的竖管系统，压力分布取决于气体速度。压力分布的差异反映了固体的浓度、低部床层厚度、上部床层的固体颗粒浓度和固体颗粒在竖管内的维持高度。

底流型竖管中的固体颗粒通常排放到下部流化床的上部区域，通过阀门调节固体物料的流速，如图 8.19(b) 所示，竖管中的固体物料通常处于移动床模式，这样可保证有足够的高度差，以提供密封压力使固体物料向下运动。如果流化床上的固体颗粒大小分布不均匀，那么底排管卸出的主要是小颗粒物料。压力分布如图 8.19(b) 所示，压损贯穿于上部流化床的气体分布板、底流型竖管、控制阀门和竖管底部空间区域。在分布板和竖管中的压力梯度要高于压力分布的其他部分，如图所示。

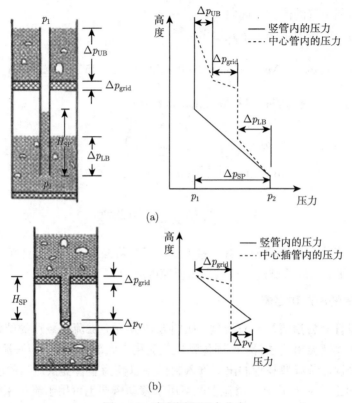

图 8.19 流程图和压力分布
(a) 溢流型竖管；(b) 底流型竖管

对于底流型竖管系统，压力分布随气流速度变化而变化。定义滑移速度 U_s 为 $U_p - U$，科耶贝舍 [Kojabashian, 1958] 曾指出，由于气体压缩，当空隙率减少量大于气体密度增加量时，U_p 减小而 U 增加，因此 U_s 减小。对竖管中的鼓泡流化床，当 U_s 减小到小于最小流化速度时，固体物料在竖管中将停止流态化，成为固定床。这种情况下，如果气体速度相对于固体速度向上，U_s 为正值，方向向上，固定床区域的压力随着固定床物料层在竖管中的高度减小而增加，如图 8.20 所示。另一方面，如果气体速度相对于固体速度向下，U_s 为负值，方向向下，固定床区域的压力随固定床物料层在竖管中的高度减小而减小（即压力发生逆转），如图 8.20(b) 所示。

图 8.20(b) 中有两个独特的压力分布区域，即竖管流动条件（即固体流动与气体压力梯度相反）和排出流动条件（即固体流动与气体压力梯度相同）。然而，考虑到进口和出口之间的总气体压力梯度，总管流是一个竖管流。固体流需要克服的压力损失还应包括流量控制阀。因此，施加的总压力必须足够高，产生密封效果，防

8.4 竖管系统的类型

止气体流回竖管内。

溢流式竖管和底流式竖管的压力损失可由式 (8.64)~式 (8.67) 预测,既可用于移动床层流也可用于悬浮流。通过流化床和孔板或气体分布板的压力损失的估算可分别由式 (9.7) 和习题 9.7 给出。

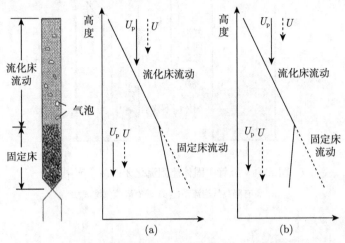

图 8.20 竖管向下溢流系统压力曲线

(a) 没有压力逆转;(b) 发生压力逆转

8.4.2 倾斜竖管和非机动阀门

在实际工程中,通常有竖管与倾斜管结合的配置。图 8.21 示出的是两个使用斜管将固体物料输送到流化床的应用实例。图 8.21(a) 所示是一个流化床系统,该系统用一个与竖管相连的斜管作为喂料器。系统操作中的一些气体形成鼓泡,将斜管作为旁路进入竖管。气泡沿斜管的上方向上流动,而固体物料层则与气体分离沿管道的下部向下流到流化床。图 8.21(b) 所示流化床用与一条斜竖管连接的垂直竖管作为喂料器。垂直管中向下流动的固体物料所提供的密封压力要比图 8.21(a) 所示的流程高得多。

在竖管系统中,可以用非机动阀门 (如 L-型阀和 J-型阀) 控制固体物料的流量,如图 8.22(a) 和 (b) 所示。这样的设计,仅需要补充气体的量来控制固体物料的流量。这种类型的设计称为非机动阀门,顾名思义,就是使用非机械的手段来控制固体物料流量。通过调整气体通风量,可形成浓相或稀相的固体物料流量 [Knowlton, 1986]。固体物料流量较低时,可使用 L-型阀,在 L-型阀内会形成一个固体物料滞留区,由于固体物料的滞留,该区域流通面积减小,因此,此处固体物料流量增加,如图 8.23 所示。当固体物料被输送到容器时,图 8.22(c) 的弯曲部分为气体密封提供了一种可行的手段。密封作用是通过 L-型阀门末端的短竖管内物料向上流动来实现的,固体物料由斜管输送到容器中。固体物料的流量由沿弯曲部分的旁路通风量来控制。

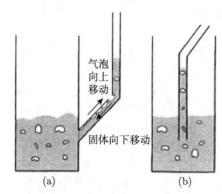

图 8.21　竖管中固体流到流化床的两个应用

(a) 带有隔离气泡流动；(b) 没有隔离气泡流动

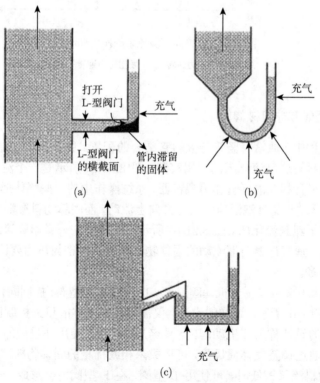

图 8.22　非机动阀门和弯管

(a) L-型阀；(b) J-型阀；(c) 弯管密封

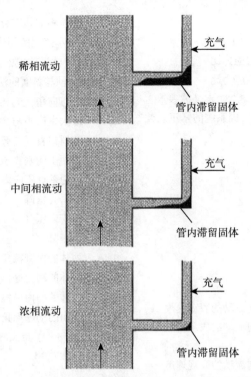

图 8.23　L-型阀中停滞的区域对应的三种固体流量

L-型阀是最常用的非机械阀门。穿过 L-型阀的压力损失计算可见式 (10.9) 和式 (10.10)。

符　号　表

A	由式 (8.48) 中定义的参数	D	柱直径
A	由式 (8.96) 中定义的参数	$d_{\min}$	料仓卸料口最小尺寸
A_o	阀门开口的面积	d_p	颗粒的直径
A_{ch}	喂料斗出口处的球冠表面积	$\boldsymbol{F}$	质量力矢量
A_{co}	卸料喷嘴入口处的球冠表面积	F_D	阻力
A_s	竖管的横截面积	FF	物料的流动函数
B	壁面上剪切应力与垂直应力之比	ff	流动系数
B	由式 (8.48) 中定义的参数	f_k	动摩擦系数
B	由式 (8.96) 中定义的参数	f_s	静摩擦系数
C_o	流量系数	f_w	壁面摩擦系数
c	内聚力	g	重力加速度

H	竖管的高度	α_p	颗粒相的体积分数
$H(\varphi_w)$	图 8.12 中定义的函数	α_{pmf}	最小流化的固体体积分数
K_a	主动状态下的主应力比	β	颗粒相和间隙气体之间的阻力系数
K_p	被动状态下的主应力比	β	X 轴与斜面的法线之间的角度
N	式 (8.19) 或式 (8.23) 定义的参数	β_{pr}	主方向角
n	理查森–扎基对气固系统的修正系数	γ	最大主应力与料斗壁之间的角度
p	压力	γ	卸料口直径与竖管直径比
p^*	无因次压力	Δ	壁面上的垂直压应力与平均横截面上的垂直压应力之比
Q	气体流量		
R_s	竖管的半径	Δ_{po}	排料孔压降
r_d	排料孔半径	Δ_{ps}	竖管内压降
T	应力张量	Δ_{pt}	总压降
U	表观气体速度	η	固体的内摩擦角
U_p	表观颗粒速度	η_k	固体的动内摩擦角
U_{pt}	颗粒终端速度	η_s	固体的静内摩擦角
U_{zp}	颗粒在一维轴向流动的表观速度	η_w	壁面的动摩擦角
U_R	颗粒在一维径向流动的表观速度	ξ	式 (8.94) 定义的弛豫常数
U_s	滑移速度	ρ	气体密度
U_z	气体在一维轴向流动的表观速度	ρ_p	颗粒密度
u	气体在间隙中的速度	σ	压应力
u_p	颗粒的速度	σ_a	料仓出口结拱主应力
u_R	气体径向速度分量	σ_{ac}	料仓出口结拱临界主应力
u_{Rp}	颗粒径向速度分量	σ_i	主应力 ($i = 1, 2$ 或 3)
u_z	气流在轴向的速度	σ_h	水平压应力
u_{zp}	颗粒在轴向的速度	σ_m	平均应力
u_φ	气体圆周向的速度分量	σ_o	漏斗顶部的附加应力
$u_{\varphi p}$	颗粒圆周向的速度分量	σ_t	抗拉强度
Y_0	开放屈服强度	σ_v	垂直压应力
z_b	固体在竖管中的高度	τ	剪切应力
		μ	气体的黏度
希腊字母		ν	泊松比
α	气相的体积分数	φ_w	料仓半顶点角
α_{mb}	气体在移动床中的体积分数	ψ	R 方向与最大正应力轴之间的角度

参 考 文 献

Berg, C. H. O. (assigned to Union Oil Company of California) (1954). U.S. Patent 2,684,868.

BMHB (British Material Handling Board) (1988). *Draft Design Code of Silos, Bins, Bunkers and Hoppers.* Berkshire: Milton Keynes.

Carr, R. L. (1965). Evaluating Flow Properties of Solids. *Chemical Engineering,* 72(2), 163.

Chen, Y. M., Rangachari, S. and Jackson, R. (1984). Theoretical and Experimental Investigation of Fluid and Particle Flow in a Vertical Standpipe. *I & EC Fund.,* 23, 354.

Chong, Y. O., Teo, C. S. and Leung, L. S. (1987). Recent Advances in Standpipe Flow. *J. Pipelines,* 6, 121.

Cleaver, J. A. S. and Nedderman, R. M. (1993). Theoretical Prediction of Stress and Velocity Profiles in Conical Hoppers. *Chem. Eng. Sci.,* 48, 3693.

Drescher, A. (1991). *Analytical Methods in Bin-Load Analysis.* Amsterdam: Elsevier.

Ginestra, J. C., Rangachari, S. and Jackson, R. (1980). A One-Dimensional Theory of Flow in a Vertical Standpipe. *Powder Tech.,* 27, 69.

Growther, M. E. and Whitehead, J. C. (1978). Fluidization of Fine Particles at Elevated Pressure. In *Fluidization.* Ed. Davidson and Kearins. Cambridge: Cambridge University Press.

Home, R. M. and Nedderman, R. M. (1978). Stress Distribution in Hoppers. *Powder Tech.,* 19, 243.

Jackson, R. (1993). Gas-Solid Flow in Pipes. In *Paniculate Two Phase Flow.* Ed. M. C. Roco. Boston: Butterworth-Heinemann.

Janssen, H. A. (1895). Versuche iider Getreidedruck in Silozellen. *Vercin Deutcher Ingenieure,* 39, 1045.

Jenike, A. W. (1961). *Gravity Flow of Bulk Solids.* Bulletin No. 108, Utah Engineering Experiment Station.

Jenike, A. W. (1964a). Steady Gravity Flow of Frictional-Cohesive Solids in Converging Channels. *Trans. ASME, J. Appl. Mech.,* 31, 5.

Jenike, A. W. (1964b). *Storage and Flow of Solids.* Bulletin No. 123, Utah Engineering Experiment Station.

Johanson, J. R. (1981). How to Predict and Use the Properties of Bulk Solids. In *Solids Handling.* Ed. McNaughton and the Staff of Chemical Engineering. New York: McGraw-Hill.

Kamath, S., Puri, V. M., Manbeck, H. B. and Hogg, R. (1993). Flow Properties of Powders Using Four Testers: Measurement, Comparison and Assessment. *Powder Tech.,* 76, 277.

Knowlton, T. M. (1986). Solids Transfer in Fluidized Systems. In *Gas Fluidization Technology.* Ed. D. Geldart. New York: Wiley.

Knowlton, T. M., Findlay, J. G., Sishtla, C. and Chan, I. (1986). Solids Pressure Reduction

Without Lockhoppers: The Restricted Pipe Discharge System. *1986 AIChE Annual Meeting,* Miami, Fla.: Nov. 2-7.

Knowlton, T. M., Findlay, J. G. and Chan, I. (1989). Continuous Depressurization of Solids Using a Restricted Pipe Discharge System. *1989 AIChE Annual Meeting,* San Francisco, Calif.: Nov. 5-10.

Kojabashian, C. (1958). *Properties of Dense-Phase Fluidized Solids in Vertical Downflow.* Ph.D. Dissertation. Massachusetts Institute of Technology.

Li, X. G., Liu, D. L. and Kwauk, M. (1982). Pneumatically Controlled Multistage Fluidized Beds. II. *Proceedings of Joint Meeting of Chemical Engineers, SIESC and AIChE.* Beijing: Chemical Industry Press.

Mountziaris, T. J. and Jackson, R. (1991). The Effects of Aeration on the Gravity Flow of Particles and Gas in Vertical Standpipes. *Chem. Eng. Sci.,* 46, 381.

Nedderman, R. M. (1992). *Statics and Kinematics of Granular Materials.* Cambridge: Cambridge University Press.

Nedderman, R. M. and Tiiziin, U. (1979). A Kinematic Model for the Flow of Granular Materials. *Powder Tech.,* 22, 243.

Nguyen, T. V., Brennen, C. and Sabersky, R. H. (1979). Gravity Flow of Granular Materials in Conical Hoppers. *Trans. ASME, J. Appl. Mech.,* 46, 529.

Peschl, I. A. S. Z. (1989). Measurement and Evaluation of Mechanical Properties of Powders. *Powder Handling & Processing,* 1, 135.

Richardson, J. F. and Zaki, W. N. (1954). Sedimentation and Fluidization. *Trans. Instn. Chem. Engrs.,* 32, 35.

Sokolovskii, V. V. (1965). *Statics of Granular Media.* New York: Pergamon Press.

Soo, S. L. (1989). *Particulates and Continuum: Multiphase Fluid Dynamics.* New York: Hemisphere.

Soo, S. L. and Zhu, C. (1993). Unsteady Motion of Dense Suspensions and Rheological Behavior. In *Paniculate Two-Phase Flow.* Ed. M. C. Roco. Boston: Butterworth-Heinemann.

Walker, D. M. (1966). An Approximate Theory for Pressures and Arching in Hoppers. *Chem. Eng. Sci.,* 21, 975.

Walters, J. K. (1973). A Theoretical Analysis of Stresses in Axially-Symmetric Hoppers and Bunkers. *Chem. Eng. Sci.,* 28, 779.

习　题

8.1　重度 12 kN/m^3 的无黏性物料，内摩擦角为 30°，存储在直径为 1.8 m 的圆筒料仓中，物料的壁摩擦角为 22°。试利用詹森公式确定主动状态和被动状态下达到最大径向应力值的 70% 时的深度。

8.2 一个半锥角为 20° 的锥形料斗内存储无黏性粉体物料。粉体的壁面摩擦角为 25°，容积密度为 1900 kg/m³，内摩擦角为 45°，粉体的上表面位于料斗锥底上方 3 m 处，且无负荷。试应用沃克的方法确定距锥底 1.2 m 高度处的压应力和剪切应力。假设此高度处主平面和料仓壁之间的夹角为 30°，分布系数为 1.1。

8.3 试分析稳定料拱的平衡条件，说明导致结拱的锥形料斗的最小出口直径 $d_{\min}$ 与松散物料的开放屈服强度的关系为

$$d_{\min} = \frac{2Y_0}{\alpha_p \rho_p g} \tag{P8.1}$$

忽略平衡方程中拱上方粉体的重量施加在拱上的力。

8.4 欲设计一个拥有容积为 100 m³ 的整体流锥形料斗，存储容积密度为 1700 kg/m³、内摩擦角为 40° 的无黏性粉体物料。四组剪切试验测得的物料的开放屈服强度和固结正应力如下表：

	(1)	(2)	(3)	(4)
$Y_0/(\text{kN/m}^2)$	0.90	1.35	1.75	1.95
$\sigma_1/(\text{kN/m}^2)$	1.10	1.75	2.75	3.25

试确定物料的壁面摩擦角分别为 10° 和 30° 时，料斗的半锥角和最小出口直径。

8.5 在一锥形料斗流动中，气体和颗粒之间无滑移，假定颗粒处于移动床条件，试确定料斗流动颗粒的平均应力分布。

8.6 在一流化床竖管中，由于固体颗粒的重量，颗粒的阻力与压头平衡，如果用理查德森—扎基式 (8.55) 表示阻力，试推导该竖管泄漏气流的表达式。假设其他条件不变，试讨论颗粒尺寸对泄漏流的影响。

第9章 密相流化床

9.1 引 言

气固系统的接触方式可以按固体物料的运动状态分类。对一定的固体颗粒物料,气体以很低的速度流过处于堆积状态的颗粒缝隙,而固体颗粒保持不动,这种状态的固体物料称为固定床。随着气体速度的增加,固体物料床层开始部分的运动,处于悬浮状态,床层逐渐进入流化状态。在气体速度相对较低时,为密相气固悬浮床,在床层表面上,会出现固体颗粒的被夹带现象。在密相气固悬浮床中,气泡或气穴的形状通常清晰可辨。在气体速度相对较高时,固体颗粒的夹带明显增多,其中的气泡、气穴率不像密相系统那样易辨,这时的状态称为密相流化床。如果进一步增大气体速度,固体颗粒的夹带将增大,密相流化床就逐渐不再有清晰的表面。气体速度达到很高时,固体颗粒完全被夹带,整个床层转变成"稀"的气固悬浮系统,流化的这种状态由颗粒夹带的外部循环装置来维持,这样的操作被称为稀相流态化。本章的重点是密相流化床。稀相和气力输送的讨论将在本书的第10章和第11章中介绍。正如前沿中所介绍的,本书中所用的相关公式中,除特别指明,所应用的单位都是国际单位(SI)制。

表 9.1 气固密相流化床应用实例

物理操作	应 用 类 型		
	化学合成	冶金和矿物加工	其他应用
热交换	邻苯二甲酸酐的合成	铀加工	煤的燃烧
固体颗粒混合	丙烯腈合成	还原氧化铁	煤的气化
颗粒敷涂	马来酸酐合成	油页岩热解	流化催化裂化
干燥	二氯乙烷合成	硫化焙烧矿石	焚烧固体废物
吸附	甲醇汽油工艺	晶体硅生产	水泥熟料生产
凝固和造粒	醋酸乙烯酯聚合	太白粉生产	微生物培养
颗粒生长	烯烃聚合	煅烧	

带气泡的密相流化床是行业内最常见的操作系统,尽管有时可能没有气泡。气泡流化床的流动状态有些类似于流体,所以,气固流化床系统的气泡运动状态常和气液系统的气泡状态相类似。密相流化床一般有下列特征,且在反应器中得到广泛的应用。

(1) 具有连续操作的能力:能够实现固体物料进入床层、流化、输送出系统的连续化操作。

(2) 具有很高的传热速率: 从床层内部到床层表面的传热、从气体介质到固体颗粒的传热都比较快, 所以床层温度分布较均匀。

(3) 具有高的传质速率: 气固之间的质量传递较快。

(4) 对固体颗粒物料的性质适应范围宽, 固体颗粒之间的混合效果好。

(5) 床体几何形状简单, 适合于规模化操作。

气固密相悬浮流化床的应用实例见表 9.1 中所列。

9.2 颗粒和流化特性分类以及流化床的结构

流化床系统的输送机制可以按颗粒的性质和流动状态加以描述。在下面的介绍中, 将按常用的流化床结构中的固体颗粒和流化特性来进行分析。

9.2.1 流化颗粒的分类

按固体颗粒在流化床中运动状态可分成 4 类 [Geldart, 1973], 分别为 A、B、C 和 D。这种分类法就是所谓的吉尔达特 (Geldart) 分类法, 如图 9.1 所示, 其分类是按照固体颗粒和气体的密度差 $(\rho_p - \rho)$ 以及颗粒的平均粒径 d_p 划分的。图 9.1 所示的结果是由实验而得, 这种分类法已在许多基础研究和气固流化床的设计中采用。但是, 需要注意的是, 除了用密度差 $(\rho_p - \rho)$ 和颗粒粒径 d_p 作为流化床变量外, 有时颗粒类别的划分还有其他的条件。譬如, 对于使用不同气体的流化, 因为不同类型的气体在颗粒表面的吸附是不同的, 由于表面力或颗粒间的接触力可能变得很大, 所以流化颗粒粘附性就是一个主要变量了。同样气体速度、温度以及压力也可能影响到流化颗粒的特征, 颗粒的划分原则也要随之改变。

图 9.1 中的 C 类主要是由具有粘附性的小颗粒 (d_p=20μm) 所组成, 即颗粒粒径小于 20μm。对 C 类颗粒的流化床, 颗粒之间的接触力主要是流体动力学力, 譬如范德瓦耳斯力、毛细管力和静电力。颗粒之间的接触力受颗粒性质的影响, 譬如颗粒的硬度、导电性、磁化率、表面粗糙度、湿含量以及气体的性质等。C 类颗粒流化困难, 但一旦流化以后, 其气体通道特征都相同, 流化后的颗粒层膨胀很高。

A 类颗粒的尺寸范围是 30~100 μm, 这类颗粒极易流化。在用 A 类颗粒的流化中, 流体动力学力占主导地位。颗粒间的接触力在流体动力学中也起着很重要的作用。这类颗粒的操作可以在无气泡的散式流态化域, 也可在有气泡的鼓泡流化域 (详情见 §9.2.2 流化床的分类)。A 类颗粒的最小流化速度 U_{mf}, 要小于最小鼓泡速度 U_{mb}。对 A 类颗粒的鼓泡流化床存在一个最大稳定气泡尺寸。

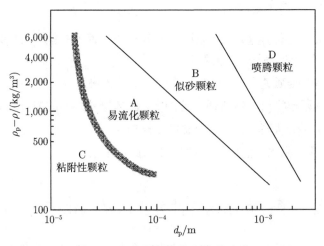

图 9.1 吉尔达特流化颗粒的分类

对 B 类颗粒，不存在散式流态化域。在这种情况下，$U_{mf} = U_{mb}$。气泡尺寸随床层高度而增大，床层的膨胀适中。对 B 类颗粒，也不存在最大稳定气泡尺寸。

D 类颗粒由大颗粒 (大于 1mm) 组成，这类颗粒通常会形成喷腾床。当 D 类颗粒流化时，其床层的膨胀很小，颗粒的混合不像 A 类颗粒和 B 类颗粒那样均匀。

对于 A 类颗粒和 C 类颗粒区分的界限，穆勒 (Molerus) 在 1982 年根据范德瓦耳斯力和流体动力学力的平衡给出了一个半经验公式

$$g[(\rho_p - \rho)d_p^3]_{CA} = 0.1 K F_H \tag{9.1}$$

式中，F_H 是颗粒之间的粘附力，其范围在 8.8×10^{-8}N "(硬颗粒) 到 3.7×10^{-7}N "(软颗粒) 之间，K 是常数 ($K=0.01$)。下角标 "CA" 表示颗粒 C、A 之间的分界线。

对于 A 类颗粒和 B 类颗粒区分的界限，当用空气作为流化气体，在环境条件下操作时，吉尔达特给出了一个半经验公式

$$[(\rho_p - \rho)^{1.17} d_p]_{AB} = 0.906 \tag{9.2}$$

当压力和温度变化、采用不同流化气体时，式 (9.2) 可作适当的修正 [Grace, 1986]

$$Ar_{AB} = 1.03 \times 10^6 \left(\frac{\rho_p - \rho}{\rho}\right)^{-1.275} \tag{9.3}$$

式中，下角标 "AB" 表示颗粒 A-B 之间的分界线，Ar 是阿基米德数 (见式 (9.12))。

对于 B 组颗粒和 D 组颗粒之间的界限，格雷斯 (Grace) 认为 B 组颗粒具有快速鼓泡特征，也即其气泡上升速度要大于空隙气体速度，D 组颗粒具有慢速鼓泡特征，其气泡上升速度要小于空隙气体速度 (见 §9.4.2)。这样，可以用气泡上升速度

和空隙气体速度相等为临界值来作为 D 颗粒和 B 组颗粒的分界点，得到下式：当 $\dfrac{\rho_p - \rho}{\rho} > 219$ 时

$$\mathrm{Ar_{BD}} = 1.581 \times 10^7 \dfrac{\rho/(\rho_p - \rho)}{[1 - 219\rho/(\rho_p - \rho)]^2} \tag{9.4}$$

9.2.2 流化特性分类

密相流化床的流化特性一般可按床层内气泡的形式划分，图 9.2 所示的是密相流态化与稀相流态化特性的相互关系，该关系涵盖了快速流态化 (第 10 章) 和稀相输送 (第 11 章)。密相流态化包括散式流态化、鼓泡流态化和湍流流态化。从广义上讲，密相流态化也包括节涌流、喷腾流和沟流现象或操作条件，这些流化现象或操作条件的根本区别将在后面作简要介绍。

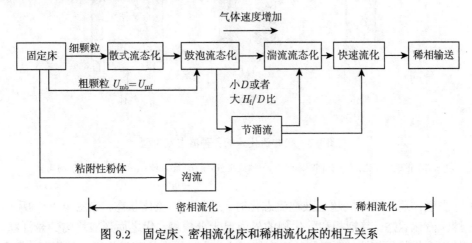

图 9.2　固定床、密相流化床和稀相流化床的相互关系

当气体速度在临界流化速度和最小鼓泡速度之间时，为散式流态化，如图 9.3(a) 所示。在散式流态化中，所有气体都通过流化颗粒间的空隙而不形成气泡，床层宏观上表现为均质分布。这种类型的流化状态只发生在用 A 类颗粒时，且流化速度操作范围较窄；在高压或用高密度气体时，其流化速度操作范围可得以扩大，但在粗颗粒形成的床层 (B 类颗粒和 D 类颗粒) 中，气体速度一旦接近临界流化速度 U_{mf} 马上就会有气泡产生，对这些颗粒，就不能形成散式流态化。

当气体速度增大到超过临界鼓泡速度 U_{mb} 时，进入鼓泡流化状态，如图 9.3(b) 所示。鼓泡流态化形成的气泡沿颗粒间的空隙向上运动。在鼓泡流态化中，气泡能够聚并、破裂。随着气体速度的增加，气泡聚并的趋势进一步增大，并形成两个明显的相：气泡相和乳化相。

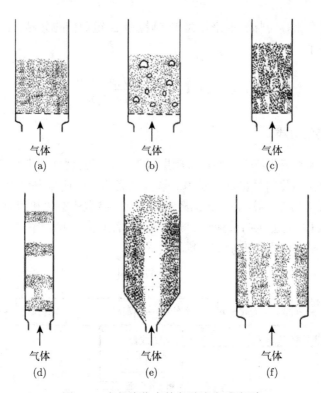

图 9.3 密相流化床的各种流态或流型

(a) 散式流态化；(b) 鼓泡流态化；(c) 湍流流态化；(d) 节涌流；(e) 喷腾流；(f) 沟流

当气体速度增大到超过鼓泡流态化时，进入湍流流化状态，如图 9.3(c) 所示，在湍流流化状态，气泡相和乳化相的界限已十分模糊，代之而形成均匀的悬浮状，与鼓泡流化状态相比，由于气体速度的增大，此时气泡的破裂将进一步增强，导致大气泡不断减少。另外，床层表面也进一步扩散。在这个阶段流化中的床层表面跳动幅度也加大。

节涌流，如图 9.3(d) 所示，指的是床层内产生的气泡或气栓的大小与床体直径大小接近的流化状态。节涌流只在床体直径较小或者床体高径比较大的时候发生。气栓是气泡或气穴聚并而形成的。气栓的上升速度随床体的直径大小而变化。当气体速度足够高时，气栓就会破裂，则节涌流就会变成湍流流化状态或快速流化状态。这种节涌现象也可能会发生在其他流化容器内，譬如竖管中。

当气体以高速垂直通过一个床层时，就会发生喷腾床，如图 9.3(e) 所示，常见 D 类颗粒可发生喷腾床。在喷腾床的中心，气体穿越而过，并携带部分颗粒向上运动，在中心部位形成稀相流，这部分颗粒到达顶部以后，便向下落入器壁和中心稀相流之间的环形区域内。环形区域内的颗粒以移动床的模式在床层中向下移动，然后在气流作用下进入中心区域,从而形成颗粒的上下循环。在喷腾床中颗粒得以混合,由于轴向喷腾的作用,颗粒的混合比鼓泡床和湍流床更加有规律。

如图 9.3(f) 所示的沟流,是由黏性颗粒(C 类颗粒)的凝聚效应所引起的,这个颗粒的凝聚是由颗粒间接触力所致。另外,颗粒大小、密度和颗粒形状都可能对沟流有所影响。当气体通过气体分布板产生不均匀的气流分布时,也可能发生沟流。

床体内部的装置和结构都会影响到流体的行为,譬如挡板、热交换装置,或者几何形状的变化,譬如锥体形状会对流体的流态有所影响。如图 9.3 所示的各种流化特性都是常见的流态化类型。

9.2.3 密相流化床的构成

密相流化床的构成部件如图 9.4 所示,主要包括气体分布板(也称布风板)、旋风筒、料腿、热交换器、挡板、扩径段。每个构件的基本作用下面陆续介绍。

气体分布板的作用一方面是使床层上获得形成流态化所需要的、理想的气体分布,另一方面是支撑床层上的颗粒物料。一般地,通过气体分布板的最小压降应确保床层上气体分布的均匀性(习题 9.11)。气体分布板的形式有很多,譬如,夹层式、交错打孔式、凹形孔板式、格栅式、多孔式、风嘴式、风帽式等 [Kunii and Levenspiel, 1991]。由气体分布板上产生的气泡尺寸与气体分布板的设计密切相关。初始的气泡尺寸直接影响着床层上的气泡大小。

旋风筒将排出气体中的固体颗粒分离出来,用几个旋风筒组合可形成多级旋风分离系统。多级旋风分离系统既可置于床体的内部,也可置于床体的外部。虽然旋风筒在流态化系统中应用较广泛,但仍可应用其他形式的气固分离设备(譬如袋式过滤器)。料腿或者竖管将旋风筒分离出的固体颗粒输送回到密相床层。料腿的出口设在自由空域或埋设于密相床层中。

热交换器的作用是散发热量以冷却流化床内流体,或者补充热量以加热流化床内的流体。热交换器的安装位置既可以在密相流化床内部,也可以位于床层上表面的器壁上。应用中需要特别注意,有时可能会对热交换器产生磨蚀或腐蚀。床层上部的扩径段是为了降低气体的上升速度,以使流化气体所携带的固体颗粒能停止上升并落回床层。对一个流化床,扩径段并不是非有不可,而是要根据操作条件和气固分离设备的设计情况而定。

挡板的作用是导流,促使气泡的破裂,促进气固的接触,以减少颗粒的夹带。除了料腿和埋入床层内的热交换器,埋入床层内的所有装置,通常都可称为挡板。尽管埋入床层内的热交换器有时也具有挡板的功能,但它仍不能称为挡板。挡板的安装位置与热交换器相同,既可以在密相流化床内部,也可以安装于床层上部的自由空间。挡板的设计有很多种类,譬如水平或垂直的栅板式,不同大小和方向的鳍状片式，开孔的或不开孔的挡板，甚至可设计成塔状结构 [Jin et al., 1980]。挡板应用在粗颗粒 (B 类颗粒和 D 类颗粒) 流化床上比在细颗粒 (A 类颗粒) 流化床上的优点更为突出，因为细颗粒流化床内的气泡更小。

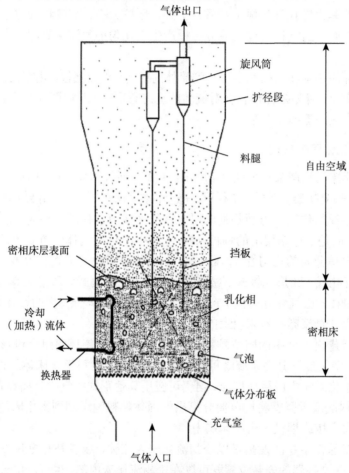

图 9.4　密相流化床工作示意图

密相流化床也可以在非重力场中进行。这些力场包括振动力场、声波力场、离心力场和磁力场。应用这些力场的流化床就分别称为振动流化床 [Mori et al., 1992]、声波流化床 [Montz et al., 1988; Chirone et al., 1992]、离心力流化床 [Kroger et al., 1979] 和磁力流化床 [Rosensweig, 1979; Liu et al., 1991](见习题 9.2)。

9.3　临界流态化和散式流态化

流化状态始于临界流化点，本节将详细介绍最小流化和散式流态化的特点。

9.3 临界流态化和散式流态化

9.3.1 临界流态化

初始流态化或临界流态化可以用动力学压降和气体速度之间的关系来表征。动压梯度 $(\mathrm{d}p_\mathrm{d}/\mathrm{d}H)$ 与总压梯度 $(\mathrm{d}p/\mathrm{d}H)$ 的关系可表示为

$$\left(-\frac{\mathrm{d}p_\mathrm{d}}{\mathrm{d}H}\right) = \left(-\frac{\mathrm{d}p}{\mathrm{d}H}\right) - \rho g \tag{9.5}$$

对于气固系统，ρg 与 $-\mathrm{d}p/\mathrm{d}H$ 相比很小可以忽略不计，所以 $-\mathrm{d}p_\mathrm{d}/\mathrm{d}H$ 就近似等于 $-\mathrm{d}p/\mathrm{d}H$。通过床层的压降 Δp_b 和使颗粒均匀流化的表观气体悬浮速度 U 之间的关系可用图 9.5 示出。在堆积床上随着表观气体速度 U 的增加，压降 Δp_b 随之增加，当达到一个峰值后降低到一个常数。如果再从这个常数 Δp_b 开始降低表观气体速度 U，则压降的减小就不再经过峰值，而是沿着另一条不同路径减小 (图 9.5)。这个峰值就是临界流化床的操作条件，与之对应的气体速度就是临界流化速度 U_mf。

对非均质颗粒，如前所述，将会发生滞后效应。但是，由固定床到流化床的过渡仍然是平滑的，其临界流化速度 U_mf 可从 Δp_b 对应固定床和流化床的分界点上得到。这样临界流化速度的表达式，可从固定床的压降与临界流化条件下流化床的压降相等而得到。固定床的压降可由式 (5.358)[①]，即欧根方程而得到。则临界流化条件可由下式给出

$$\frac{\Delta p_\mathrm{b}}{H_\mathrm{mf}} = 150\frac{(1-\alpha_\mathrm{mf})^2}{\alpha_\mathrm{mf}^3}\frac{\mu U_\mathrm{mf}}{\varphi^2 d_\mathrm{p}^2} + 1.75\frac{(1-\alpha_\mathrm{mf})}{\alpha_\mathrm{mf}^3}\frac{\rho U_\mathrm{mf}^2}{\varphi d_\mathrm{p}} \tag{9.6}$$

式中，φ 是颗粒的球形度；H_mf 是临界流化时的床层高度。应注意大多数流化颗粒是非球体的，很多情况下，当量球径是指等体积球当量径 (见式 (1.3))。对颗粒尺寸范围较大的床层，式 (9.6) 中的平均粒径可用德布鲁克 (DeBroucker) 平均径 (见式 (1.40))。

对于充分流化的床层，其压降 (横截面上的平均压降) 可通过气固混合体系的拟连续相的重力平衡法导出

$$-\frac{\mathrm{d}p}{\mathrm{d}H} = [\rho_\mathrm{p}(1-\alpha) + \rho\alpha]g \tag{9.7}$$

通常，床层的空隙率 α 与床层高度无关，α 可由下式给出

$$\alpha = 1 - \frac{M_\mathrm{p}}{\rho_\mathrm{p}AH_\mathrm{f}} \tag{9.8}$$

式中，M_P 是床层上颗粒的总质量；A 是床层横截面积；H_f 是流化状态下床层膨胀的高度。由式 (9.5) 和式 (9.7) 可导出

$$-\frac{\mathrm{d}p_\mathrm{d}}{\mathrm{d}H} = (\rho_\mathrm{p} - \rho)(1-\alpha)g \tag{9.9}$$

[①] 译者更正，原著误为式 (5.377)。

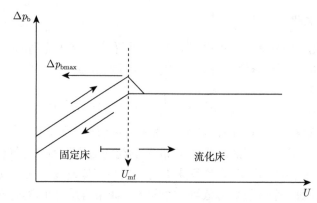

图 9.5 压力损失随气体速度的变化确定临界流化速度

在临界流化条件下,式 (9.9) 可改写成下式

$$\frac{\Delta p_b}{H_{mf}} = \frac{\Delta p_d}{H_{mf}} = (\rho_p - \rho)(1 - \alpha_{mf})g \tag{9.10}$$

注意到式 (9.6) 和式 (9.10) 可得到下式

$$Ar = 150\frac{(1-\alpha_{mf})}{\alpha_{mf}^3 \varphi^2}Re_{pmf} + \frac{1.75}{\alpha_{mf}^3 \varphi}Re_{pmf}^2 \tag{9.11}$$

式 (9.11) 就是临界流化条件下的阿基米德 (Ar) 数和颗粒雷诺 (Re_{pmf}) 数的关系。阿基米德 (Ar) 数的定义由下式给出

$$Ar = \frac{\rho(\rho_p - \rho)g d_p^3}{\mu^2} \tag{9.12}$$

颗粒雷诺 (Re_{pmf}) 数的定义由下式给出

$$Re_{pmf} = \frac{\rho U_{mf} d_p}{\mu} \tag{9.13}$$

这样,式 (9.11) 可改写成 $Ar = k_1 Re_{pmf} + k_2 Re_{pmf}^2$。根据阿基米德数和颗粒雷诺数关系的这个形式,有学者 [Wen and Yu, 1966] 给出了一个半经验关系式

$$Re_{pmf} = \sqrt{(33.7)^2 + 0.0408 Ar} - 33.7 \tag{9.14}$$

9.3.2 散式流态化

对于由 A 类颗粒形成的床层,在气体速度达到临界流化速度 U_{mf} 时,床层内的气泡尚未形成。此时床层进入散式流态化阶段。散式流态化床的操作风速为 $U_{mf} < U < U_{mb}$,其床层的特点是逐渐膨胀直到形成均匀的流化床,U_{mb} 是临界鼓

泡条件下的气体悬浮速度。床层的高度可根据由亚布拉汉森 (Abrahamsen) 给出的空隙率 α 进行估算

$$\frac{\alpha^3}{1-\alpha}\frac{(\rho_{\mathrm{p}}-\rho)gd_{\mathrm{p}}^2}{\mu} = 210(U-U_{\mathrm{mf}}) + \frac{\alpha_{\mathrm{mf}}^3}{1-\alpha_{\mathrm{mf}}} + \frac{(\rho_{\mathrm{p}}-\rho)gd_{\mathrm{p}}^2}{\mu} \tag{9.15}$$

散式流态化的上限气体速度就是 U_{mb}。如图 9.6 所示,散式流态化的气体操作速度范围相当窄。可以看出,在 $U > U_{\mathrm{mf}}$,且在达到临界鼓泡速度之前,床层高度 H_{f} 随气体速度 U 的增加而增加。随着鼓泡流化开始,如再进一步增加气体速度,则床层高度就会降低。

当满足式 (9.16) 的条件时 [Wilhelm and Kwauk, 1948],将会形成散式流态化。

$$\mathrm{Fr}_{\mathrm{mf}} < 0.13 \tag{9.16}$$

式中的 $\mathrm{Fr}_{\mathrm{mf}}$ 是在临界流化时的弗劳德数,其定义由下式给出

$$\mathrm{Fr}_{\mathrm{mf}} = \frac{U_{\mathrm{mf}}^2}{gd_{\mathrm{p}}} \tag{9.17}$$

罗麦罗和约翰森 [Romero and Johanson, 1962] 对式 (9.16) 做了修正,给出了一个参数更多的判断式

$$\mathrm{Fr}_{\mathrm{mf}}\mathrm{Re}_{\mathrm{mf}}\left(\frac{\rho_{\mathrm{p}}-\rho}{\rho}\right)\frac{H_{\mathrm{mf}}}{D} < 100 \tag{9.18}$$

9.4 鼓泡流态化

在鼓泡流化床中,气泡的行为直接影响着床层上流体相或输运相,包括固体混合、夹带、传热和传质。对多气泡行为的理论计算都是以单气泡的行为为基础的。因此,本节主要介绍流化床中单气泡的行为,譬如,气泡的尾流、气泡晕、气泡的形状、气泡的上升速度等;也将介绍单气泡周围流场的理论描述以及气泡形成和喷射的特点。另外,在自由鼓泡条件下,多气泡的行为,包括气泡的相互作用、气泡的大小、气泡的上升速度,以及气泡在床层上的体积分数等都将结合两相流的理论加以讨论,应注意所谓的自由鼓泡是指在没有内部限制的情况下的鼓泡流态化。

9.4.1 鼓泡的开始

气泡是由气固系统本身的不稳定造成的。气固流化床的不稳定是由系统扰动而使局部空隙率迅速的变化而引起的。由于床层的不稳定,局部气穴通常会快速增大而形成气泡。尽管气泡的形成并不总是这样,但通常会认为不稳定的开始就是气泡形成的开始,这也是由散式流态化向鼓泡流态化过渡的标志。有不少学者曾试图对气固流化床不稳定的起始点做出理论预测和物理解释,如 [Anderson and

Jackson, 1968; Verloop and Heertjes, 1970; Rietema and Piepers, 1990]。这些研究都集中在床层上各种力中,哪个力才是使床层稳定的主要相互作用力。床层上各种力包括颗粒之间的相互接触力,颗粒与流体之间的相互作用力,由颗粒速度的波动而引起的颗粒之间的相互作用力。

杰克逊 [Jackson, 1963] 的理论分析中预测,如果不考虑颗粒之间的相互作用力,流化床总是不稳定的,加戈和普里切特 [Garg and Pritchett, 1975] 的理论分析中指出,在颗粒相的动量方程中,如果包括颗粒浓度梯度作为驱动力,则流化床可能是稳定的。弗斯卡罗和吉比拉罗 [Foscolo and Gibilaro, 1984] 根据颗粒–流体之间的相互作用力的稳定流化机理,提出一个判断床层稳定的标准。巴彻勒 [Batchelor, 1988] 考虑了由颗粒扩散效应引起的流体动力学力和颗粒速度的随机性变化而又建立了判断流化床稳定性的另一个标准。但我们还要注意到,对于 A 类颗粒 (譬如流化床催化裂解和细砂颗粒),如图 9.6 所示,在散式流态化阶段,床层压降随气体速度的变化有一个固有的滞后效应,这个滞后效应与固体颗粒之间的接触力密切相关,它也就成为细颗粒流化床稳定的一个因素 [Tsinontides and Jackson, 1993]。

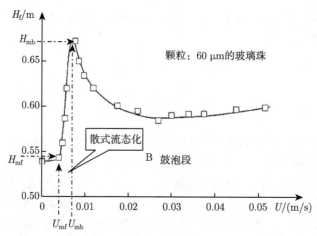

图 9.6 A 类颗粒床层膨胀曲线图 [Geldart, 1986]

尽管涉及流化床稳定的内在原因尚有待于进一步探索,但可根据波动概念而对临界鼓泡点作出机理分析和解释。按照沃利斯 (Wallis) 连续波和动力波的概念,流化床上临界鼓泡点对应的条件应该是:连续波速和动力波速是相等的 (可见 §6.5.2.3 以及习题 9.3),相应地,临界鼓泡速度可用床层的弹性模量表示为 [Rieterma, 1991]

$$U_{\mathrm{mb}} = \sqrt{\frac{E}{\rho_{\mathrm{p}}}} \left(\frac{\alpha_{\mathrm{mb}}}{3 - 2\alpha_{\mathrm{mb}}} \right) \tag{9.19}$$

注意式中弹性模量 E 不仅仅是与床层上固体物料的性质有关，而且也与床体结构、堆积物料的性质、颗粒的大小分布、颗粒之间的接触力、黏性力等多因素相关的一个常数。在实际工程中，临界鼓泡速度可用下式估算 [Abrahamsen and Geldart, 1980a]

$$U_{mb} = 2.07 \exp(0.716\phi_f) \frac{d_p \rho^{0.06}}{\mu^{0.347}} \tag{9.20}$$

式中，ϕ_f 是小于 45μm 的细粉体所占的质量分数。当该式的计算结果为 $U_{mb} < U_{mf}$ 时，则该表达式的计算就不可用。

9.4.2 流化床中的单个气泡

单个气泡的行为的研究，常在气固流化床中维持最低的流化条件下进行。气固流化床中的单个气泡类似于液体介质中的气泡 [Clift and Grace, 1985; Fan and Tsuchiya, 1990; Krishna, 1993]。

9.4.2.1 气泡的形状

气固流化床中的大部分气泡都是球冠状或椭球冠状。图 9.7 示出的是常见的两种气泡：快速气泡 (带晕气泡) 和慢速气泡 (无晕气泡)。晕是在气泡周围由气体绕其作环向流动而形成的。晕可以用带颜色的气体作为示踪气体而观察到。譬如图 9.8 所示，当用深棕色的氧化氮 (NO_2) 气体射入流化床中 (图 9.8(a)) 时，在气泡的周围就会看到一个浅棕色的晕区 [Rowe, 1971]。当气泡的上升速度大于颗粒间的气体速度时，在气泡的周围就会形成气体的环流，形成带晕气泡 (图 9.7(a))。晕的大小随着气泡上升速度的增加而减小。当气泡的上升速度远高于颗粒间气体速度时 (譬如 $U_b \gg U_{mf}/\alpha_{mf}$)，环绕在气泡周围的气体就明显变少，即晕变得很薄以致环流只存在于气泡的内部。A 类颗粒和 B 类颗粒流化床中的气泡是典型的带晕气泡。当颗粒间的气体速度远大于气泡上升速度时，就会形成无晕气泡，如图 9.7(b) 所示，此时气体穿过气泡而成乳化相。这种气体穿过气泡的流动就是所谓的无形气泡流，它与有形气泡有着明显的区别。D 类颗粒流化床中的气泡是典型的无晕气泡。

尾涡角 θ_w 的定义如图 9.7 所示。尾涡角 θ_w 与气泡的形状密切相关。尾涡角 θ_w 小，说明气泡比较扁平；尾涡角 θ_w 大，则说明气泡接近圆形。大的尾涡角对应有较小的尾涡分数 f_w，尾涡分数 f_w 的定义为尾涡部分的体积与气泡的体积之比。图 9.9 示出的是尾涡角与颗粒粒径的关系。颗粒粒径增大，尾涡角就随之增大。应注意，应用 A 类颗粒或 B 类颗粒的实验结果表明，随着颗粒粒径的增大，床层的表观黏度也随之增大。

气泡的尾涡对流化床内和自由空域内颗粒的运动或混合都有很大的影响。单相流体的气泡尾涡就是在气泡底部由流线所封闭的区域。在气固流化床中，乳相可作为拟单相流体处理。因此，气泡尾涡可认为就是在气泡底部由拟单相流体流线所封闭的空间。在床层上，尾涡随气泡上升，对球形固体颗粒的循环提供了一个动力，促进了固体颗粒在轴向上的混合。在床层上部自由空间的颗粒主要来自于随气泡尾涡而携带的颗粒 (参见 §9.6)。气固系统流化床中的尾涡体积分数一般要小于低黏度液体
中的。

图 9.8(b) 显示的是一个大气泡的二维照片，照片显示在气泡尾涡处有一些黑色颗粒尾随其后。可以看到在气泡的尾涡处，有一个锥状的黑色尾巴。相比于气液或者液固系统的柱状气泡 [Fan and Tsuchiya, 1990]，气固流化床中气泡尾涡几何形状更规则，也更清楚。但应注意在气固流化床中气泡尾涡内部流体流动更精确的结构还

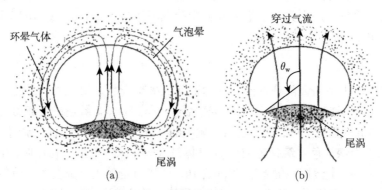

图 9.7　气固流化床中气泡的形状以及环绕气泡的气体流态

(a) 快速气泡 (带晕气泡)；$U_b > U_{mf}/\alpha_{mf}$；(b) 慢速气泡 (无晕气泡)

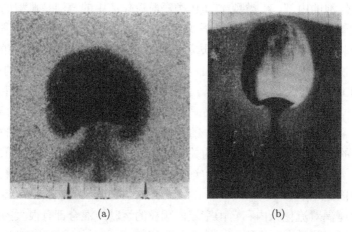

图 9.8　(a) 玻璃微珠堆积床层中，氧化氮气体在上升气泡周围形成的带晕区；(b) 气固流化床中，上升气泡穿过黑色颗粒层时，气泡尾涡的二维图像 [Rowe, 1971]

9.4 鼓泡流态化

不完全清楚。研究气泡尾涡有两种不同的观点。第一个观点是设想气固流化床中气泡可以与液体中的气泡类比 [Clift, 1986]。气固流化床中的 Re_b 可以用气固悬浮系统的表观密度和表观黏度来确定,气固悬浮系统的表观黏度的数量级为 $1kg/(m·s)$,则 Re_b 的数量级为 100 [Grace, 1970; Clift and Grace, 1985]。用具有这样数量级的 Re_b 计算气固系统流化床中的上升气泡,将会导致尾流中颗粒和气体的涡旋运动。而第二种观点则说明尾流是无涡旋运动,从边界外进入的气体和固体颗粒沿径向直接进入中心区域,然后垂直向下流出尾流区 [Kozanoglu and Levy, 1991]。这个观点可解释为:对于在普通气固流化床中具有大尾涡角 θ_W 的气泡,由于在气泡边缘的曲率不是足够大,所以不能产生很大的涡旋强度 [Leal, 1989; Fan and Tsuchiya, 1990]。因此,在尾流区内涡旋的集聚就不会发生。由于尾流的流态强烈地依赖于气泡边缘的曲率,气泡的边缘随气泡的形状变化,所以,气固流化床内的气泡要完全类比液体中的气泡,除了需要雷诺数 Re_b 相似外,还要使韦伯(Weber)数相似。韦伯数随气泡的表面张力而变化,但在气固流化床中,气泡的表面张力是不存在的。所以,第一个观点的类比讨论就可能不严密了。第二个观点中涡度的计算是基于真实气泡形状精确的边缘曲线,需要量化涡度产生量。要弄清这个重要而复杂的尾流问题就需要进行全面的实验。

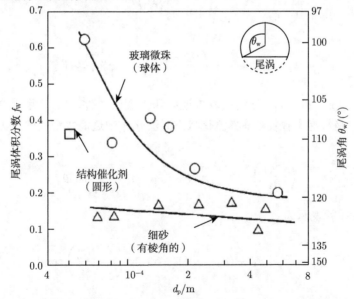

图 9.9 三维流化床中气泡尾涡角和尾涡体积分数的关系
[Rowe and Partridge, 1965; Clift and Grace, 1985]

在气固流化床中,已经观察到尾流脱落现象。其尾流脱落部分形似香蕉、且脱落间隔时间相当规律 [Rowe and Partridge, 1965; Rowe, 1971](图 9.9)。

9.4.2.2 流化床中过气泡的绕流

描述流化床中颗粒和气体在气泡附近的绕流运动情况，戴韦森和哈里森 [Davidson and Harrison, 1963] 的开创性模型尤其值得关注，因为这个模型有极大的重要性且相对简单。根据这个模型的突出特点，人们又开发了大量的其他模型，例如 [Collins, 1965; Stewart, 1968; Jackson, 1971]。下面将介绍戴维森–哈里森 (Davidson-Harrison) 模型。

现在我们分析考察流化床中气泡的上升过程。假设气泡是球形的、内部压力恒定且气泡中无固体颗粒。此外，假设乳化相是具有表观密度为 $\rho_{\mathrm{p}}(1-\alpha_{\mathrm{mf}})+\rho\alpha_{\mathrm{mf}}$ 的拟连续、不可压缩、无黏性的流体。应当指出，对气固混合体系假设其不可压缩性并不是很严密，这是因为气泡附近的空隙率要高于乳化相的空隙率 [Jackson, 1963; Yates et al., 1994]。利用这个假设，在一个均质势流场中绕一个气泡的"流体"速度分布和压力分布如图 9.10 所示，其数学描述为 [Davidson and Harrison, 1963]

$$
\begin{aligned}
U_{\mathrm{pf}} &= -U_{\mathrm{b}\infty}\left(1-\frac{R_{\mathrm{b}}^{3}}{r^{3}}\right)\cos\theta \\
V_{\mathrm{pf}} &= U_{\mathrm{b}\infty}\left(1+\frac{R_{\mathrm{b}}^{3}}{2r^{3}}\right)\sin\theta
\end{aligned}
\tag{9.21}
$$

以及

$$
p_{\mathrm{pf}} = p_{\mathrm{pf}}|_{z=0} + \left(\frac{\partial p_{\mathrm{pf}}}{\partial z}\right)_{\infty}\left(r-\frac{R_{\mathrm{b}}^{3}}{r^{2}}\right)\cos\theta \tag{9.22}
$$

式中，下标"pf"和"∞"分别代表拟连续和无湍流条件。$U_{\mathrm{b}\infty}$ 是单个气泡的上升速度；R_{b} 是气泡半径；在临界流化状态时流化床中远离气泡处的压力可用下式估计

$$
\left(\frac{\partial p_{\mathrm{pf}}}{\partial z}\right)_{\infty} \approx \frac{\Delta p_{\mathrm{b}}}{H_{\mathrm{f}}} = -(\rho_{\mathrm{p}}-\rho)(1-\alpha_{\mathrm{mf}})g \tag{9.23}
$$

这样式 (9.22) 就表示为

$$
p_{\mathrm{pf}} = p_{\mathrm{pf}}|_{z=0} - (\rho_{\mathrm{p}}-\rho)(1-\alpha_{\mathrm{mf}})g\left(r-\frac{R_{\mathrm{b}}^{3}}{r^{2}}\right)\cos\theta \tag{9.24}
$$

根据 §6.3.1 的讨论知，固体物料对压力的贡献可忽略不计。因此，气体压力就约等于拟连续体的压力，即 $p \approx p_{\mathrm{pf}}$。另外，也可假设颗粒速度等于拟连续体的速度：$U_{\mathrm{p}} \approx U_{\mathrm{pf}}$。为了确定局部的气体速度，可将拟连续体，即乳化相作为一个多孔介质来处理，这样就可利用达西 (Darcy) 定律，即式 (5.316)。可得到局部气体速度为

9.4 鼓泡流态化

$$U = U_{\rm p} - \frac{k}{\mu}\frac{\partial p}{\partial r}$$
$$V = V_{\rm p} - \frac{k}{\mu}\frac{1}{r}\frac{\partial p}{\partial \theta}$$
(9.25)

式中，k 是多孔介质的比穿透率。在远离气泡的无湍流区域，则

$$\frac{U_{\rm mf}}{\alpha_{\rm mf}} = U_{\rm b\infty} - \frac{k}{\mu}\left(\frac{\partial p}{\partial z}\right)_\infty \tag{9.26}$$

将式 (9.23)、式 (9.24) 和式 (9.26) 代入式 (9.25) 可得到

$$U = \left[\frac{R_{\rm b}^3}{r^3}\left(U_{\rm b\infty} + 2\frac{U_{\rm mf}}{\alpha_{\rm mf}}\right) - \left(U_{\rm b\infty} - \frac{U_{\rm mf}}{\alpha_{\rm mf}}\right)\right]\cos\theta$$
$$V = \left[\frac{R_{\rm b}^3}{r^3}\left(\frac{U_{\rm b\infty}}{2} + \frac{U_{\rm mf}}{\alpha_{\rm mf}}\right) + \left(U_{\rm b\infty} - \frac{U_{\rm mf}}{\alpha_{\rm mf}}\right)\right]\sin\theta$$
(9.27)

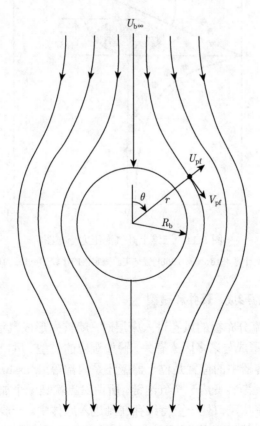

图 9.10　绕过球形气泡的势流二维投影

图 9.11 是由式 (9.24) 计算的动压和实验测定动压的比较图，图中可看出位于气泡突出的部分有局部的高压，在气泡底部即尾涡区域有局部的低压。正是这个尾涡区域的低压使床层内气泡具备了合并的动力。

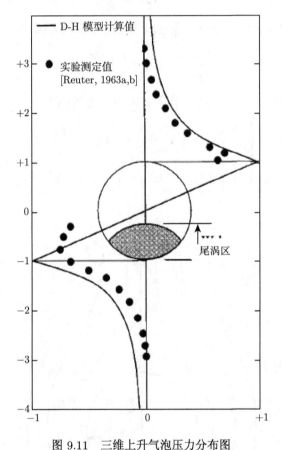

图 9.11　三维上升气泡压力分布图

D-H 模型计算 [Stewart, 1968] 值与实验测定值的比较[Reyter, 1963a,b]

9.4.3　气泡/射流的形成、聚并和破裂

当气体通过气流分布板的风孔进入床层时，就首先形成气泡/射流，如图 9.12 所示。气泡/射流的形成与诸多因素有关，譬如颗粒的类型、风口周围流化条件、风口的尺寸、气泡在容器中的位置是位于器壁还是内部等 [Massimilla, 1985]。初始形成的气泡或者射流逐渐转变成一个气泡链。所谓射流就是一个加长的气穴，其气穴应比气泡稍大。射流从风口处一直持续存在到进入床体中。一般地，气泡在小颗粒的床层中易于形成，譬如 A 类颗粒 [Rowe et al., 1979] 中易形成气泡。射流则在大颗粒存在时易于形成，譬如 D 类颗粒中，当乳化相还不足以形成流化、或者内部

9.4 鼓泡流态化

存在固体崩塌并流向风口区域时，易于形成射流 [Massimilla, 1985]。

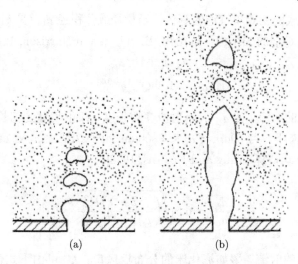

图 9.12 流化床中气泡和气泡射流的形成示意图
(a) 气泡；(b) 射流

初始气泡是由小泡颈或者稍大的泡颈直接形成，所谓泡颈就是一细长的气穴，而这个气穴给气体形成气泡提供了通道。当有这样的泡颈存在时，初始气泡离开泡颈后，泡颈就可能会减小，然后又长大再形成下一个气泡。射流则由于床层上压力波的作用会产生局部动态的变化。还应注意到射流和喷腾（见 §9.8）是不同的，喷腾是气体穿过床层，这些气体就是形成流化床的主要动力源，而射流发生在气体分布板区域附近，是气泡形成过程的一部分，床层（或乳化相）通风主要是靠气泡的作用。

气泡可以通过小气泡的合并形成大的气泡，也可由大气泡的破裂而形成小气泡，如图 9.13 所示。相互作用的气泡导致的多气泡系统的气泡行为明显不同于单气泡系统。气固介质中气泡的合并类似于液体或者液固系统中的气泡行为 [Fan and Tsuchiya, 1990]。气泡合并现象的发生通常是尾随气泡赶上领先气泡并与之接触时，由于领先气泡尾涡处与尾随气泡有最小的压差而导致的（见 §9.4.2.2）。当两个气泡合并时，合并后的气泡体积可能大于两个气泡体积的和 [Clift and Grace, 1985]。应注意高空隙率区域不同于气泡周围的颗粒晕区域 [Yates et al., 1994]。气泡合并后，高空隙率区域内的气体可能会加入新形成的气泡中。另一方面，大气泡的破裂可能是从该气泡上部边界的凹陷处开始，由于该处与颗粒的扰动而产生相对运动，最终导致气泡的破裂。类似于气泡的合并，破裂后新气泡的总体积要小于破裂之前的母气泡体积 [Grace and Venta, 1973]。

9.4.4 气泡/射流的尺寸和上升速度

由风口处形成的初始单气泡的等体积当量径或体积径 d_{bi} (见 §1.3) 与通过风口的气体体积流量 Q_{or} 的关系由下式给出 [Davidson and Harrison, 1963; Miwa *et al*., 1972]

$$d_{\text{bi}} = 1.38 Q_{\text{or}}^{0.4} g^{-0.2} \tag{9.28}$$

对从单喷嘴喷出的射流，如 L_j 表示射流穿透长度，即由喷嘴到细长气穴的末端的平均距离。在常态下，当 $50\mu\text{m} < d_p < 3800\mu\text{m}, 208\text{kg/m}^3 < \rho_p < 11750\text{kg/m}^3$ 时，L_j 的尺寸可用下式估算 [Yang and Keairns, 1978]：

$$\frac{L_j}{d_{\text{or}}} = 6.5 \sqrt{\left(\frac{\rho}{\rho_p - \rho}\right) \frac{U_{\text{or}}^2}{g d_{\text{or}}}} \tag{9.29}$$

对从多风口喷出的射流，譬如流化床的分布板风口，L_j 可由下式估算 [Yang and Keairns, 1979]：

$$\frac{L_j}{d_{\text{or}}} = 15 \left\{ \left(\frac{\rho}{\rho_p - \rho}\right) \frac{U_{\text{or}}^2}{g d_{\text{or}}} \right\}^{0.187} \tag{9.30}$$

式 (9.30) 适用于常态下，$50\mu\text{m} < d_p < 830\ \mu\text{m}, 1000\text{kg/m}^3 < \rho_p < 2635\ \text{kg/m}^3$ 的情况。在流化床中多气泡的气泡尺寸可从气泡的合并速度和破裂速度的平衡中求出。

气泡的稳定性将会影响到最大 (稳定) 气泡的大小 [Clift *et al*., 1974]，因最大 (稳定) 气泡与扰动生长速率密切相关。扰动生长速率随气泡周围气固介质动力黏度的减小而增加。因此，具有小动力黏度的介质就会产生小尺寸的气泡。据此，具有小动力黏度的 A 类颗粒，就会产生相对较小的最大稳定气泡；具有相对较大动力黏度的 D 类颗粒，就会产生相对较大的最大稳定气泡，而实际上这样的稳定气泡太大而在流化床上不可能真正的出现 [Clift, 1986]。对 B 类颗粒，其最大稳定气泡的尺寸则介于 A 类颗粒和 D 类颗粒之间。对 B 类颗粒和 D 类颗粒，一般认为都不存在最大稳定气泡。

在常压和低气速的气泡流化床中，气泡大小随气速的增大而增大，当 $U - U_{\text{mf}} < 0.48\text{m/s}, 0.3\text{m} < D < 1.3\text{m}$ 以及 $60\mu\text{m} < d_p < 450\mu\text{m}$ 时，气泡尺寸可由下式估算 [Mori and Wen, 1975]：

$$d_b = d_{\text{bm}} - (d_{\text{bm}} - d_{\text{bi}}) \exp\left(-0.3 \frac{H}{D}\right) \tag{9.31}$$

式中，H 是距气体分布板的垂直距离；d_b 是床层横断面上气泡的体积平均径；d_{bi}

9.4 鼓泡流态化

是在气体分布板上初始气泡的尺寸；d_{bm} 是最大气泡尺寸，则 d_{bi} 由下式给出：

$$d_{\mathrm{bi}} = \begin{cases} 1.38g^{-0.2}[A_{\mathrm{d}}(U-U_{\mathrm{mf}})]^{0.4} & \text{穿孔板} \\ 0.376(U-U_{\mathrm{mf}})^2 & \text{多孔板} \end{cases} \quad (9.32)$$

式中，A_{d} 是每个风口所占的分布板面积，可用分布板总面积除以分布板上风口个数进行估算，d_{bm} 可用下式表示

$$d_{\mathrm{bm}} = 1.49[D^2(U-U_{\mathrm{mf}})]^{0.4} \quad (9.33)$$

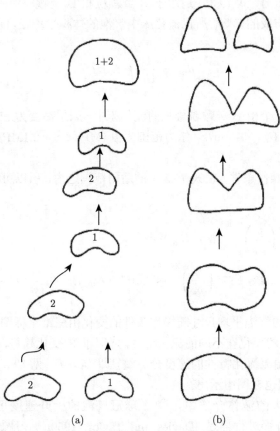

图 9.13 气泡的合并和破裂过程示意图

(a) 气泡的合并；(b) 气泡的破裂

对于无节涌但有最大稳定气泡的无约束气泡流化床，气泡尺寸可根据达顿 [Darton et al., 1977] 的修正式进行估算

$$d_{\mathrm{b}} = 0.54(U-U_{\mathrm{mf}})^{0.4}(H+4\sqrt{A_{\mathrm{d}}})^{0.8}g^{-0.2} \quad (9.34)$$

对密相流化床，在高气速或压力升高时，气泡的尺寸并不总是随气速的提高而增大。当压力为 0.1MPa< p <7.1MPa (鼓泡流化，也属于湍流区) 时，气泡大小需要用实验进行修正，如下式 [Cai et al., 1994]

$$
\begin{aligned}
d_\mathrm{b} = & 0.38H^{0.8}\left(\frac{p}{p_\mathrm{a}}\right)^{0.06}(U-U_\mathrm{mf})^{0.42} \\
& \times \exp\left[-1.4\times 10^{-4}\left(\frac{p}{p_\mathrm{a}}\right)^2 - 0.25(U-U_\mathrm{mf})^2 - 0.1\frac{p}{p_\mathrm{a}}(U-U_\mathrm{mf})\right]
\end{aligned}
\quad (9.35)
$$

式中，p_a 是环境压力，式 (9.35) 适用于 B 类颗粒和 D 类颗粒中的细粒部分。该式未反映出气体分布板的影响。所以流化床中气泡的体积平均径可用下式表示

$$
d_\mathrm{bb} = \frac{1}{H_\mathrm{f}}\int_0^{H_\mathrm{f}} d_\mathrm{b}\mathrm{d}H \quad (9.36)
$$

例 9.1 在一个由 B 类颗粒堆积的流化床中，床层高度为 $H_\mathrm{f}=1\mathrm{m}$，相对速度为 $0.05\mathrm{m/s}< U-U_\mathrm{mf} <1.8\mathrm{m/s}$，压力范围为 0.1MPa< p <2.1MPa，试计算流化床中气泡的平均尺寸。

解 根据其操作条件，在式 (9.35) 的适用范围之内，所以可按式 (9.35) 和式 (9.36) 计算，得到

$$
\begin{aligned}
d_\mathrm{bb} = & 0.21H_\mathrm{f}^{0.8}\left(\frac{p}{p_\mathrm{a}}\right)^{0.06}(U-U_\mathrm{mf})^{0.42} \\
& \times \exp\left[-1.4\times 10^{-4}\left(\frac{p}{p_\mathrm{a}}\right)^2 - 0.25(U-U_\mathrm{mf})^2 - 0.1\frac{p}{p_\mathrm{a}}(U-U_\mathrm{mf})\right]
\end{aligned}
\quad (\mathrm{E}9.1)
$$

由式 (E9.1) 计算的气泡平均尺寸随操作条件的变化由三维坐标图 E9.1 示出。图中可看出，气泡尺寸的变化在不同的流化特性内有不同的变化趋势，可明显地看出从鼓泡流化特性到湍流流化特性的速度分界线，即 $U=U_\mathrm{c}$(见 §9.5)，式 (9.31) 和式 (9.34) 的使用范围也在图中示出。

在一个无限大的液体介质中，单个球冠气泡的上升速度可用戴维斯–泰勒 (Davies-Taylor) 方程进行描述 [Davies and Taylor, 1950](见习题 9.6)。实验结果显示当 Re>40 时，对大气泡 (一般认为 $d_\mathrm{b\infty}$ >0.02m) 的描述，戴维斯–泰勒方程是准确的，而对鼓泡流化床，其雷诺数的数量级为 10 或少小一点时，可用戴维斯–泰勒方程进行描述 [Clift, 1986]。以此类推，在无限大的气固介质中单个球冠状的气泡上升速度可用体积平均径表示为 [Davidson and Harrison, 1963]

$$
U_\mathrm{b\infty} = 0.71\sqrt{gd_\mathrm{b\infty}} \quad (9.37)
$$

9.4 鼓泡流态化

在式 (9.37) 的应用中，所谓介质无限大的条件可假定为 $d_b/D <0.125$；在 $d_b/D >0.6$ 时，由于壁面的影响将变得异常明显，此时的气泡可认为是气栓 [Clift, 1986](参见 §9.7)。

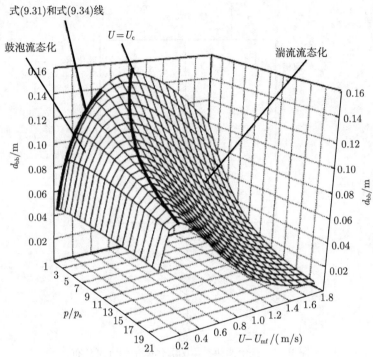

图 E9.1　气泡尺寸随双变量 (气体速度和压力) 的变化趋势图 ($H_f=1$m，按式 (E9.1) 计算)

在无约束鼓泡床中，气泡的平均上升速度可由下式给出 [Davidson and Harrison, 1963]

$$U_{b\infty} = U - U_{mf} + 0.71\sqrt{gd_{bb}} \tag{9.38}$$

式中，$(U - U_{mf})$ 是考虑到多气泡的影响而在单气泡上升速度的基础上附加的速度。

9.4.5　气流分配和床层膨胀

流化床的气流分布是影响床层基本输运特性的重要因素。常用于估计气流分布的常见方法是基于两相流理论，即把表观气流分成两股，气泡相流和乳化相流，如图 9.14 所示。

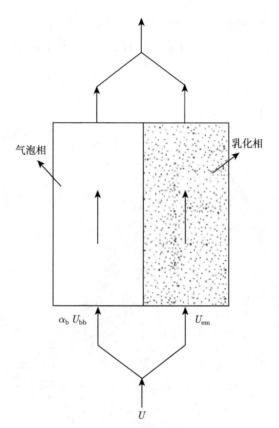

图 9.14 基于两相模型的流化床中的气流分布

按照这个理论，流体速度一般可表示为

$$U = \alpha_b U_{bb} - U_{em} \tag{9.39}$$

式中，U_{em} 是乳化相流的表观气体速度，$\alpha_b U_{bb}$ 是气泡相的流速。每股流相对速度大小的变化与气体表观速度和颗粒的性质有关。用 U_{mf} 表示简单两相理论中的 U_{em}，用 $(U - U_{mf})$ 表示 $\alpha_b U_{bb}$。这样气泡相的体积流量可表示为

$$Q_b = (U - U_{mf})A \tag{9.40}$$

式 (9.40) 可能会对流化床中实际气泡相的流量估算过高，这是因为在气流中两个主要因素影响的结果：① 有乳化相流或者隐含气流通过气泡；② 乳化相中的间隙流速大于 U_{mf} [Clift and Grace, 1985]。对流过气泡的隐含气流理论分析说明，通过二维或三维气泡的隐含气流速度变化范围是 $0.5U_{mf} \sim 4U_{mf}$，这取决于表征流场中使用的特定流函数 [Davidson and Harrison, 1963; Partridge and Rowe, 1966]。

9.4 鼓泡流态化

为估算气泡流量的真实值，对式 (9.40) 可作如下修正

$$Q_b = Y(U - U_{mf})A \qquad (9.41)$$

如果 $Y=1$, $U_{em} = U_{mf}$，由于 $Q_b = \alpha_b U_{bb} A$，所以得到

$$Y = \frac{U_{bb}\alpha_b}{U - U_{mf}} \qquad (9.42)$$

图 9.15 表示的是 Y 随气体速度和压力的变化趋势，即依据简单两相理论 (式 (9.40)) 看气流分布的偏差，图中可看出，在高压和高气体速度时，这个偏差变得很大，换句话说，在这样的条件下，更多的气体进入乳化相。在鼓泡流态化时有很低的气体速度，在高压时，由式 (9.40) 计算的 Q_b 就更加精确。根据经验，Y 也可用 $2.27\mathrm{Ar}^{-0.21}$ 进行估算 [Geldart, 1986]。

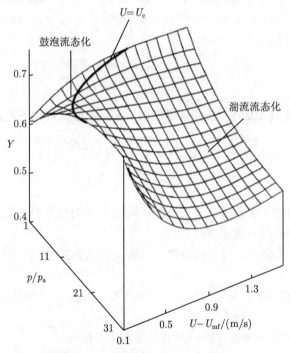

图 9.15 Y 随气体速度和压力的变化

($d_p = 0.5\mathrm{mm}$, $\rho_p = 2500\mathrm{kg/m^3}$, $H_{mf} = 0.71\mathrm{m}$, $T = 20°$, $\varphi = 1$)[Cai et al., 1993]

在密相流化床中，床层的膨胀由两个因素引起：乳化相膨胀和气泡的产生。这样，床层的高度 H_f 可表示为这两个因素的线性叠加

$$H_f = H_{em} + H_f\alpha_b \qquad (9.43)$$

式中，H_{em} 是因乳化相膨胀的高度，其值大于细颗粒 (A 类颗粒) 的 H_{mf}。对 B 类颗粒和 D 类颗粒，$H_{em} = H_{mf}$。在很高的操作压力下，有些 B 类颗粒可能会得到 $H_{em} > H_{mf}$。由式 (9.39) 和式 (9.43) 可得到

$$H_f = \frac{H_{em} U_{bb}}{U_{bb} - (U - U_{em})} \tag{9.44}$$

对 A 类颗粒形成乳化相膨胀，床层高 H_{em} 可作如下修正

$$\frac{H_{em}}{H_{mf}} = \frac{2.54 \rho^{0.016} \mu^{0.066} \exp(0.09 \phi_f)}{d_p^{0.1} g^{0.118} (\rho_p - \rho)^{0.118} H_{mf}^{0.043}} \tag{9.45}$$

式 (9.45) 假设速度对床层高度无影响。

当式 (9.44) 中的 U_{em} 和 U_{bb} 为已知时，床层高 H_f 可根据实验修正式进行估算。在环境温度下，巴布 [Babu et al., 1978] 对 H_f 的修正式涵盖的范围较宽，其涵盖的颗粒特性为 $0.05 \text{mm} < d_p < 2.87 \text{mm}$，$257 \text{kg/m}^3 < \rho_p < 3928 \text{kg/m}^3$ 其压力范围为 $0.1 \text{MPa} < p < 7.0 \text{MPa}$

$$\frac{H_f}{H_{mf}} = 1 + \frac{14.3 (U - U_{mf})^{0.738} d_p^{1.006} \rho_p^{0.376}}{U_{mf}^{0.937} \rho^{0.126}} \tag{9.46}$$

当在高温 (达到 1258K) 条件下操作时，床层的膨胀可由下式估算

$$\frac{H_f}{H_{mf}} = 1 + \frac{21.4 (U - U_{mf}^*)^{0.738} d_p^{1.006} \rho_p^{0.376}}{(U_{mf}^*)^{0.937} \left(w_g \dfrac{p}{p_a} \right)^{0.126}} \tag{9.47}$$

式中，w_g 是气体分子的重量，U_{mf}^* 是在环境温度下的最低流化速度，式 (9.47) 对 d_p、ρ_p 和 p 的使用范围与式 (9.46) 相同。

例 9.2 试确定在下列两种条件下，流化床燃烧室中气泡相和乳化相的气体流速。

(a) $T = 1173 \text{K}$，$p = 1.1 \text{MPa}$，$D = 1.2 \text{m}$，$M_p = 1600 \text{kg}$，$d_p = 0.51 \text{mm}$，$\varphi = 0.84$，$\rho_p = 2422 \text{kg/m}^3$，$U = 1.0 \text{m/s}$；

(b) $T = 263 \text{K}$，$p = 0.1 \text{MPa}$，其他条件与 (a) 相同。

解 (a) 当已知 d_p、ρ_p、ρ 和 μ 时，在所给定的环境条件下，根据式 (9.14) 可得到临界流化速度为：$U_{mf} = 0.077 \text{m/s}$，$U_{mf}^* = 0.122 \text{m/s}$；已知 d_p、ρ_p、ρ、μ 和 φ，临界流化条件下空隙率可根据式 (9.11) 求得，$\alpha_{mf} = 0.422$，则在临界流化时的床层高度为

$$H_{mf} = \frac{M_p}{A_t \rho_p (1 - \alpha_{mf})} = \frac{1600}{\dfrac{\pi}{4} \times 1.2^2 \times 2.422 \times (1 - 0.422)} = 1.01 \text{m} \tag{E9.2}$$

根据式 (9.47) 计算的床层膨胀高度为

$$H_{\mathrm{f}} = 1.01 \left\{ 1 + \frac{21.4 \times (1.0 - 0.122)^{0.738} \times (510 \times 10^{-6})^{1.006} \times 2.422^{0.376}}{0.122^{0.937} \times (28.9 \times 11)^{0.126}} \right\} = 1.639 \text{ m} \tag{E9.3}$$

对 B 类颗粒，用 $H_{\mathrm{em}} = H_{\mathrm{mf}}$，根据式 (9.43) 可得到床层上气泡所占的分数为

$$\alpha_{\mathrm{b}} = 1 - \frac{H_{\mathrm{mf}}}{H_{\mathrm{f}}} = 1 - \frac{1.01}{1.63} = 0.380 \tag{E9.4}$$

由式 (E9.1) 计算可得到床层上气泡的平均尺寸为

$$\begin{aligned} d_{\mathrm{bb}} &= 0.21 \times 1.63^{0.8} \times (1.0 - 0.077)^{0.06} \times \exp[-1.4 \times 10^{-4} \times 11^2 \\ &\quad -0.25 \times (1.0 - 0.077)^2 - 0.1 \times 11 \times (1.0 - 0.077)] = 0.100 \text{ m} \end{aligned} \tag{E9.5}$$

由式 (9.38) 计算可得到床层上气泡的平均上升速度为

$$U_{\mathrm{bb}} = 1.0 - 0.077 + 0.71 \times \sqrt{9.807 \times 0.100} = 1.63 \text{ m/s} \tag{E9.6}$$

则 Y 可由式 (9.42) 计算

$$Y = \frac{0.380 \times 1.63}{1.0 - 0.077} = 0.671 \tag{E9.7}$$

(b) 用 T=293K 和 p=0.1MPa，并按 (a) 中的计算步骤，可得到 Y=0.754。这样在两种情况下，气泡相和乳化相的气体速度分布列于下表

条件	气泡相，$\alpha_{\mathrm{b}} U_{\mathrm{bb}}$	乳化相，$U - Y(U - U_{\mathrm{mf}})$
T=1173K, p=1.1MPa	0.619 m/s	0.381 m/s
T=293K, p=0.1MPa	0.662 m/s	0.338 m/s

9.5 湍流流态化

湍流流态化常被认为是由鼓泡流态化到稀相流态化的过渡区。在相对较低的气体速度下，在湍流流态化有气泡的存在，而在相对较高的气体速度下，气泡的清晰界面消失，随着气体速度的进一步增大到稀相流态化时，固体颗粒浓度分布呈现不均匀性，各类气体气穴已难以区别。

9.5.1 流态的转变及识别

在鼓泡流态化阶段，随着气体速度的增加气泡运动愈加剧烈。这个行为可从床层上压力波动幅度的增加上得以反映。随着气体速度的进一步增大，压力波动幅度达到一个最大值，然后减小，并逐渐呈一水平线，如图 9.16 所示。这个压力波动的变化表明流化特性从鼓泡流态到湍流流化的过渡。

转变到湍流流化的开始速度一般认为是图 9.16 中所对应的峰值速度 U_c, 而 U_k 则认为是湍流流化才正式开始 [Yerushalmi and Cankurt, 1979]。但是根据对床层流化的直接观察发现, 气体速度在 U_c 左右时, 气泡的行为就有明显的变化。具体地说, 在气体速度小于 U_c 时, 气泡的相互作用是以气泡的聚并为主, 而在气体速度大于 U_c 时, 气泡的相互作用是以气泡的破裂为主。此外, 观察还发现, 在气体速度从 U_c 到 U_k 甚至超过 U_k 时, 流体结构也没有明显的变化 [Brereton and Grace, 1992]。气体速度在 U_k 时, 床层已经具有很高的湍流度, 甚至可能接近稀相流态化的转变 [Bi and Fan, 1992]。有文献指出 U_k 随在轴向上的位置而变化 [Chehbouni et al., 1994]。图 9.16 中所描述的压力波动曲线一般只适用于 A 类颗粒。对 B 类颗粒和 D 类颗粒, 在 U_c 之后压力波动幅度可能会减小, 但没有明显的停止点 U_k [Satija and Fan, 1985]。这样, 为便于所有颗粒实践应用, U_c 就被定义为向湍流转变的开始速度。湍流流化边界以上的部分将在第 10 章讨论。

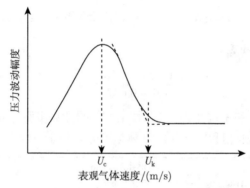

图 9.16 用 FCC 颗粒的密相流化床中压力波随气体速度的变化趋势图

[Yerushalmi and Cankurt, 1979]

蔡等考察了通过 U_c 的气泡行为变化, 得到了由鼓泡流态到湍流流态转变的临界值 [Cai et al., 1992]

$$\left(\frac{\partial^2 N_B}{\partial U^2}\right)_{U=U_c} = 0 \tag{9.48}$$

式中, N_B 是床层单位体积的气泡个数。鼓泡流化区和湍流流化区的条件可表示为

$$\begin{aligned} \frac{\partial^2 N_B}{\partial U^2} &< 0, \quad \text{鼓泡流化区} \\ \frac{\partial^2 N_B}{\partial U^2} &> 0, \quad \text{湍流流化区} \end{aligned} \tag{9.49}$$

这样, 对一个流化床的操作, 为了用式 (9.48) 计算流化特性的转变速度, 就需要一个力学模型来计算 N_B(习题 9.9)。

9.5 湍流流态化

湍流流化的输运特征和特殊流动与在相对较低气速下的鼓泡流化有明显的不同，可归纳如下：

(1) 湍流流化床存在一个上表面，但在自由空间内大颗粒浓度更加混乱；

(2) 气泡尺寸不大，气泡频繁地分裂和再分散，并且常以不规则的形状出现；

(3) 气泡、气穴波动更加剧烈，床层上乳化相 (连续相) 和气泡、气穴相 (离散相) 的区分更加困难。

(4) 气泡运动表现得更加随机，这有利于增强相界面的变换，因此气固接触更频繁，便于热量和质量的传递。

9.5.2 转变速度的确定

由于为预测 U_c 而开发力学模型会受限于某些条件，所以通常可借助实验关系式。对于 A 类颗粒和 B 类颗粒，在温度范围为 293K $< T <$ 773K，压力范围为 0.1MPa$< p <$0.8MPa 时，可用下式

$$\frac{U_c}{\sqrt{gd_p}} = \left(\frac{\mu_a}{\mu}\right)^{0.2}\left[\left(\frac{\rho_a}{\rho}\right)\left(\frac{\rho_p-\rho}{\rho}\right)\left(\frac{KD_f}{d_p}\right)\right]^{0.27} \tag{9.50}$$

式中，KD_f 是考虑到床体几何形状和床层内部装置而引入的参数，对无内部装置的床体，KD_f 可由下式给出

$$KD_f = D\left(\frac{0.211}{D^{0.27}} + \frac{2.42\times 10^{-3}}{D^{1.27}}\right)^{\frac{1}{0.27}} \tag{9.51}$$

式 (9.51) 适用于 57 mm $\leqslant D \leqslant$ 475 mm 的流化床。对设内部装置的流化床，KD_f 值可见表 9.2，KD_f 值与内部装置的几何形状高度相关。

表 9.2 设有内部装置的流化床 KD_f 值应用实例

KD_f	内部装置
2.32×10^{-3}	管径为 30mm 的垂直管道，管道中心距 120mm
1.64×10^{-3}	管径为 20mm 的垂直管道，管道中心距 60mm
3.42×10^{-3}	宝塔式挡板 [Jin et al., 1980]

式 (9.50) 说明，U_c 是操作变量的函数。该式说明对小尺寸的颗粒或在操作压力较高时，在低气体速度下就能发生向湍流流化的转变。床层内部装置或挡风板对 U_c 的影响在式中也有反映，图 9.17 显示的是塔式挡风板和垂直管道对 U_c 的影响图，从图中看出，设置内部装置或挡风板的流化床，U_c 的降低是明显的。这是由于内部装置或挡风板促进了气泡的破裂，从而导致在相对较低的气体速度时，通过气泡的破裂使气泡的相互作用占主导地位。由于挡风板的存在，床层压力波动值减小，因此有挡风板比不设挡风板时，其操作条件更加平稳。

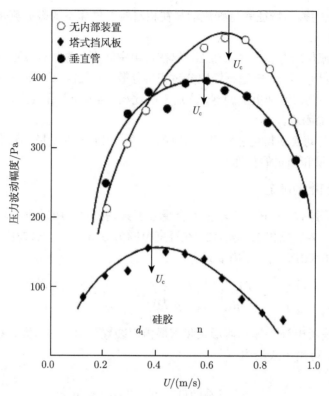

图 9.17　内部装置对流化床流化特性转变的影响 [Cai, 1989]

9.5.3　流体力学特征

由于气泡/气穴在湍流流化床中的存在，在相对较低的气体速度下湍流流化的流体力学行为，在某种程度上与鼓泡流化的流体力学行为是相似的。然而，在相对较高的气体速度时，两者就存在明显的差异，这说明之前对鼓泡流态所开发的一些修正式对湍流流态化不再适用。

如图 E9.1 所示，由于聚并气泡的破裂，气泡/气穴的尺寸随气体速度的增加而减小。这个趋势与鼓泡流化区的表现特征是相反的。然而，与鼓泡流化区类似，在气体速度不变 (譬如为 $U - U_{mf}$) 时，增大操作压力，会使气泡尺寸减小。因此，湍流流化床中气泡/气穴尺寸最终减小到这样的程度，即具有足够高的气体速度和足够高的压力，这表明床层逐渐转变成稀相无泡流化床。对无内部装置的流化床，鼓泡流化区和湍流流态化都可用式 (9.35) 来计算气泡/气穴尺寸。在已知气泡/气穴尺寸后，其上升速度可用式 (9.38) 计算。

由于在湍流流化床中，气泡/气穴的上升速度较低，在床层停留时间较长，所以湍流化床膨胀中的上升气泡比鼓泡流化床更密。一般地，式 (9.46) 和式 (9.47) 可用于计算在相对较低的气体速度时湍流流化床的膨胀高度，此条件下密相床层的表面也是清晰的。

湍流流态中气流的分布可通过式 (9.42)，从床层中的气泡特性和床层膨胀情况来描述。湍流流态中气流的分布变化也可从图 9.15 中得到。操作压力的增加可促使气体进入乳化相，最终可使床层中气泡和乳化相无法区分，从而床层成为无泡稀相流态化。

9.6 夹带和扬析

如图 9.18 所示，在流化床中的自由空域，聚集着部分由气体从密相床层中带出的颗粒。所谓夹带就是由流化气体从密相床层中将颗粒吹送到床体的自由空域。所谓扬析是指从混合颗粒中将细颗粒分离出来，扬析在流化床的整个自由空域内的全高度上都会发生，而细颗粒最终由流化床中逸出。夹带和扬析有时可以互相转换。自由空域内颗粒的逸出率与遗留量相关。颗粒的终端沉降速度大于气体速度的粗颗粒最终会落回到密相床层中，而细颗粒则会从自由空域中逸出。在设计自由空域时，其高度一般要考虑大于输送分离高度 (TDH)，在确定该高度时，先将床层中固体颗粒含量、固体颗粒夹带量或者固体颗粒的逸出率维持在一定的范围内。如图 9.18 所示，由于密相区内固体颗粒的不均匀性，在自由空域内固体颗粒含量分布不均，从图中可看出，自由空域中粗颗粒主要紧靠在密相床层的表面，而自由空域的上部则主要是细颗粒。

9.6.1 固体颗粒向自由空域的喷射机制

固体颗粒通过两种模式喷射到自由空域，如图 9.19 所示，一是由气泡顶部喷出颗粒；二是由气泡尾涡处喷出颗粒。当气泡接近床层表面时，发生顶部喷射。在气泡向床层表面的上升中，其上表面呈一圆顶状。在该圆顶和床层表面之间有一薄层颗粒 [Peters et al., 1983]。当气泡圆顶和床层表面间的厚度达到一定值时，由于气泡内的压力大于床层表面的压力，而使气泡爆裂，气泡顶部薄层内的颗粒就被喷到自由空域。尾涡喷射是由于表面气泡的爆裂，尾涡处的颗粒在惯性作用下，以与气体相同的速度快速喷射到自由空域。离开床层的气体夹带着这些喷出的颗粒进入到自由空域。

在自由鼓泡流化时，尤其在高气速时，气泡聚并在床层表面频繁出现。由于运动气泡的加速而聚并，先导气泡尾涡处的颗粒产生明显的喷射。这种喷射在无约束鼓泡流化床中变得由自由空域中的颗粒所主导 [Pemberton, 1982]。因在湍流流化中气泡上升速度较高，所以在湍流流化内尾涡喷射比鼓泡更显著。流体—颗粒间、颗粒—颗粒间的相互作用以及重力作用是影响自由空域内固体颗粒含量的关键因素，如图 9.18 所示。在自由空域的颗粒也会形成团聚或团簇。

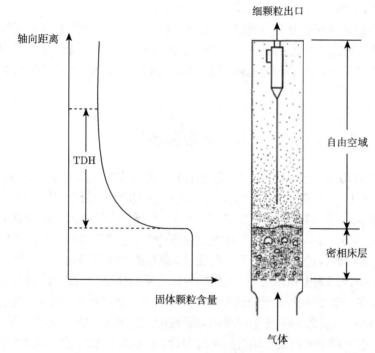

图 9.18　流化床自由空域内固体的含量分布

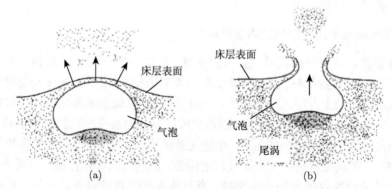

图 9.19　固体颗粒喷射到自由空域的两种机理 [Kunli and Levenspil, 1991]
(a) 气泡从顶部喷出；(b) 气泡由尾涡喷出

9.6.2　关联和建模

假设总固体夹带量用 J_h 表示，沿床层上表面的轴向距离为 h，床层表面的固体夹带量为 J_0，TDH 以上的固体夹带量为 J_∞，则在 $h<$TDH 时 [Wen and Chen,

1982]

$$J_h = J_\infty + (J_0 - J_\infty)\exp(-k_A h), \quad h < \text{TDH} \tag{9.52}$$

式中，k_A 是固体浓度衰减系数，它是气体速度和颗粒性质的函数；h 是床层表面以上轴向距离。类似的，固体 i 的分量可写成

$$J_{ih} = J_{i\infty} + (J_{i0} - J_{i\infty})\exp(-k_{iA}h) \tag{9.53}$$

式中，$J_{i\infty}$ 是固体 i 分量的逸出率，假设 $J_{i\infty}$ 与床层中的该部分的重量分数 ϕ_i 成比例，则

$$J_{i\infty} = -\frac{1}{A}\frac{dM_i}{dt} = k_{iB}\phi_i \tag{9.54}$$

式中，M_i 是固体 i 部分在床层上的质量，k_{iB} 是 i 部分的扬析速度常数，A 是床层的横截面积。类似的，对总固体颗粒则有下式

$$J_\infty = -\frac{1}{A}\frac{dM_p}{dt} = \sum k_{iB}\phi_i \tag{9.55}$$

对鼓泡流态化或湍流流态化中的小颗粒 (60μm< d_p < 350μm)，在 0.6m/s< U < 3 m/s 时，式中 k_{iB} 可由下式估算 [Geldart et al., 1979]

$$\frac{k_{i\infty}}{\rho U} = 23.7\exp\left(-5.4\frac{U_{pti}}{U}\right) \tag{9.56}$$

在高气速 (0.9m/s< U <3.7 m/s) 时，对相对较粗 (0.3mm< d_p <1 mm) 颗粒的逸出率计算，k_{iB} 由下式给出

$$k_{i\infty} = 0.011\rho_p\left(1 - \frac{U_{pti}}{U}\right)^2 \tag{9.57}$$

对 A 类颗粒 TDH 的估算可由下式确定 [Horio et al., 1980]

$$\text{TDH} = 4.47\sqrt{d_{bs}} \tag{9.58}$$

式中，d_{bs} 是床层表面的气泡尺寸。一旦确定了在气速为 U_1 时的 TDH，则在气速为 U_2 时的 TDH 可由下式计算

$$\frac{\text{TDH}_2}{\text{TDH}_1} = \frac{U_2^2}{U_1^2} \tag{9.59}$$

TDH 与床体直径和气体速度的关系由图 9.20 给出。从图中可看出，在给定床体直径时，TDH 随气体速度的增大而增大，TDH 也随气体压力的升高而增大 [Chan and Knowlton, 1984]。

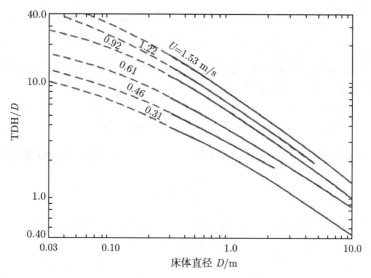

图 9.20　使用 FCC 颗粒的流化床 TDH 随床体直径的变化 [Zenz and Weil, 1958]

9.7 节 涌 流

当气泡尺寸发展到与床体直径相比足够大时，就会发生节涌流，如图 9.21 所示。节涌流经常出现在高径比大的床体中，尤其使用大/重颗粒时会出现节涌。这就存在一个节涌流发生时的最小节涌速度和最小床体高度。根据斯蒂瓦和戴维森的研究，节涌发生的最小气体速度可由下式给出 [Stewart and Davidson, 1967]

$$U_{\mathrm{msl}} = U_{\mathrm{mf}} + 0.07\sqrt{gD} \tag{9.60}$$

而贝叶斯和吉尔达特给出了发生节涌流时的最小床体高度 [Baeyens and Geldart, 1974]，在 $0.05\mathrm{m} < D < 0.3\mathrm{m}$，$850\mathrm{kg/m^3} < \rho_\mathrm{p} < 2800\ \mathrm{kg/m^3}$，且 $0.055\mathrm{mm} < d_\mathrm{p} < 3.38\mathrm{mm}$ 时，可用下式计算

$$H_{\mathrm{msl}} = 1.34 D^{0.175} \tag{9.61}$$

节涌流不像鼓泡流化那样压降维持在一个常数，节涌流的总压降随气体速度的增加而增大，这使得颗粒与器壁之间有强烈的摩擦，气体与固体颗粒之间有很大的动量耗散。

9.7.1 单个节涌的形状和上升速度

如图 9.21 所示，节涌以不同的形式出现。图中类型 (a) 是圆头节涌，系统采用细颗粒时常有发生；类型 (b) 是壁节涌 (也是众所周知的半圆头节涌)，当系统中

9.7 节涌流

床体壁面比较粗糙、或者 d_p/D 较大、或者采用棱角分明的颗粒、或者气体速度相对较高时易发生；类型 (c) 是方头节涌，在系统中采用粗颗粒时，因颗粒架桥效应大而产生。对单个的 (a) 类节涌，哈曼德和戴维森给出一个计算其上升速度的公式 [Hovmand and Davidson, 1971]

$$U_{sl\infty} = 0.35\sqrt{gD} \tag{9.62}$$

对单个的 (b) 类节涌，可将其作为在直径为 $2D$ 的圆柱床体中的全圆头节涌来处理，这样半圆头节涌的上升速度就是圆头节涌 (式 (9.2) 计算结果) 的 $2^{1/2}$ 倍。然而，对 (c) 类节涌 (气栓)，情况就变得完全不同。颗粒将不断地"淋"入气栓，而颗粒处于桥接状态，而不是完全的流化。气栓的上升速度是诸多因素的函数，诸如颗粒间的相互作用力、颗粒间的内摩擦特性、气体速度等。一般地，气栓在流化床内的上升速度要低于式 (9.62) 计算的速度。

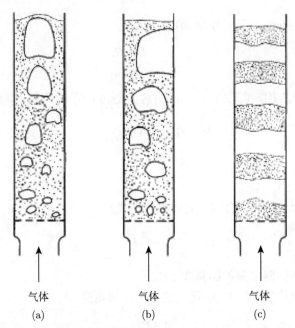

图 9.21 常见节涌示意图 [Kunii and Levenspiel, 1992]
(a) 圆头节涌；(b) 壁面节涌 (半圆头)；(c) 方头节涌 (气栓)

9.7.2 连续节涌

在连续的节涌流中，毗邻的 (a) 类和 (b) 类就像气泡的聚并，但比气泡聚并更加简单地形成一个大的节涌流。如果先导节涌的尾部与追随节涌的头部距离大于 $2D$，那么先导节涌对尾随节涌几乎没有任何影响 [Hovmand and Davidson, 1971]。

节涌的聚并比之鼓泡床中气泡聚并要少得多。另外，节涌床与鼓泡床相比，其尾涡体积更小，但运动更有序，且消散较弱。

如果应用两相理论分析节涌床，则在连续节涌床中节涌的平均速度可用下式表示 [Ormiston et al., 1965]

$$U_{sl} = U_{sl\infty} + U - U_{mf} \tag{9.63}$$

用 H_{max} 表示节涌床的最大膨胀高度，类似地可得到下式

$$H_{max} = H_{mf} + H_{max}\alpha_{sl} \tag{9.64}$$

式中，α_{sl} 是考虑到整体气体平衡而得到

$$U = U_{sl}\alpha_{sl} + U_{mf} \tag{9.65}$$

将式 (9.63) 和式 (9.65) 代入式 (9.64) 中得到

$$H_{max} = \frac{H_{mf}U_{sl}}{U_{sl\infty}} \tag{9.66}$$

例 9.3 试证明斯蒂瓦 (Stewart) 方程 (式 (9.60)) 的临界值，即如果

$$U - U_{mf} \geqslant 0.07\sqrt{gD} \tag{E9.8}$$

就会发生节涌流。

假设 (图 E9.2)

(1) 节涌近似为旋转抛物面，其体积由下式给出

$$V_{sl} = \frac{\pi}{8}D^3 \tag{E9.9}$$

(2) 上下相邻的两节涌的距离为 $2D$。

解 将式 (9.62)、式 (9.63) 代入式 (9.65) 可得到

$$U - U_{mf} = 0.35\left(\frac{\alpha_{sl}}{1-\alpha_{sl}}\right)\sqrt{gD} \tag{E9.10}$$

如图 E9.2 所示，按照两节涌的距离为 $2D$ 计，则连续流中的空隙率为

$$\alpha_{sl} = \frac{\text{涌节的体积}}{\text{总体积}} = \frac{(\pi/8)D^3}{(\pi/4)D^2(2D+D)} = \frac{1}{6} \tag{E9.11}$$

将式 (E9.11) 代入式 (E9.10)，就得到节涌流发生的条件，即式 (E9.8)。

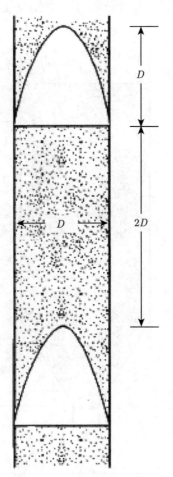

图 E9.2　例 3 节涌流示意图

9.8 喷 腾 床

在喷腾床中，气体从直径为 D_i 的喷嘴喷出进入床体，在床体中心形成一直径为 D_s 的喷射流，如图 9.22 所示，在喷射流周围的环形区域内形成向下移动的床层。颗粒则由床体底部或喷射流的周边被带到喷射流内，被喷射流所夹带。部分气体从喷射流的边部进入环形区域，而另一部分气体则从喷射流顶部离开床体。被喷射流夹带的颗粒在床体的正上方的回落区实现分离并落到环形区域的顶部。D 类颗粒流化床通常采用这种操作，对 B 类颗粒，如果喷嘴的直径不超过颗粒直径的 25.4 倍，也能采用喷腾床操作 [Chandnani and Epstein, 1986]。在某些情况下，流体喷腾或气体喷腾床都可通过床体下部锥体部位引入二次空气，以增加气固之间在环形空间的接触机会。

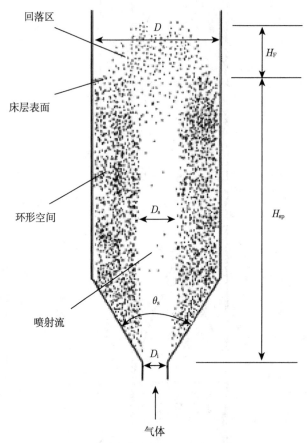

图 9.22　喷腾床流程示意图 [Mathur and Epstein, 1974]

9.8.1　喷腾的产生

图 9.23 所示的是在喷腾床中压降随气体的变化趋势，图中可看出喷腾的发生过程。随着气体速度的增加，气体穿过床层而在床层表面以下的床体中心形成稀相流核心区，压降随之增大，如图 9.23 中的 AB 线。随着气体进一步增大，压降则随之减小，直到 C 点，此时，核心区域穿过整个床层，形成喷射流。气体速度再稍微增加一点，则压降急剧减小到 D 点，之后压降不再变化。但是，如果从 D 点开始减小气体速度，压降的变化则是沿 $DEFA$ 轨迹线的路径，表明是一个滞后的回路。最小喷腾速度 U_{msp} 则指的是 E 点所对应的气体速度。

与最小流化速度不同，最小喷腾速度 U_{msp} 不仅与颗粒性质和气体性质有关，而且也与床体的几何形状和床体的高度有关。通过减小气体速度或者增加床层的

9.8 喷腾床

高度，喷腾作用都会减小。麻瑟和吉勒所确定的最小喷腾速度 U_{msp} 为 [Mathur and Gishler, 1955]：

当 $D < 0.4\text{m}$ 时

$$U_{\text{msp}} = \left(\frac{d_{\text{p}}}{D}\right)\left(\frac{D_{\text{i}}}{D}\right)^{1/3}\left(\frac{2gH_{\text{sp}}(\rho_{\text{p}} - \rho)}{\rho}\right)^{1/2} \tag{9.67}$$

式中，H_{sp} 是喷腾床高度 (见图 9.22)。对于 $D > 0.4\text{ m}$ 的情况，U_{msp} 可用系数 $2D$ 乘以由式 (9.67) 计算的 U_{sp} 数值估计 [Fane and Mitchell, 1984]。

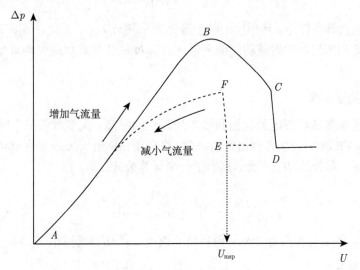

图 9.23 喷腾床中压力损失随气体速度的变化 [Mathur and Epstein, 1974]

9.8.2 最大喷腾高度和喷射流直径

床层一旦超过一定的高度，则喷腾作用就不再维持，这个高度就是所谓的最大喷腾床高度 H_{m}。从最大喷腾高度点 H_{m} 开始，喷射流开始分散，床层也从喷腾床变为流化床。正如式 (9.67) 所描述的，最小喷腾速度随床体高度的增大而增大。在 H_{m} 处，U_{msp} 达到最大值，这个最大值与最小流化速度的关系由下式给出

$$\frac{(U_{\text{msp}})_{\max}}{U_{\text{mf}}} = b \tag{9.68}$$

式中，b 是与颗粒特性及喷腾床体几何形状有关的函数，其值一般是 0.9~1.5[Epstein and Grace, 1997]。将式 (9.67) 代入式 (9.68) 可得到

$$H_{\text{m}} = \frac{\rho b^2 U_{\text{mf}}^2}{2g(\rho_{\text{p}} - \rho)}\left(\frac{d_{\text{p}}}{D}\right)^{-2}\left(\frac{D_{\text{i}}}{D}\right)^{-2/3} \tag{9.69}$$

喷射流直径沿床体的高度而变化，其平均喷流直径可用下式估计 [McNab, 1972]

$$D_\mathrm{s} = \frac{2.0 J^{0.49} D^{0.68}}{\rho_\mathrm{b}^{0.41}} \tag{9.70}$$

式中，J 是气体质量流量；ρ_b 是颗粒的松密度；该式仅适用在室温下。在高温下，当床体直径 $D<0.16\mathrm{m}$ 时，D_s 用下式计算 [Wu et al., 1987]

$$D_\mathrm{s} = 5.61 \left[\frac{J^{0.433} D^{0.583} \mu^{0.133}}{(\rho_\mathrm{b}\rho g)^{0.283}} \right] \tag{9.71}$$

在最小喷腾条件下，环形空间的空隙率非常接近 α_mf。因此，环形空间区域可看成是松堆积床层。喷射流的空隙率沿床体高度的变化近似线性地降低 [Epstein and Grace, 1997]。

9.8.3 回落区高度

回落区高度是环形区的表面到喷流最高点的距离。大多数情况下回落区的形状近似为抛物线状。为估算回落区的高度，格雷斯和麻瑟 [Grace and Mathur, 1978] 根据对回落区部分的动量积分，提出了一个计算公式，即

$$H_\mathrm{F} = \alpha_\mathrm{O}^{1.46} \left[\frac{\rho_\mathrm{p} V_\mathrm{SHO}^2}{2g(\rho_\mathrm{p} - \rho)} \right] \tag{9.72}$$

式中，V_SHO 是床层表面沿喷流轴向颗粒的速度，α_O 是床层表面喷流的空隙率。

9.8.4 气流分布

在喷腾床中 $H_\mathrm{sp} = H_\mathrm{m}$ 以下的环形空间内，气体的分布可根据在 $z_\mathrm{s} = H_\mathrm{m}$ 下的边界条件 $U_\mathrm{a} = U_\mathrm{mf}$ 导出如下 [Mamuro and Hattori, 1970]（见习题 9.10）

$$\frac{U_\mathrm{a}}{U_\mathrm{mf}} = 1 - \left(1 - \frac{z_\mathrm{s}}{H_\mathrm{m}}\right)^3 \tag{9.73}$$

式中，U_a 是环形区域的表观气体速度，是按照 z_s 处床体环形区域的横截面积计算的。爱斯滕 (Epstein) 等认为，虽然式 (9.73) 是在 $H_\mathrm{sp} = H_\mathrm{m}$ 时导出的，但也适用于 $H_\mathrm{sp} < H_\mathrm{m}$ 的情况。也即，床体中环形空间的任何高度上表观气体速度与 H_sp 无关。当 $H_\mathrm{sp} < H_\mathrm{m}$ 时，环形空间的表观气体速度按床体上 $z_\mathrm{s} = H_\mathrm{sp}$ 处的横截面积计算，即根据式 (9.73)，U_aH 可由下式表示 [Epstein et al., 1978]。

$$\frac{U_\mathrm{aH}}{U_\mathrm{mf}} = 1 - \left(1 - \frac{H_\mathrm{sp}}{H_\mathrm{m}}\right)^3 \tag{9.74}$$

符 号 表

A	床层横截面积	J_h	总固体夹带量
A_0	气体分布板上风口横截面总面积	J_0	在床层表面的固体夹带量
Ar	阿基米德数	J_∞	TDH 以上的固体夹带量
A_a	喷腾床环形区域横截面积	KD_f	式（9.50）定义的参数
A_d	每个风口所占的气体分布板面积	k	多孔介质的比穿透率
C_d	曳力系数	k_A	固体浓度衰减系数
d_b	气泡的体积直径	k_{iA}	i 部分的固体浓度衰减常数
d_{bb}	床层上气泡的平均体积直径	k_{iB}	i 部分的固体浓度扬析速度常数
d_{bi}	在气体分布板上形成的初始气泡体积径	L_j	射流穿透长度
d_{bm}	气泡的最大体积径	M_i	床层上 i 部分固体的总质量
d_{bs}	床层表面气泡的体积直径	M_p	床层上固体颗粒的总质量
$d_{b\infty}$	单个气泡的体积直径	N_B	单位床层体积气泡数
d_{or}	风口直径	p	总压力
d_p	颗粒直径	p_a	环境压力
D	床体直径	p_d	动压
D_i	喷腾床进风口直径	p_{pf}	拟流体压力
D_s	喷射流直径	Q_b	气泡相中气体流量
E	杨氏弹性模量	Q_{or}	通过风口的气体流量
F_H	相邻颗粒间的粘附力	R_b	气泡半径
Fr_{mf}	最小流化时的弗带德数	R_c	气泡晕半径
f_w	尾涡体积分数：尾涡的体积与气泡的体积比	Re_b	气泡雷诺数
		Re_{pf}	颗粒雷诺数
g	重力加速度	Re_{pmf}	在最小流化时的颗粒雷诺数
h	床层表面以上的轴向距离	r	径向坐标
H	距气体分布板的垂直距离	r	径向距离
H_{em}	乳化相膨胀高度	r_c	球冠状气泡的曲率半径
H_F	喷腾床回落区高度	r_i	离心流化床内半径
H_f	床体高度	r_o	离心流化床外半径
H_m	最大喷腾深度	t	时间
H_{max}	节涌床最大膨胀高度	TDH	输送分离高度
H_{mb}	在最小鼓泡时的床体高度	U	在 r 方向的气体速度分量
H_{mf}	在最低流化时的床体高度	U	表观气体速度
H_{msl}	节涌床最小床层高度	U_a	喷腾床内 z_s 处，按环形空间横截面积计算的表观气体速度
H_{sp}	喷腾床高度		
J	气体质量流量		

U_{aH}	喷腾床内 H_{sp} 处，按环形空间横截面积计算的表观气体速度
U_b	局部气泡上升速度
$U_{b\infty}$	单个气泡的上升速度
U_{bb}	整个床层中气泡平均上升速度
U_c	鼓泡流化向湍流流化过渡时的气体速度
U_{cm}	乳化相中表观气体速度
U_k	压力波动–气体速度曲线上压力波动不变时对应的气体速度
U_{mb}	在最小鼓泡条件时的表观气体速度
U_{mf}	在最小流化时的表观气体速度
U_{mf}^*	室温条件下最小流化时的表观气体速度
U_{msl}	节涌流最小气体速度
U_{msp}	最小喷腾速度
U_{or}	在风口处的气体速度
U_p	颗粒在 r 方向的径向速度分量
U_{pf}	拟连续流体在 r 方向的速度分量
U_{pti}	i 部分颗粒的终端沉降速度
U_{sl}	在床层中节涌的平均上升速度
$U_{sl\infty}$	单个节涌的速度
V	在 θ 方向的气体速度分量
V_p	颗粒在 θ 方向的速度分量
V_{pf}	拟连续流体在 θ 方向的速度分量
V_{SHO}	床层表面沿喷流轴向上的颗粒速度
w_g	气体分子量
Y	式 (9.41) 定义的参数
z_s	喷腾床中距气体入口处的轴向距离

希腊字母

α	床层空隙率
α_b	床层中气泡所占的体积分数
α_{mb}	最小鼓泡条件时的床层空隙率
α_{mf}	最小流化时的床层空隙率
α_O	床层表面喷射流的空隙率
α_{sl}	节涌所占的体积分数
Δp_b	床层的压降
θ	极坐标
θ_s	喷腾床的锥角
θ_w	尾涡角
μ	动力黏度
μ_a	室温条件下的流体黏度
μ_e	气固悬浮体系的表观黏度
ρ	流体密度
ρ_a	室温条件下的气体密度
ρ_b	颗粒的松密度
ρ_e	气固悬浮体系的表观密度
ρ_p	颗粒密度
σ	垂直应力
ϕ	小于 45μm 的颗粒所占的质量分数
ϕ_i	床层中 i 部分颗粒所占的重量分数
φ	颗粒球形度
ω	离心流化床角速度

参 考 文 献

Abrahamsen, A. R. and Geldart, D. (1980a). Behavior of Gas Fluidized Beds of Fine Powders. Part I. Homogeneous Expansion. *Powder Tech.*, 26, 35.

Abrahamsen, A. R. and Geldart, D. (1980b). Behavior of Gas Fluidized Beds of Fine Powders. Part II. Voidage of the Dense Phase in Bubbling Beds. *Powder Tech.*, 26, 47.

Anderson, T. B. and Jackson, R. (1968). A Fluid Mechanical Description of Fluidized Beds: Stability of the State of Uniform Fluidization. *I & EC Fund.*, 1, 12.

Babu, S. P., Shah, B. and Talwalker, A. (1978). Fluidization Correlations for Coal Gasification Materials: Minimum Fluidization Velocity and Fluidized Bed Expansion Ratio. *AIChE Symp. Ser.*, 74(176), 176.

Baeyens, J. and Geldart, D. (1974). An Investigation into Slugging Fluidized Beds. *Chem. Eng. Sci.*, 29, 255.

Batchelor, G. K. (1988). A New Theory of the Instability of a Uniform Fluidized Bed. *J. Fluid Mech.*, 193, 75.

Bi, H.-T. and Fan, L.-S. (1992). Existence of Turbulent Regime in Gas-Solid Fluidization. *AIChE J.*, 38, 297.

Brereton, C. M. H. and Grace, J. R. (1992). The Transition to Turbulent Fluidization. *Trans. Instn. Chem. Engrs.*, 70, Part A, 246.

Cai, P. (1989). *Flow Regime Transition in Dense-Phase Fluidized Beds.* Ph.D. Dissertation. Tsinghua University (a cooperative program with Ohio State University), People's Republic of China.

Cai, P., Chen, S. P., Jin, Y., Yu, Z. Q. and Wang, Z. W. (1989). Effect of Operating Temperature and Pressure on the Transition from Bubbling to Turbulent Fluidization. *AIChE Symp. Ser.*, 85(270), 37.

Cai, P., DeMichele, G., Traniello Gradassi, A. and Miccio, M. (1993). A Generalized Method for Predicting Gas Flow Distribution Between the Phases in FBC. In *FBCs Role in the World Energy Mix*. Ed. L. Rubow. New York: ASME.

Cai, P., Jin, Y., Yu, Z. Q. and Fan, L.-S. (1992). Mechanistic Model for Onset Velocity Prediction for Regime Transition from Bubbling to Turbulent Fluidization. *I & EC Res.*, 31, 632.

Cai, P., Jin, Y., Yu, Z. Q. and Wang, Z. W. (1990). Mechanism of Flow Regime Transition from Bubbling to Turbulent Fluidization. *AIChE J.*, 36, 955.

Cai, P., Schiavetti, M., DeMichele, G., Grazzini, G. C. and Miccio, M. (1994). Quantitative Estimation of Bubble Size in PFBC. *Powder Tech.*, 80, 99.

Chan, I. H. and Knowlton, T. M. (1984). The Effect of System Pressure on the Transport Disengaging Height (TDH) Above Bubbling Gas-Fluidized Beds. *AIChE Symp. Ser.* 80(241), 24.

Chandnani, P. P. and Epstein, N. (1986). Spoutability and Spouting Destabilization of Fine Particles with a Gas. In *Fluidization V*. Ed. Ostergaard and Sorensen. New York: Engineering Foundation.

Chehbouni, A., Chaouki, J., Guy, C. and Klvana, D. (1994). Characterization of the Flow Transition Between Bubbling and Turbulent Fluidization. *I & EC Res.*, 33, 1889.

Chirone, R., Massimilla, L. and Russo, S. (1992). Bubbling Fluidization of a Cohesive Powder in an Acoustic Field. In *Fluidization VII*. Ed. Potter and Nicklin. New York: Engineering Foundation.

Clift, R. (1986). Hydrodynamics of Bubbling Fluidized Beds. In *Gas Fluidization Tech-*

nology. Ed. D. Geldart. New York: John Wiley & Sons.

Clift, R. and Grace, J. R. (1985). Continuous Bubbling and Slugging. In *Fluidization,* 2nd ed. Ed. Davidson, Clift and Harrison. London: Academic Press.

Clift, R., Grace, J. R. and Weber, M. E. (1974). Stability of Bubbles in Fluidized Beds. *I & EC Fund.,* 13, 45.

Clift, R., Grace, J. R. and Weber, M. E. (1978). *Bubbles, Drops and Particles.* New York: Academic Press.

Colakyan, M. and Levenspiel, O. (1984). Elutriation from Fluidized Beds. *Powder Tech.,* 38, 223.

Collins, R. (1965). The Rise Velocity of Davidson's Fluidization Bubble. *Chem. Eng. Sci.,* 20, 788.

Darton, R. C, La Nauze, R. D., Davidson, J. F. and Harrison, D. (1977). Bubble Growth Due to Coalescence in Fluidized Beds. *Trans. Instn. Chem. Engrs.,* 55, 274.

Davidson, J. F. and Harrison, D. (1963). *Fluidized Particles.* Cambridge: Cambridge University Press.

Davies, L. and Taylor, G. I. (1950). The Mechanics of Large Bubbles Rising Through Extended Liquids and Through Liquids in Tubes. *Proc. R. Soc. London,* A200, 375.

Epstein, N. and Grace, J. R. (1997). Spouting of Particulate Solids. In *Handbook of Powder Science and Technology,* 2nd ed. Ed. Fayed and Otten. New York: Chapman & Hall.

Epstein, N., Lim, C. J. and Mathur, K. B. (1978). Data and Models for Flow Distribution and Pressure Drop in Spouted Beds. *Can. J. Chem. Eng.,* 56, 436.

Fan, L.-S. and Tsuchiya, K. (1990). *Bubble Wake Dynamics in Liquids and Liquid-Solid Suspensions.* Boston: Butterworths.

Fane, A. G. and Mitchell, R. A. (1984). Minimum Spouting Velocity of Scaled-up Beds. *Can. J. Chem. Eng.,* 62, 437.

Foscolo, P. U. and Gibilaro, L. G. (1984). A Fully Predictive Criterion for the Transition Between Particulate and Aggregative Fluidization. *Chem. Eng. Sci.,* 39, 1667.

Fournol, A. B., Bergougnou, M. A. and Baker, C. G. I. (1973). Solids Entrainment in a Large Gas Fluidized Bed. *Can. J. Chem. Eng.,* 51, 401.

Gabavcic, Z. B., Vukovic, D. V., Zdanski, F. K. and Littman, H. (1976). Fluid Flow Pattern, Minimum Spouting Velocity and Pressure Drop in Spouted Beds. *Can. J. Chem. Eng.,* 54, 33.

Garg, S. K. and Pritchett, J. W. (1975). Dynamics of Gas-Fluidized Beds. *J. Appl. Phys.,* 46, 4493.

Geldart, D. (1973). Types of Gas Fluidization. *Powder Tech.,* 7, 285.

Geldart, D. (1986). *Gas Fluidization Technology.* New York: John Wiley & Sons.

Geldart, D., Cullinan, J., Georghiades, S., Gilvray, D. and Pope, D. J. (1979). The Effect of Fines on Entrainment from Gas Fluidized Beds. *Trans. Instn. Chem. Engrs.,* 57,

269.

Grace, J. R. (1970). The Viscosity of Fluidized Beds. *Can. J. Chem. Eng.*, 48, 30.

Grace, J. R. (1982). Fluidized-Bed Hydrodynamics. In *Handbook of Multiphase Systems*. Ed. G. Hetsroni. Washington, D. C.: Hemisphere.

Grace, J. R. (1986). Contacting Modes and Behavior Classification of Gas-Solid and Other Two-Phase Suspensions. *Can. J. Chem. Eng.*, 64, 353.

Grace, J. R. and Mathur, K. B. (1978). Height and Structure of the Fountain Region Above Spouted Beds. *Can. J. Chem. Eng.*, 56, 533.

Grace, J. R. and Venta, J. (1973). Volume Changes Accompanying Bubble Splitting in Fluidized Beds. *Can. J. Chem. Eng.*, 51, 110.

Horio, M., Taki, A., Hsieh, Y. S. and Muchi, I. (1980). Elutriation and Particle Transport Through the Freeboard of a Gas-Solid Fluidized Bed. In *Fluidization*. Ed. Grace and Matsen. New York: Plenum.

Hovmand, S. and Davidson, J. F. (1971). Pilot Plant and Laboratory Scale Fluidized Reactors at High Gas Velocities: The Relevance of Slug Flow. In *Fluidization*. Ed. Davidson and Harrison. London: Academic Press.

Jackson, R. (1963). The Mechanics of Fluidized Beds: The Motion of Fully Developed Bubbles. *Trans. Instn. Chem. Engrs.*, 41, 22.

Jackson, R. (1971). Fluid Mechanical Theory. In *Fluidization*. Ed. Davidson and Harrison. New York: Academic Press.

Jin, Y, Yu, Z. Q., Shen, J. Z. and Zhang, L. (1980). Pagoda-Type Vertical Internal Baffles in Gas-Fluidized Beds. *Int. Chem. Eng.*, 20, 191.

Kozanoglu, B. and Levy, E. K. (1991). Transient Mixing of Homogeneous Solids in a Bubbling Fluidized Bed. *AIChE Symp. Ser.*, 87(281), 58.

Krishna, R. (1993). Analogies in Multiphase Reactor Hydrodynamics. In *Encyclopedia of Fluid Mechanics*. Supplement 2. *Advances in Multiphase Flow*. Ed. N. P. Cheremisinoff. Houston: Gulf Publishing.

Kroger, D. G., Levy, E. K. and Chen, J. C. (1979). Flow Characteristics in Packed and Fluidized Rotating Beds. *Power Tech.*, 24, 9.

Kunii, D. and Levenspiel, O. (1991). *Fluidization Engineering*, 2nd ed. Boston: Butterworth-Heinemann.

Leal, L. G. (1989). Vorticity Transport and Wake Structure for Bluff Bodies at Finite Reynolds Number. *Phys. Fluids A, Fluid Dynamics*, 1, 124.

Liu, Y. A., Hamby, R. K. and Colberg, R. D. (1991). Fundamental and Practical Developments of Magnetofluidized Beds: A Review. *Powder Tech.*, 64, 3.

Mamuro, T. and Hattori, H. (1970). Flow Pattern of Fluid in Spouted Beds: Correction. *J. Chem. Eng. Japan*, 3, 119.

Massimilla, L. (1985). Gas Jets in Fluidized Beds. In *Fluidization*, 2nd ed. Ed. Davidson,

Clift and Harrison. London: Academic Press.

Mathur, K. B. and Epstein, N. (1974). *Spouted Beds*. New York: Academic Press.

Mathur, K. B. and Gishler, P. E. (1955). A Technique for Contacting Gases with Coarse Solid Particles. *AICh J.*, 1, 157.

Matsen, J. M., Rossetti, S. J. and Halow, J. S. (1986). Fluidized Beds and Gas Particle Systems. In *Encyclopedia of Chemical Processing and Design*. Ed. J. J. McKetta. New York: Marcel Dekker.

McNab, G. S. (1972). Prediction of Spouted Diameter. *Brit. Chem. Eng. Proc. Technol.*, 17, 532.

Miwa, K., Mori, S., Kato, T. and Muchi, I. (1972). Behavior of Bubbles in Gaseous Fluidized Beds. *Int. Chem. Eng.*, 12, 187.

Molerus, O. (1982). Interpretation of Geldart's Type A, B, C and D Powders by Taking into Account Interparticle Cohesion Forces. *Powder Tech.*, 33, 81.

Montz, K. W., Beddow, J. K. and Butler, P. B. (1988). Adhesion and Removal of Paniculate Contaminants in a High-Decibel Acoustic Field. *Powder Tech.*, 55, 133.

Mori, S., Iwasaki, N., Mizutani, E. and Okada, T. (1992). Vibro-Fluidization of Two-Component Mixtures of Group C Particles. In *Fluidization VII*. Ed. Potter and Nicklin. New York: Engineering Foundation.

Mori, S. and Wen, C. Y. (1975). Estimation of Bubble Diameter in Gaseous Fluidized Beds. *AIChE J.*, 21, 109.

Ormiston, R. M., Mitchell, F. R. G. and Davidson, J. F. (1965). The Velocities of Slugs in Fluidized Beds. *Trans. Instn. Chem. Engrs.*, 43, T209.

Partridge, B. A. and Rowe, P. N. (1966). Analysis of Gas Flow in a Bubbling Fluidized Bed When Cloud Formation Occurs. *Trans. Instn. Chem. Engrs.*, 44, 349.

Pemberton, S. T. (1982). *Entrainment from Fluidized Beds*. Ph.D. Dissertation. Cambridge University.

Peters, M. H., Fan, L.-S. and Sweeney, T. L. (1982). Reactant Dynamics in Catalytic Fluidized Bed Reactors with Flow Reversal of Gas in the Emulsion Phase. *Chem. Eng. Sci.*, 37, 553.

Peters, M. H., Fan, L.-S. and Sweeney, T. L. (1983). Study of Particle Ejection in the Freeboard Region of a Fluidized Bed with an Image Carrying Probe. *Chem. Eng. Sci.*, 38, 481.

Reuter, H. (1963a). Druckverteilung um Blasen im Gas-Feststoff-Flie bett. *Chem.-Ing.-Tech.*, 35, 98.

Reuter, H. (1963b). Mechanismus der Blasen im Gas-Feststoff-Flie bett. *Chem.-Ing.-Tech.*, 35, 219.

Rietema, K. (1991). *The Dynamics of Fine Powders*. London: Elsevier Applied Science.

Rietema, K. and Pipers, H. W. (1990). The Effect of Interparticle Forces on the Stability of Gas-Fluidized Beds. I. Experimental Evidence. *Chem. Eng. Sci.,* 45, 1627.

Romero, J. B. and Johanson, L. N. (1962). Factors Affecting Fluidized Bed Quality. *Chem. Eng. Prog. Symp. Ser.,* 58(38), 28.

Rosensweig, R. E. (1979). Fluidization: Hydrodynamic Stabilization with a Magnetic Field. *Science,* 204, 57.

Rosensweig, R. E. (1985). *Ferro Hydrodynamics.* Cambridge: Cambridge University Press.

Rowe, P. N. (1971). Experimental Properties of Bubbles. In *Fluidization.* Ed. Davidson and Harrison. New York: Academic Press.

Rowe, P. N., Macgillivray, H. J. and Cheesman, D. J. (1979). Gas Discharge from an Orifice into a Gas Fluidised Bed. *Trans. Instn. Chem. Engrs.,* 57, 194.

Rowe, P. N. and Partridge, B. A. (1965). An X-Ray Study of Bubbles in Fluidized Beds. *Trans. Instn. Chem. Engrs.,* 43, 157.

Satija, S. and Fan, L.-S. (1985). Characteristics of the Slugging Regime and Transition to the Turbulent Regime for Fluidized Beds of Large Coarse Particles. *AIChE J.,* 31, 1554.

Stewart, P. S. B. (1968). Isolated Bubbles in Fluidized Beds: Theory and Experiment. *Trans. Instn. Chem. Engrs.,* 46, T60.

Stewart, P. S. B. and Davidson, J. F. (1967). Slug Flow in Fluidized Beds. *Powder Tech.,* 1, 61.

Thonglimp, V. (1981). *Contribution à L' étude Hydrodynamique des Couches Fluidiseés pour un Gaz Vitesse Minimale de Fluidisation et Expansion.* Docteur-Ingenieur thesis. Institut National Poly technique, Toulouse.

Toomey, R. D. and Johnstone, H. F. (1952). Gaseous Fluidization of Solid Particles. *Chem. Eng. Prog.,* 48, 220.

Tsinontides, S. C. and Jackson R. (1993). The Mechanics of Gas Fluidized Beds with an Interval of Stable Fluidization. *J. Fluid Mech.,* 255, 237.

Verloop, J. and Heertjes, P. M. (1970). Shock Waves as a Criterion for the Transition from Homogeneous to Heterogeneous Fluidization. *Chem. Eng. Sci.,* 25, 825.

Wen, C. Y. and Chen, L. H. (1982). Fluidized Bed Freeboard Phenomena: Entrainment and Elutriation. *AIChE J.,* 28, 117.

Wen, C. Y. and Yu, Y. H. (1966). Mechanics of Fluidization. *Chem. Eng. Prog. Symp. Ser.,* 62(62), 100.

Wilhelm, R. H. and Kwauk, M. (1948). Fluidization of Solid Particles. *Chem. Eng. Prog.,* 44, 201.

Wu, S. W. M., Lim, C. J. and Epstein, N. (1987). Hydrodynamics of Spouted Beds at Elevated Temperatures. *Chem. Eng. Commun.,* 62, 251.

Yang, W. C. and Keairns, D. L. (1978). Momentum Dissipation of and Gas Entrainment into a Gas-Solid Two-Phase Jet in a Fluidized Bed. In *Fluidization.* Ed. Davidson and

Keairns. Cambridge: Cambridge University Press.

Yang, W. C. and Keairns, D. L. (1979). Estimating the Jet Penetration Depth of Multiple Vertical Grid Jets. *I & EC Fund.*, 18, 317.

Yates, J. G., Cheesman, D. J. and Sergeev, Y. A. (1994). Experimental Observations of Voidage Distribution Around Bubbles in a Fluidized Bed. *Chem. Eng. Sci.*, 49, 1885.

Yerushalmi, J. and Cankurt, N. T. (1979). Further Studies of the Regimes of Fluidization. *Powder Tech.*, 24, 187.

Zenz, F. A. and Weil, N. A. (1958). A Theoretical-Empirical Approach to Mechanism of Particle Entrainment from Fluidized Beds. *AIChE J.*, 4, 472.

习 题

9.1 密相流化床可以有除重力场之外的其他力场存在的情况下操作,譬如,离心力场或磁力场。现考察一位于旋转圆筒体内而形成的密相离心流化床 (图 P9.1)(例题来源: [Kroger et al., 1979])。气体通过筒壁进入床层以流化筒体内部的颗粒。一般情况下,离心加速度要大于重力加速度,所以,密相床层的膨胀向着圆筒的中心轴线。在这样一个圆筒内可形成径向上的散式流态化或鼓泡流化床。试对这样一个离心流化床 (图 P9.1) 推导出压降和最小流化速度的关系。

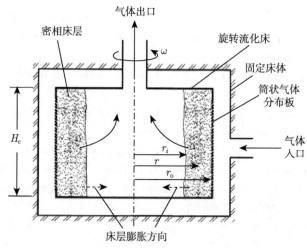

图 P9.1 旋转流化床剖面图

9.2 在一个由铁磁性颗粒形成的流化床中,施加一个外磁场,可以明显地改变流化床的行为 (图 P9.2)(例题来源: [Rosensweig, 1979; 1985])。当施加一个交变的磁场时,会阻碍气泡的形成,这样散式流态化域就会大大的增强。固体可以通过这个磁"稳定"床而几乎没有返混。这样的磁性流化床已经应用于气溶胶过滤、石油精炼和发酵工业中。现有一磁性流化床,床层中无气泡,施加一均匀磁场,请推导该磁性流化床的连续性方程和动量方程,并解释方程

9.3 式 (9.19) 中的最小鼓泡速度可根据 §6.6.2 中介绍的波概念中的不稳定性分析导出。气固介质中的波是因扰动而产生。连续波以一定速度在容器中传播时，可引起局部固含量或空隙率的变化。这个传播过程不引入任何的惯性或动量的动力效应。对批量固体颗粒操作时连续波的传播速度可用下式表示

$$V_c = (1-\alpha)\frac{\partial U}{\partial \alpha} \tag{P9.1}$$

式中，U 和 α 的关系是

$$\frac{U}{U_{pt}} = \frac{1}{10}\frac{\alpha^3}{1-\alpha} \tag{P9.2}$$

气固两相流中动力波的传播可引起局部固含量和动量的剧烈变化。因此，要分析这个动力波，可考察由动量的扰动而得到的波方程以及气相和固相的质量平衡。据此，动力波速度可用下式表示

$$V_d = \sqrt{\frac{E}{\rho_p}} \tag{P9.3}$$

对应的气泡形成的最小速度就是 $V_c = V_d$。按以上所提供的信息，请推导式 (9.19)。

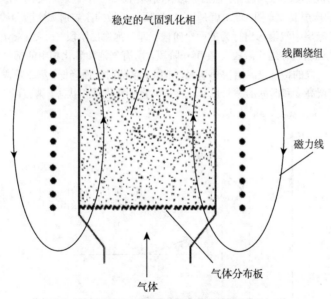

图 P9.2　磁性流化床示意图

9.4　按戴维森–哈里森 [Davidson and Harrison, 1963] 模型，流化床中单个气泡的表面覆盖着一个"晕"层，请推导这个"晕"层的厚度以及该厚度体积和所覆盖气泡体积的比率。由于该晕是由覆盖气泡形成封闭循环的气体所形成，所以可作如下假设：(1) 球面状晕的表面上 ($r = R_c$) 径向速度为 0；(2) 在远离气泡处有相同的气体速度，即 $U_{b\infty} = U_{mf}/\alpha_{mf}$。

9.5　一个床体直径为 0.5m，用多孔板作气体分布板，使用 B 类颗粒，请根据式 (9.31)、式 (9.34) 和式 (9.35) 计算在下列两种情况下的气泡尺寸：(1)H=0.25m，$U - U_{mf}$=0.028m/s，

操作压力为 0.1~6.1 MPa；(2)H=0.4m, $U - U_{mf}$=0.039 m/s, 操作压力为 0.1~6.1 MPa。将计算结果与下列实验结果进行比较 (参照：[Cai et al., 1994])：

p/MPa	0.1	0.6	1.1	1.6	2.1	3.1	4.1	5.1	6.1
(1) d_b/mm	27	30	30	31	29	29	27	26	22
(2) d_b/mm	45	47	52	49	45	45	39	—	—

9.6 在无限大的液体介质中，单个孤立球冠状气泡的上升速度可用下式表示

$$U_{b\infty} = \frac{2}{3}\sqrt{gr_c} \tag{P9.4}$$

式中，r_c 是球冠状气泡前端的曲率半径。假设：(1) 气泡突出部分附近的压力为常数；(2) 气泡突出部分附近有势流绕过。请证明该式成立。

9.7 床层崩塌技术是一项确定流化床中流体动力学特性的重要实验方法，譬如确定气泡速度、乳化相气体速度、气泡分数、空隙率等都是用床层崩塌技术 (例题来源：[Abrahamsen and Geldart, 1980b])。这个方法是描述在一定的时间内床层崩塌过程的床层变化情况。在实验中，以一定气体速度使床层流化，然后突然关闭阀门切断气。记录床层在崩塌过程中的时间以及与之对应的床层高度。图 P9.3 就是用 A 类颗粒所做的床层崩塌实验曲线。由图中可看到，曲线反映了床层中气泡逸出行为的两个阶段，即气泡逸出阶段 ($t_0 < t < t_1$) 和床层颗粒沉积阶段 (或乳化相气体逸出阶段)。在第一阶段，所有气泡和乳化相中的部分气体全部从床层中逸出。第一阶段的特征是床层快速崩塌，床层高度随时间而降低；第二阶段乳化相中的气体继续逸出，床层高度和时间的关系也呈线性变化直到接近堆积状态。请按以上分析信息，根据图 P9.3 确定 U_{bb}、α_{em}、α_b 和 U_{em}。

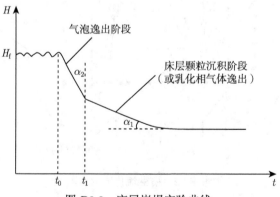

图 P9.3　床层崩塌实验曲线

9.8 壁效应对流化床性能的影响对不同直径的床体会有不同的流体力学行为。实际上，为了将流化床试验数据放大到适用于所有规格的工业设备，试验设备的尺寸应做得尽量大以排除壁效应的影响。这样，对试验流化床就存在一个临界放大直径 D_{sc}，这个直径不同于最小流化床直径；大于 D_{sc} 的流化床，其试验结果几乎与床体尺寸无关。请试证明对于无内部装置的流化床，其放大直径为

习　题

$$\frac{|(U_c)_{D=\infty} - (U_c)_{D=D_{cs}}|}{(U_c)_{D=\infty}} \leqslant 2\% \tag{P9.5}$$

9.9　据蔡 [Cai et al., 1990] 等的观察，气泡间的相互作用主要是气泡从聚并到破裂的变化，主流化特性就会经历一个从鼓泡到湍流流态化的转变。按照这样的观察，请根据单位床层体积的气泡个数 N_B 的变化以及式 (9.48) 给出的气体速度，确立这个域转变的临界值。式 (9.48) 中床层的操作变量可用简单两相理论式 (9.40)。假设床层气穴率与操作变量的关系如下

$$\alpha = f(U, \rho, \mu, d_p, \rho_p) \tag{P9.6}$$

9.10　在喷腾床中环形区域的表观气体速度为 U_a（图 P9.4）。U_a 是按环形区域的横截面积计算的。假设：(1) 环形区域为均匀的堆积床；(2) 流动仅是高度 z_s 的函数；(3) 压力降服从达西 (Darcy) 定律；(4) 可应用詹森 (Janssen) 模型式 (8.11)，这样，环形区域的 z_s 处垂直于固体颗粒的应力就与环形区域内壁上气体的径向速度成正比；(5) 环形区域内垂直壁面摩擦力可以忽略。

(a) 试推导 U_a 的控制方程；

(b) 解 (a) 中的方程得到 U_a(见式 (9.73))。

当 $H_{sp} = H_m$ 时，可用下列两种边界条件：

(1) 在 $z_s = H_m$ 点，$U_a = U_{mf}$；(2) 在 $z_s = H_m$ 点，$d\sigma/dz_s=0$；(3) 在 $z_s=0$ 点，$U_a=0$。

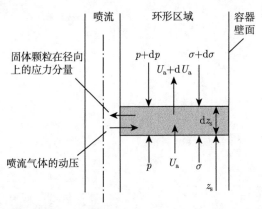

图 P9.4　喷腾床中环形区域内各力平衡示意图 [Mamuro and Hattori, 1970]

9.11　在工业化流化床反应器中通常用围栏板固定床层高度。这样随着气体速度 U 从最小表观气体速度 U_{mf} 逐渐增大，床层表观密度就逐渐降低。气体分布板设计的一个重要原则就是保证气体的均匀分布所需要的足够的压降，即没有沟流，床层操作也稳定。具体地说，通过气体分布板和床层的总压降应随气体速度的增加而增加。假设过穿孔式气体分布板的压力降用 $\Delta p_{distributor}$ 表示，风口总面为 A_0，则 $\Delta p_{distributor}$ 可用下式表示

$$\Delta p_{distributor} = \frac{\rho(UA/A_0)^2}{2C_d^2} \tag{P9.7}$$

式中，C_d 是曳力系数。试证明，对一个具有均匀的气体分布和操作稳定的流化床，过气体分布板的压降 $\Delta p_{\text{distributor}}$ 与过床层的压降 Δp_b 之比满足下列不等式

$$\frac{\Delta p_{\text{distributor}}}{\Delta p_b} \geqslant \frac{U}{2U_b} \tag{P9.8}$$

假定可应用简单两相理论，且以下关系式成立

$$\frac{\partial U_{b\infty}}{\partial U} = 0 \tag{P9.9}$$

式中，$U_{b\infty}$ 是单个孤立气泡的上升速度。

第10章 循环流化床

10.1 引　言

正如第9章所述,除散式流态化外,密相流态化的特点是存在乳化相和分散的气泡/气穴相。密相流态化有较低的相对气体速度,床层的上表面清晰可辨。随着气体速度的增大,乳化相和气泡/气穴相逐渐模糊。随着气体速度的进一步增加,气泡/气穴相最终消散,气体进入连续相。在密相流化床中,颗粒夹带速率较低,并随着气体速度的增大而增大。当气泡/气穴相消散后气体速度增加时,颗粒夹带速率就迅速地增大,要维持床层的稳定流态化,就需要连续地向床层中加入固体颗粒。此时的流化状态,相对于密相流态化,可称为稀相流态化。

稀相流态化包括两个流态化区,即快速流化区和稀相输送区。快速流化区的特征是流体结构具有各向异性,而稀相输送区的特征是流体结构具有各相同性。所谓循环流化床(CFB),就是流化床系统的固体物料在上升和下行之间不断地循环。在循环流化床操作中,快速流态化是其主要的流化状态。在循环流化系统中,其操作变量有两个:气体流速和固体颗粒循环流量,而在密相流化床中的操作参数只考虑气体流速。固体颗粒的循环是靠高速气流来实现的。稀相输送区的介绍将在第11章气力输送中讨论。

流动特性,譬如固体的夹带量,可以用流体速度和固体的循环流量综合考虑来确定 [Lim et al., 1995]。稀相流化时的高气体速度使气体和固体颗粒之间接触时间很短,这正是某些操作过程所期望的,譬如有化学反应的流化床操作。循环流态化系统广泛地应用于石化工业(如流化床催化裂化 (FCC)[King, 1992])、公用事业行业(如燃煤流化床 [Basu and Fraser, 1991])。CFB系统的其他商业应用,有如由正丁烷生产顺丁烯二酸酐 [Contractor et al., 1993];用氢气和一氧化碳进行费托合成液体燃料 [Shingles and McDonald, 1988] 等。CFB的操作条件依据不同的应用流程而有明显的不同。譬如燃煤流化床的操作,其气体速度是 $5\sim8$ m/s,固体颗粒循环流量是 $40kg/(m^2 \cdot s)$,而对FCC,其气体速度高达 $15\sim20$ m/s(在提升管出口),固体颗粒循环流量则高达 $300kg/(m^2 \cdot s)$ [Werther, 1993]。CFB系统的流动状态也会因设计和操作条件而有所不同,譬如有内部插板 [Wu et al., 1990; Jiang et al., 1991; Zheng et al., 1991] 时,流化颗粒的添加量就不同 [Johnson, 1982; Toda et al., 1983; Fan et al., 1985; Satija and Fan, 1985],切向气体喷入量也不同 [Ilias et al., 1988]。

本章讨论的是 CFB 操作的基本流动特征，将分析说明提升管内的流动现象和操作约束是由构成气固循环系统的各部件错综复杂的相互作用所造成的。系统的现象分析是本章的重要内容，更严谨的分析包括正在开发中的计算流体动力学、流态及其转变、流体动力学行为、固体颗粒流的结构，以及流动模型，本章都将作详细地描述。再次申明，如前言中所述，除特别的说明，书中所用单位都是国际单位(SI) 制。

10.2 系统的构成

循环流化床的循环系统由流化提升管、气固分离设备、下料管、颗粒流量控制阀四部分组成。流化提升管是该系统的主要部件。在流化提升管中气固两相通常是向上流动，尽管有时也会向下流动。本章所讨论的内容仅限于向上流动的情况。如图 10.1 所示，该系统操作时，流化气体由下部进入流化提升管，固体颗粒由控制阀经下料管进入流化提升管并由流化气体吹送向上流动。流动到流化提升管上部的固体颗粒随气流从出口进入气固分离设备。分离出来的固体颗粒再经下料管重新回到流化提升管中。

流化提升管的入口和出口的几何形状对流动特性有明显的影响。系统中气固分离设备的收集效率影响到固体颗粒的粒度分布和固体颗粒循环流量。在循环流化床系统中，一般用旋风分离器 (见第 7 章) 来实现固体颗粒的分离。下料管为再循环颗粒到流化提升管提供维持量和静压头。下料管可以带有一个大中间仓 (图 10.1(a) 和 (b))，以辅助控制循环颗粒的流量。在化工反应的应用中，下料管可作为一个热交换装置或者失效颗粒的再生器来使用。下料管也可以是一个简单的竖管 (见第 8 章)，直接将固体颗粒送回到流化管 (图 10.1(c) 和 (d))。

循环流化床系统稳定操作的关键是有效地控制进入流化提升管中的固体颗粒流量。固体颗粒流速控制装置有两个主要功能，即锁风和控制流量。机械控制阀和机械加料装置 (图 10.1(a) 和 (d)) 以及非机械控制阀 (图 10.1(b) 和 (c)) 都具备这两项功能。常用的机械控制阀有回转式、螺旋式、蝶阀、滑动阀等。非机械控制阀常用 L-型料封阀、J-型料封阀、V-型料封阀，以及密封槽等。一般常用鼓风机或空气压缩机作为供气装置。这些气源动力学特征与提升管操作的动力学和非稳定性有直接关系，必须给予考虑 (见 §10.3.3.2)。

10.2 系统的构成

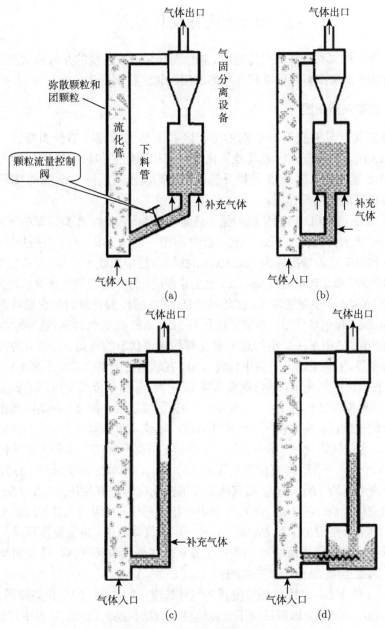

图 10.1 循环流化床的结构

(a) 带有中间仓的机械控制阀；(b) 带有中间仓的非机械控制阀；
(c) 无中间仓的非机械控制阀；(d) 无中间仓配机械加料装置

10.3 流态及其转变

流化床中的流动特性随气体速度、颗粒循环量以及系统的几何形状而变化。按照流动行为，快速流态化可以和其相邻的流态化区辨别开来。

10.3.1 流态及辨识图

快速流化区具有提升管底部的密相区和上部的稀相区的分布特征 (Li and Kwauk, 1980)。快速流化区和其他流化区如密相流化区和稀相输送区的关系可从图 10.2 中反映出来，图 10.2 是提升管中单位高度上的压降 ($\Delta p/\Delta z$) 随颗粒循环量和气体速度的变化规律图。

由图 10.2 可看出，当固体颗粒循环流量恒定为 J_{p1} 时，在提升管的下部，压降随气体而变化的情况标为 ($\Delta p/\Delta z$)$_L$ 曲线，(图中曲线 a-b-c-d)，在提升管的上部，压降随气体而变化的情况标为 ($\Delta p/\Delta z$)$_U$ 曲线，(图中曲线 a-b-c-d')。可以看到，在高气体流速时，壁面摩擦对 ($\Delta p/\Delta z$) 起主导作用，而且随着气体速度的增大，单位高度压降 ($\Delta p/\Delta z$) 也随之增大。在相对较低的气速时，固体颗粒的含量对单位高度压降 ($\Delta p/\Delta z$) 起主导作用，单位高度压降 ($\Delta p/\Delta z$) 随着气体速度的增大而减小。单位高度压降 ($\Delta p/\Delta z$) 最小的点 b 就是稀相输送状态的开始点，该点的压降由壁面摩擦所主导。在稀相流中 (图中曲线 a-b)，在轴向上的单位高度压降 ($\Delta p/\Delta z$) 无变化，即在一定的气速下，单位高度压降 ($\Delta p/\Delta z$)$_L$ 和单位高度压降 ($\Delta p/\Delta z$)$_U$ 相同，注意该单位高度压降 ($\Delta p/\Delta z$)$_L$ 位于加速区域之后。曲线 b-c 是由稀相输送到快速流化的过渡区。在过渡区，环形核心流中单位高度压降 ($\Delta p/\Delta z$) 沿轴向有微小的变化。在快速流化区 (图中曲线 c-d 或 c-d')，提升管的下部和上部单位高度压降 ($\Delta p/\Delta z$) 有所不同，即单位高度压降 ($\Delta p/\Delta z$)$_L$ 和单位高度压降 ($\Delta p/\Delta z$)$_U$ 不同。单位高度压降 ($\Delta p/\Delta z$)$_L$ 随气体速度的变化比单位高度压降 ($\Delta p/\Delta z$)$_U$ 随气体速度的变化更快。在 d 点，流态转变成密相流态化，对应的气体速度就是 c 点和 d 点或 d' 点，分别用 U_{fd} 和 U_{tf} 表示。对一定的气体速度，单位高度压降 ($\Delta p/\Delta z$) 随固体颗粒流量的增加而增大。图中 $J_p = 0$ 的曲线代表纯气体与壁面的摩擦所引起的单位高度压降 ($\Delta p/\Delta z$) 变化趋势。

图 10.2 的下部，是固体颗粒流量随气体速度 (J_p-U 图) 的变化规律图，J_{p1} 为某一固体颗粒循环量，该图反映了气体速度对流动状态的影响。从图中可看出，随着固体颗粒循环量 J_p 的减小，维持快速流化的气体速度范围也随之减小，最终，快速流化区域缩小到固体颗粒循环量为 $J_{p,tr}$ 和气体速度 U_{tr} 对应的一点。因此，对一个在快速流化区的操作系统，固体颗粒循环量必须大于 $J_{p,tr}$，气体速度必须大于 U_{tr}。如维持固体颗粒循环量为 J_{p1}，减小气体速度时，则根据提升管尺寸和颗粒性质的不同，由快速流化到密相流化的转变过程可能是不明显的或者是敏感

的。对用大颗粒小尺寸的提升管,从快速流化到密相流化的转变可能会经历一个噎塞过程 (见习题 10.7),是一个相对急剧地转变,反映在图 10.2 中曲线单位高度压降 $(\Delta p/\Delta z)_L$ 上就是在 U_{tf} 点的斜率比较大,曲线陡峭。对用小颗粒大尺寸的提升管,从快速流化到密相流化的转变就不会经历噎塞过程 (见无噎塞转变 §10.3.2.2),转变过程不明显。反映在图 10.2 中曲线上就是单位高度压降 $(\Delta p/\Delta z)_L$ 在 U_{tf} 点的斜率较小,曲线平缓。在一定的气体速度下,当固体颗粒循环量达到饱和夹带量时,垂直气固两相流就会发生噎塞,导致了一个相对稀相悬浮的转变而进入相对密相悬浮态 [Zenz and Othmer, 1960; Bi et al., 1993](也可参见 §11.2.4)。噎塞条件下的密相悬浮通常具有固体颗粒节涌流的特征,且导致明显地压力波动。

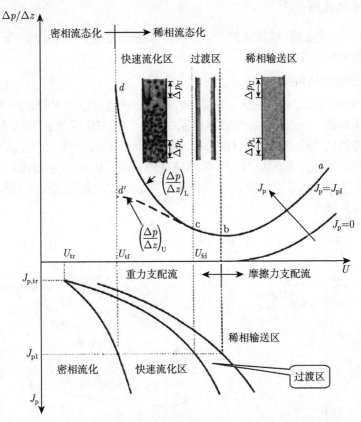

图 10.2 流化提升管中单位高度压降 $(\Delta p/\Delta z)$ 随固体流量和气体速度的变化规律以及对应的流化区

10.3.2 流态转变的确定

快速流态化的边界可通过三个独立的途径确定:现象学、统计学和结构学。现象学法根据总流态化行为,利用压降或床层空隙率、气体速度和固体颗粒流量之间的关系确定。这种方法用输送速度、气体速度和固体颗粒循环量表示流化区的边界,如图 10.2 所示。统计学法则从低速条件下的鼓泡和高速条件下的颗粒聚集支配流动特征的波动来考虑。这种方法利用空隙率、压力或者不同压力波动的大小和其标准偏差以及功率谱作为判断流化区边界的标准。结构学法认识到在中尺度的流动系统中流动结构的不同,譬如在不同流化状态中,气泡的结构、颗粒团簇的结构都有所不同,利用这些不同来辨别流态的类型。下面将定量地讨论输送速度和流态边界的问题。

10.3.2.1 输送速度

按 §10.3.1 所描述,输送速度 U_{tr} 是快速流态化的最低气体速度。下面将对 U_{tr} 的特征和预测作出详细讨论。

A. 输送速度的特征

用 A 类颗粒形成的流化床,在提升管内输送速度可以用空隙率和气体速度的相互关系来表征。一般地,在对数坐标系中,各个流态化区的空隙率-气体速度曲线是相继连接的几条直线 [Avidan and Yerushalmi, 1982]。图 10.3 显示的是 FCC 中流化颗粒的这种关系。从空隙率-气体速度的关系 (图 10.3) 中看出,在 U_{tr} 点曲线的斜率发生急剧的变化,表明该点是系统空隙率和气体速度的关系取决于固体颗粒流量的开始点。

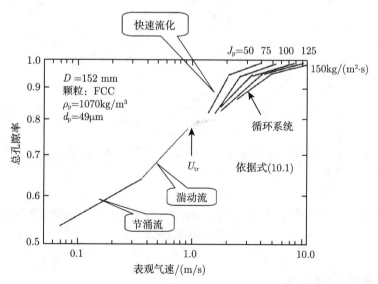

图 10.3　FCC 中流化颗粒在各种流化区中的总空隙率特征
[Avidan and Yerushalmi, 1982]

关于气体速度和固体颗粒循环流量 J_p 的输送速度，可以从单位长度上的压降 ($\Delta p/\Delta z$) 估算得到。图 10.4 示出的就是这种关系的一个实例。图中看出，沿曲线 AB 固体颗粒的循环量低于流体的饱和颗粒携带量。具有较低颗粒终端沉降速度的颗粒可以随气体在提升管中向上流动，而其他颗粒仍停留在提升管的下部。随着颗粒循环量的增加，更多的颗粒聚集在提升管的底部。在曲线的 B 点，固体颗粒循环量与流体的饱和携带量达到平衡。若固体循环量稍微增大，就会引起压力降急剧的增大（图 10.4 中 BC 线）。这个现象反映出颗粒形成的密相流化床的瓦解。当气体速度等于或高于输送速度（图 10.4 中 EF 线）时，J_p-$\Delta p/\Delta z$ 曲线的斜率不再急剧的变化。这样，U_{tr} 就成为最低气速点，该点在 J_p-$\Delta p/\Delta z$ 曲线图上就不再连续 (Yerushalmi and Cankurt, 1979)。

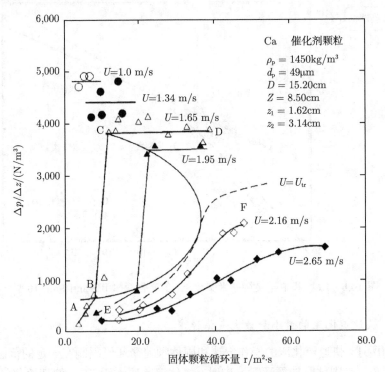

图 10.4 各种气速下局部压力损失与固体颗粒循环量的关系
[Yerushalmi and Cankurt, 1979]

B. 输送速度的预测

到目前为止，还没有一个理论来预测流化系统的输送速度。但毕和范 [Bi and Fan] 在 1992 年提出了一个半经验公式可以用来估算这个输送速度

$$\text{Re}_{tr} = 2.28 \text{Ar}^{0.419} \tag{10.1}$$

式中，$Re_{tr} = \rho U_{tr} d_p/\mu$，Ar 可见式 (9.12)。其中 Re_{tr} 的范围是 2.42~2890，适用于尺寸为 23.6~5000 μm 的颗粒，颗粒密度范围是 660~4510 kg/m³，也即适用于 A 类颗粒、B 类颗粒和 D 类颗粒，提升管的直径为 0.05~0.3 m。式 (10.1) 可用图示出 (图 10.5)。图 10.5 中，按吉尔达特 (Geldart) 的分类法，取 A 类颗粒、B 类颗粒和 D 类颗粒，用颗粒特征 $(\rho_p - \rho)/\rho$ 为 1000~2000[Grace, 1986] 的阿基米德数 Ar，雷诺数则是以颗粒终端沉降速度计算。该图显示对 A 类颗粒，Ar <125，对一定的 Ar，$Re_t < Re_{tr}$；对 B 类颗粒，125< Ar< $1.4×10^5$，Re_t 与 Re_{tr} 有相同的数量级；对 D 类颗粒，Ar>$1.4×10^5$，对一定的 Ar，$Re_t > Re_{tr}$；式 (10.1) 也清楚地显示，U_{tr} 只随气体和固体颗粒的性质而变化。

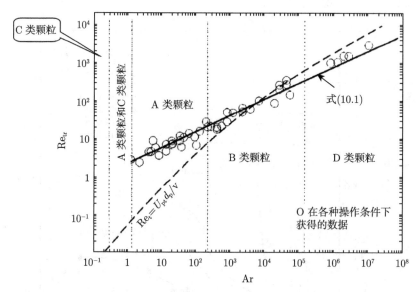

图 10.5　Re_{tr} 和 Re_t 随阿基米德数 Ar 的变化规律 [Bi and Fan, 1992]

10.3.2.2　快速流化床的最小和最大气体速度

如前所述，快速流化床的操作气速和固体颗粒循环量限制在一定的范围。在快速流化区内，当固体颗粒循环量一定时，气体速度要大于 U_{tr}。快速流化区的边界分析最初是依靠经验方法确定的。由密相流态化到快速流态化的转变可使用噎塞和非噎塞的转变经验关系式，即在下边界，由毕和范 [Bi and Fan, 1991] 提出的经验式

$$\frac{U_{tf}}{\sqrt{gd_p}} = 39.8 \left(\frac{J_p}{\rho U_{tf}}\right)^{0.311} Re_t^{-0.078} \tag{10.2}$$

该关系式可适用于 A 类颗粒和 B 类颗粒在小直径提升管 (D <0.3m) 中。注意到噎

塞操作是不稳定的。另一种不稳定操作是由系统设计和操作引起的（见 §10.3.3.2）。由系统设计和操作引起的不稳定下边界气体速度大于或等于噎塞速度。

以下经验关系式可用于估算 A 类颗粒在 $D < 0.2\text{m}$ 的提升管中快速流化区的上边界 [Bi and Fan, 1991]

$$\frac{U_{\text{fd}}}{\sqrt{gd_{\text{p}}}} = 21.6 \left(\frac{J_{\text{p}}}{\rho U_{\text{fd}}}\right)^{0.542} \text{Ar}^{0.105} \tag{10.3}$$

则快速流化区的边界可确定为：对一定的气体速度 $(U > U_{\text{tr}})$，$U \geqslant U_{\text{tr}}$，$J_{\text{p,min}} < J_{\text{p}} < J_{\text{p,max}}$，或者对一定固体颗粒循环量，$U_{\text{tf}} < U < U_{\text{fd}}$，注意，给定的气体速度 U，就是分别用 U 取代式中的 U_{tf} 和 U_{fd}，固体颗粒循环量 J_{p} 的值分别用式 (10.3) 和式 (10.2) 表示 $J_{\text{p,min}}$ 和 $J_{\text{p,max}}$。当 U 接近 U_{tr} 时，$J_{\text{p,min}}$ 和 $J_{\text{p,max}}$ 合并为 $J_{\text{p,tr}}$。因此，U_{tr}、U_{tf} 和 U_{fd} 分别用于式 (10.1)、式 (10.2) 和式 (10.3)，即建立了流化区的定量分布图。而对更高的气体速度 $(>10 \text{ m/s})$ 和高固体颗粒循环量 $(>100 \text{ kg}/(\text{m}^2\cdot\text{s}))$ 的流化区边界尚需作进一步的研究。

例 10.1 试确定 CFB 系统中 FCC 颗粒快速流态化的操作边界。FCC 颗粒的平均粒径为 $65\mu\text{m}$，密度为 1500 kg/m^3。气体作为流化介质 $(\rho = 1.18 \text{ kg/m}^3, \mu = 1.82 \times 10^{-5} \text{ kg}/(\text{m}\cdot\text{s}))$。

解 由式 (10.1) 计算得到：$\text{Re}_{\text{tr}} = 6.96$，$U_{\text{tr}} = 1.65\text{m/s}$；由式 (1.7) 计算得到：$U_{\text{pt}} = 0.189\text{m/s}$，$\text{Re}_{\text{t}} = 0.798$

对给定的系统，U_{tf} 和 U_{fd} 都是固体颗粒流量的函数。对式 (10.2) 重新整理可得到

$$U_{\text{tf}} = (39.8\rho^{-0.311}\text{Re}_{\text{t}}^{-0.078}\sqrt{gd_{\text{p}}})^{0.763} J_{\text{p}}^{0.237} \tag{E10.1}$$

将已知数据代入式 (E10.1)，可得到：$U_{\text{tf}} = 0.978 J_{\text{p}}^{0.237}$；同样地将式 (10.3) 重新整理可得到

$$U_{\text{fd}} = (21.6\rho^{-0.542}\text{Ar}^{0.105}\sqrt{gd_{\text{p}}})^{0.649} J_{\text{p}}^{0.351} \tag{E10.2}$$

则计算得到：$U_{\text{fd}} = 0.763 J_{\text{p}}^{0.351}$。

分别用 U_{tf} 和 U_{fd} 与 J_{p} 的函数关系，并取 $U_{\text{tf}} = U_{\text{tr}} = 1.65\text{m/s}$，用式 (E10.1) 计算得到 $J_{\text{p}}(=J_{\text{p,tr}})$ 的值为 $9.09 \text{ kg}/(\text{m}^2\cdot\text{s})$，描点作图见 E10.1。$U_{\text{tr}}$ 和 $J_{\text{p,tr}}$ 的值如图 E10.1 所示。在气体速度高于 U_{tr} 时，快速流化区的下边界表明了向密相流化区的转变。当气体速度到达 U_{fd} 时，床层由快速流化转变为稀相输送区。固体颗粒的流动形态和轴向空隙率分布与所在流化区有关，见图 E10.1。

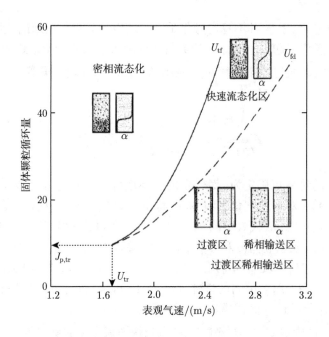

图 E10.1 例题 E1 快速流化区的边界

10.3.3 流态化特性的可操作性

在 CFB 循环系统中，提升管并不能作为独立的构件考虑。当没有固体颗粒进入或离开循环系统时，提升管中固体颗粒的质量流量就等于下料管中的下降量。对一定固体颗粒循环量，提升管中的存料量少，就意味着下料管内物料量多。同样，流体通过提升管的压降必定与循环系统附属构件如下料管和循环装置所产生的压降保持平衡。确切地说，就是提升管内的流动特征明显地受循环系统内附属构件的影响。

10.3.3.1 CFB 循环系统的总压力平衡

图 10.6 示出的是带非机械料封阀 (见第 8 章) 的 CFB 循环系统的压力分布图。图 10.6 中 a-b-c-d 线代表流体流过提升管时的压降 Δp_r，该线显示从床层底部到顶部的压力梯度变化比较平缓。线 e-f 为流体流过旋风筒以及连接管道时的压降，线 f-g-h-i-p_a 所描述的是料斗和下料管中固体颗粒重力所产生的压力 Δp_{sp}。线 p_a-j-a 描述的是固体颗粒循环和控制装置的压降。CFB 循环系统的压力平衡，主要由下料管压降、固体颗粒循环和控制装置的压降和提升管内压降所构成。洛兹和劳斯曼 [Rhodes and Laussman, 1992] 用密度为 2456 kg/m³、粒度为 75μm 的无孔氧化铝颗粒作为流化颗粒，固体颗粒循环量为 5~50 kg/(m²·s)，气体速度为 2~5 m/s，

测得 $\Delta p_{sp}/\Delta p_r = 2\sim 5$,$(\Delta p_{lv} + \Delta p_{lb})/\Delta p_r = 1\sim 5$(见图中标注)。CFB 循环系统的压力平衡需要对系统中的每个部件都要有定量的信息资料,下面将描述这些部件的压降。

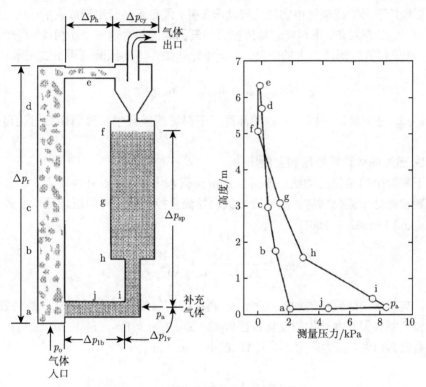

图 10.6 循环流化床系统的压力分布

A. 通过提升管的压降

在气流通过提升管时,气相的能量部分地用于气固颗粒间的相互作用,部分地消耗在摩擦作用中。在大部分操作条件下,重力作用主导着气相的总能耗。这样,颗粒的加速效应可以忽略,在提升管内的压降可用下式表示

$$\Delta p_r = \int_0^Z \rho_p(1-\overline{\alpha})g\mathrm{d}z = \rho_p(1-\alpha_0)gZ \tag{10.4}$$

式中,Z 是提升管的高度。

B. 旋风分离器的压降

通过旋风分离器的压降分析见第 7 章。其经验公式为

$$\Delta p_{cy} = k\rho U_{cy}^2 \tag{10.5}$$

式中，U_{cy} 是旋风筒入口气速。系数 k 的值根据设计情况为 1~20 [Perry et al., 1984]。

C. 下料管内的压降

要维持下料管或竖管中物料的移动床条件，须在下料管中形成大的压力。对下料管中一定的颗粒量，下料管底部的压力与气固间的相对速度密切相关。当颗粒流化时，在下料管中形成最大的压降，在最小流化条件下的压降可用下式表示

$$\Delta p_{sp}|_{max} = L_{sp}(1-\alpha_{mf})\rho_p g \tag{10.6}$$

式中，L_{sp} 是下料管中固体颗粒的高度。下料管或竖管中压降的详细讨论可见第8章。

D. 通过固体颗粒控制装置的压降

下料管中的颗粒流动状态既可以是密相流态化，也可以是移动床。如果下料管中颗粒是处于流化状态，则通过机械颗粒流量控制装置时的压降可用下式表示 [Jones and Davidson, 1965]

$$\Delta p_{cv} = \frac{1}{2\rho_p(1-\alpha_{mf})} \left(\frac{W_{wp}}{C_o A_o}\right)^2 \tag{10.7}$$

式中，W_{wp} 是固体颗粒的加料速率；A_o 是机械控制阀的开度面积；C_o 是系数，在系统和控制装置开度结构的变化范围内 C_o 取 0.7~0.8 [Rudolph et al., 1991]。移动床流经出料口时，压力降用下式计算 [Leun and Jones, 1978]

$$W_{wp} = A_o \rho_p (1-\alpha_{mf}) \left(\frac{gD_v}{\tan\delta}\right)^{0.5} + C_o A_o \left[2\rho_p(1-\alpha_{mf})\Delta p_{cv}\right]^{0.5} \tag{10.8}$$

式中，δ 是固体颗粒的内摩擦角。

固体颗粒流量也可用非机械阀控制，譬如第 8 章介绍的 L-型料封阀。L-型料封阀有一段长长的水平料腿，这样 L-型料封阀的压降就有两项组成。一项是弯头部分的压降 (Δp_{lv})，该项可以用机械阀的压降公式描述，这是因为，除了 L-型料封阀的开度面积外，两者的固体颗流型都是类似的。L-型料封阀的开度面积是可通过外部补充气体量和进入阀门的气体总量得以精确计算的 [Yang and Knowlton, 1993]。另一项压降是气固两相流经水平料腿引起的 (Δp_{lb})。固体颗粒在水平料腿中开始以低速运动然后加速。而颗粒的加速与压降没有实质的关联。杨和诺尔顿 [Yang and Knowlton, 1993] 提出 L-型料封阀的压降可用下式描述，压降包括了弯头和水平料腿两部分

$$\Delta p_{lv} + \Delta p_{lb} = \frac{1}{2\rho_p(1-\alpha_{mf})} \left(\frac{W_{wp}}{C_o A_o}\right)^2 \tag{10.9}$$

这里可取 $C_o=0.5$，L-型料封阀的开度面积 A_o(见图 8.22(a)) 可用外部补充气体流量确定

$$A_o = \frac{Q_t - 0.177\left(\pi D_h^2/4\right) L_h}{0.710 U_{pt}} \tag{10.10}$$

式中，D_h 是 L-型料封阀水平管道横截面直径，L_h 是水平管道的长度。使用式 (10.10) 应在下列条件下：$D_h \leqslant 152.4\text{mm}$；$W_{wp} < 2.5\text{kg/s}$；粒径范围为：$175\mu\text{m} \leqslant d_p \leqslant 509\mu\text{m}$；颗粒密度为：$1230 \text{ kg/m}^3 \leqslant \rho_p \leqslant 4150 \text{ kg/m}^3$。总气体流量 Q_t 包括补充气体量 Q_{ext} 和随固体颗粒进入 L-型料封阀的气体量 Q_{ent}。外部补充的气体量 Q_{ext} 是一个可变的操作参数。而 Q_{ent} 在大多数情况下可以假定气体与颗粒之间无滑移，由下式近似求得 [Yang and Knowlton, 1993]

$$Q_{ent} = \frac{W_{wp}}{\rho_p\left(1-\alpha_{mf}\right)}\alpha_{mf} \tag{10.11}$$

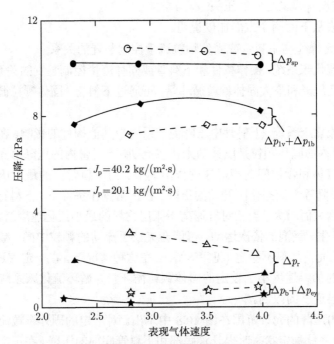

图 10.7 CFB 循环系统中气体速度对各构件压降的影响

[Rhodes and Laussman, 1992]

提升管中气体速度和固体颗粒循环量的任一变化，都会引起系统中各构件压降的改变。图 10.7 显示的是在带有 L-型料封阀的循环流化床 (CFB) 系统中，在稳定提升管内存料量时，固体颗粒循环量对各构件压降的影响。比较每个构件的压降，可清楚地表明 $\Delta p_{lv} + \Delta p_{lb}$ 和 Δp_{sp} 在循环系统压力平衡中起着重要作用。一

般情况下,下料管中的压降 Δp_{sp} 要大于 L- 型料封阀中的压降。图 10.7 中显示随固体颗粒循环量的增加,下料管中的压降 Δp_{sp} 稍微有些增大。对一定固体颗粒循环量,随着气体速度的增大,压降 Δp_{sp} 基本上保持不变。而随着固体颗粒循环量的增大,过 L- 型料封阀的压降减小。如预期的一样,随着固体颗粒循环量的增大,提升管内的压降 Δp_r 增大。

10.3.3.2 快速流化床的操作条件

在实际工程中,在气体速度高于噎塞速度或转变为密相流化非噎塞速度时,可能会发生不稳定操作。在某些循环流化床中,在给定固体颗粒流量时,快速流化的最小稳定气速可能高于 U_{tf}。这个不稳定操作可能由下列因素引起:

(1) 在下料管底部没有形成足够的压头;
(2) 下料管的加料量限制了固体颗粒的流量;
(3) 气体没有提供足够的压头。

这些因素从下面两个方面加以说明。

A. 不稳定操作与下料管或固体颗粒流量控制装置的关系

在循环流化床系统,操作条件和下料管或固体流量控制装置的关系,包括过下料管最大可变压降和最大固体颗粒循环量,可通过下料管、固体颗粒循环量和控制装置来实现。

在循环流化床系统,下料管中压降受其系统中其他构件的影响。在正常操作条件下,下料管内的固体颗粒是以移动床状态流动,下料管内的压降由固体颗粒流量控制阀依据气体和颗粒间的相对速度作出调节。而下料管内的最大压降可计算得出,该最大压降等于流态化刚开始的压降。在正常操作条件下,下料管内的压降随相对气速的增大而增大。当相对气速高于床层物料的最小流化速度时,气泡 (或者节涌) 就会产生。气泡的依次运动,可能会夹杂于流动的颗粒中间,减小了颗粒流动的速度,从而使加料不稳定 (见第 8 章)。在这种情况下,在一定气速下,如果在初始流化时的加料速度小于设定的固体颗粒循环量,循环流化床系统的操作就受到下料管加料速度的限制。

下料管内压降的允许范围在图 10.8 中示出。对给定的固体颗粒流量和稳定的存料量,确定系统稳定状态时提升管底部和下料管底部的压降。在正常操作条件下 (图中 A 点),提升管的压降在循环系统中处于平衡态。如果稍微减小气体速度,在图上对应的就是沿提升管压降曲线向上到达 B 点。因气体速度减小,提升管内的压降提高了 δp_r,以保证循环系统的压降保持平衡。在一定的操作范围内,下料管内的压降也作出相应的调整,操作状态的平衡点迁移到新的平衡点,即 B 点。但是,当提升管内的压降高于下料管和固体流量控制装置内压降时,即固体颗粒流量控制阀的允许范围,循环系统就开始出现振荡,引起操作的不稳定 (即图 10.8 中的

C 点)[Bi and Zhu, 1993]。注意，当用螺旋加料机作为料流控制装置时，不稳定操作与下料管的限制就无关。当采用螺旋加料机时，下料管与提升管间就不存在流体动力学关系 [Hirama, et al., 1992]，固体颗粒流量的控制就是机械方法，而不是下料管的压降。

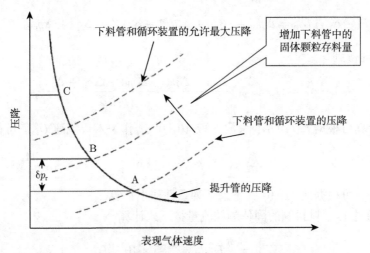

图 10.8　由 CFB 系统压降的不平衡引起的不稳定性操作

看来在系统遇到不稳定操作时，快速流态化区只在一个很窄的范围内。改进操作策略和单元设计可以扩大快速流化区气体速度的操作范围。这些改进措施包括增大下料管内的固体颗粒存料量、减小通过固体流量控制装置的阻力等。对一个系统，操作范围可以从系统中各个构件的流体动力学行为进行预测。这些计算过程可通过例题 10.2 加以说明。

例 10.2　用平均粒径为 65μm，密度为 1500kg/m³ 的 FCC 颗粒形成一个快速流化床。床层几何条件和操作条件如下：

$\alpha_{mf}=0.48$, $\mu=1.82\times10^{-5}$ kg/(m·s), $\rho=1.18$ kg/m³, $U_{pt}=0.189$ m/s；

提升管：$D=100$ mm, $Z=8$m, $A_r=7.85\times10^{-3}$ m²；

下料管：$D_{sp}=200$ mm, $A_{sp}=3.14\times10^{-2}$ m²；

L-型料封阀：$D_h=60$ mm, $L_h=300$ mm, $L_z=500$ mm, $A_l=2.83\times10^{-3}$ m²；

固体颗粒存料量：$M=23, 30, 40$ kg

Q_{ext} 可通过下式估算

$$Q_{ext} = \frac{\frac{\pi}{4}U_{mf}}{1240}\left(J_p\frac{D^2}{D_h}+1107D_h^2\right) \quad (E10.3)$$

其中，A_l 是 L-型料封阀的横截面积；A_r 是提升管的横截面积；A_{sp} 是下料管的横截面积；L_z 是 L-型料封阀的垂直部分的高度；D 是提升管的直径；D_{sp} 是下料管的直径；试导出循环流化床系统中提升管、旋风分离器、下料管以及 L-型料封阀的压降表达式。同时也导出系统固体颗粒循环量与气体速度的函数关系。

解 在最小流化条件下，由 L- 型料封阀的压降限制其固体颗粒的最大流量。因此，下料管内压力平衡可用空隙率和其固体颗粒存料量表示

$$\rho_p g (1 - \alpha_{\text{mf}}) L_{\text{sp}} = \Delta p_{\text{lv}} + \Delta p_{\text{lb}} + \rho_p g (1 - \alpha_o) Z + \Delta p_h + \Delta p_{\text{cy}} \tag{E10.4}$$

对上式整理得到

$$1 - \alpha_o = (1 - \alpha_{\text{mf}}) \frac{L_{\text{sp}}}{Z} - \frac{\Delta p_{\text{lv}} + \Delta p_{\text{lb}} + \Delta p_h + \Delta p_{\text{cy}}}{\rho_p g Z} \tag{E10.5}$$

Δp_{cy} 的计算可根据式 (10.5)，系数 k 取 10，用 U 作为入口气速 U_{cy}，可得到

$$\Delta p_{\text{cy}} = k \rho U_{\text{cy}}^2 = 11.8 U^2 \tag{E10.6}$$

$\Delta p_{\text{lv}} + \Delta p_{\text{lb}}$ 可根据式 (10.9) 并考虑下列条件作出估算。

(a) 通过 L-型料封阀的固体颗粒流量按下式计算

$$W_{\text{wp}} = \frac{\pi}{4} D^2 J_p = 7.85 \times 10^{-3} J_p \tag{E10.7}$$

(b) 本例中采用的是 L-型料封阀，所以可按式 (10.11)，并取式 (E10.7) 的计算结果，则

$$Q_{\text{ent}} = \frac{W_{\text{wp}}}{\rho_p (1 - \alpha_{\text{mf}})} \alpha_{\text{mf}} = 4.838 \times 10^{-6} J_p \tag{E10.8}$$

(c) 由式 (E10.3)、式 (E10.8)、式 (10.10) 得到

$$A_o = \frac{Q_t - 0.177 (\pi D_h^2 / 4) L_h}{0.710 U_{\text{pt}}} = \frac{4.838 \times 10^{-6} J_p + Q_{\text{ext}} - 1.501 \times 10^{-4}}{0.134} \tag{E10.9}$$

将以上得到的表达式代入式 (10.9) 可得到

$$\Delta p_{\text{lv}} + \Delta p_{\text{lb}} = \frac{1}{2 \rho_p (1 - \alpha_{\text{mf}})} \left(\frac{W_{\text{wp}}}{C_o A_o} \right)^2$$
$$= 2.840 \times 10^3 \left(\frac{J_p}{4.838 J_p + 10^6 Q_{\text{ext}} - 150.1} \right) \tag{E10.10}$$

下料管中的存料量可根据物料平衡求得。若忽略旋风筒入口管道的存料量，则 L_{sp} 可由下式求得

$$L_{\text{sp}} = \frac{M / \rho_p - L_h A_l (1 - \alpha_{\text{mf}}) - L_z A_l (1 - \alpha_{\text{mf}}) - Z A_r (1 - \alpha_o)}{A_{\text{sp}} (1 - \alpha_{\text{mf}})}$$
$$= 0.0408 M - 3.846 (1 - \alpha_o) - 0.072 \tag{E10.11}$$

10.3 流态及其转变

根据前述的各表达式，假设 $\Delta p_{lb} \approx 0$，根据式 (E10.5) 可得到

$$1 - \alpha_o = 2.65 \times 10^{-3} M - 0.25(1 - \alpha_o) - 4.68 \times 10^{-3}$$
$$- 0.024 \left(\frac{J_p}{4.838 J_p + 10^6 Q_{ext} - 150.1} \right)^2 - 1.007 \times 10^{-4} U^2 \quad (E10.12)$$

重新整理式 (E10.12) 可得到

$$1 - \alpha_o = 2.12 \times 10^{-3} M - 8.05 \times 10^{-5} U^2$$
$$- 0.0193 \left(\frac{J_p}{4.838 J_p + 10^6 Q_{ext} - 150.1} \right)^2 - 3.744 \times 10^{-3} \quad (E10.13)$$

式 (E10.13) 中右边是操作变量的函数，为了确定固体颗粒循环量的操作极限值，就需要另一些方程式如床层空隙率、固体颗粒循环流量和气体速度与之关联。

如果在提升管底部区域的空隙率分布是均匀的，而上部稀相区的空隙率分布类似于密相流化床的自由空域，则稀相区域的空隙率分布可由下式给出 [Kunii and Levenspiel, 1990](参见 §10.4.1)

$$\frac{\alpha^* - \overline{\alpha}}{\alpha^* - \alpha_a} = e^{-a(z - z_i)} \quad (E10.14)$$

式中，a 是衰减常数，在该例子中可取 $a=0.5$，式 (E10.14) 对空隙率积分，积分限为底部的密相区到上部的稀相区，则总空隙率为

$$1 - \alpha_o = \frac{\alpha_e - \alpha_a}{aZ} - \left(1 - \frac{z_i}{Z}\right)(\alpha^* - \alpha_a) + (1 - \alpha_a) \quad (E10.15)$$

式中，α_e 是提升管出口处空隙率，可用 $\alpha_e = 1 - J_p/(U - U_{pt})\rho_p$ 估计。底部密相区的高度 z_i 可用式 (E10.14) 确定

$$z_i = Z - \frac{1}{a} \ln \left(\frac{\alpha^* - \alpha_a}{\alpha^* - \alpha_e} \right) \quad (E10.16)$$

将式 (E10.16) 代入式 (E10.15) 可得到

$$1 - \alpha_o = (1 - \alpha_a) + \frac{1}{aZ} \left[(\alpha_e - \alpha_a) - (\alpha^* - \alpha_a) \ln \left(\frac{\alpha^* - \alpha_a}{\alpha^* - \alpha_e} \right) \right] \quad (E10.17)$$

式 (E10.17) 中的 α_o 也是气体速度和固体颗粒流量的函数。解式 (E10.13) 和式 (E10.17) 可同时获得最大操作气速和固体颗粒循环流量的关系，由图 E10.2 给出。为了说明操作气速与系统设计有关，图 E10.2 给出了下料管内三个不同的存料量。由图 E10.2 可以看出，对一定固体颗粒循环量，存料量多，则最小操作气速就低。

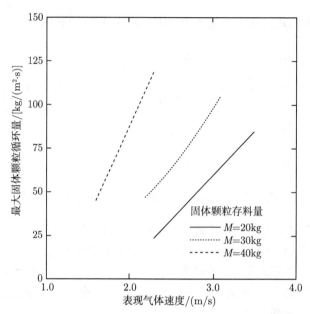

图 E10.2　例 10.2 作为气速函数的最大固体颗粒循环量

B. 不稳定操作和鼓风机或压缩机的关系

在循环流化床系统的另一个操作条件就是供气系统。可用于循环流化床系统的供气装置有三种，即往复式压缩机、带节流阀的鼓风机、空气压缩机。鼓风机的操作，随气体流速的减小，其鼓风压头增大。压缩机的操作，当气体速度变化时，压缩机的压头仍维持常数。循环流化床系统与鼓风系统的相互关系可用图 10.9 说明。图中虚线是鼓风机的特征曲线，实线是提升管内的压降。在 A 点提升管内压降与鼓风压头相匹配，此时可形成稳定的操作。对快速流化床在给定固体颗粒循环量的情况下，随着气体速度的降低，提升管内的压降就会增加，由于气体速度降低引起系统压降沿曲线向上移动到 B 点，增加了压降 δp_r。这种情况如图 10.9(a) 所示，同样气体流量也减小了 δQ，从 A 点到 B 点增加的压降 δp_r 大于鼓风压头 δp_b。结果使气体速度进一步降低，而且降低会持续进行，致使流体不再有足够的能力使颗粒悬浮 [Doig and Rope, 1963; Wen and Galli, 1971]。另一种情形如图 10.9(b) 所示，这种情况是减小同样气体速度增加的压降 δp_r 小于鼓风压头 δp_b。则鼓风压头会使气体速度增加，稳定操作就会重新建立。

10.4　宏观尺度流体力学行为

循环流化床的流体力学行为可从两个角度进行分析，即宏观尺度和细观尺度。固体颗粒浓度在径向上和轴向上的不均匀性代表其宏观行为。床层上存在团簇颗

粒则是其细观行为 (见 §10.5)。下面讨论宏观流体力学行为。

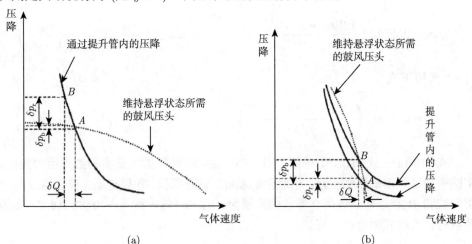

图 10.9 由供气系统不能提供足够的压头引起的不稳定和稳定操作 [Wen and Galli, 1971]

(a) $\delta p_b > \delta p_r$; (b) $\delta p_b > \delta p_r$;

10.4.1 横截面上平均空隙率在轴向上的分布

A 类颗粒在提升管横截面的平均空隙率沿轴向上的分布如图 10.10 所示，一般呈 S 形 [Li and Kwauk, 1980]。该分布也反映出固体颗粒浓度在提升管轴向上的分布是底部的密相区和上部的稀相区。分布曲线上的拐点表明两个区的边界。对一定的固体颗粒循环量，气体速度增加，则密相区范围就会减小 (见图 10.10(a)~(c))，而在一定的气体速度情况下，增加固体颗粒循环量，则使密相区范围扩大 (见图 10.10(c)~(a))。当固体颗粒循环量较低、或者气体速度很高时，稀相区覆盖了整个提升管 (见图 10.10(d))。对一定气固流速，高密度或大颗粒的物料会在提升管底部产生较低的空隙率。

对 S 形空隙率分布可用下式表示：

$$\frac{\overline{\alpha} - \alpha_a}{\alpha^* - \overline{\alpha}} = \exp\left(\frac{z - z_i}{Z_0}\right) \tag{10.12}$$

式 (10.12) 中有四个参数 α_a，α^*，Z_0 和 z_i。Z_0 代表稀相区和密相区过渡段的长度。Z_0 为 0 表示稀相区和过渡区界面清晰，而 Z_0 趋向无穷大时，则表示空隙率沿轴向上分布不均匀，Z_0 可用经验公式表示 [Kwauk, 1992]

$$Z_0 = 500\exp\left[-69\left(\alpha^* - \alpha_a\right)\right] \tag{10.13}$$

式中，α_a 是底部密相区空隙率近似值，α^* 是上部稀相区空隙率近似值。这两个参数可由下列经验关系式得到 [Kwauk, 1992]。

α_a 的经验公式为

$$1-\alpha_a = 0.2513\left(\frac{18\mathrm{Re}_a + 2.7\mathrm{Re}_a^{1.687}}{\mathrm{Ar}}\right)^{-0.4037}, \quad \mathrm{Re}_a = \frac{d_p\rho}{\mu}\left(U - \frac{J_p}{\rho_p}\frac{\alpha_a}{1-\alpha_a}\right) \tag{10.14}$$

对 α^* 可用下式

$$1-\alpha^* = 0.05547\left(\frac{18\mathrm{Re}^* + 2.7\mathrm{R}^{*1.687}}{\mathrm{Ar}}\right)^{-0.6222}, \quad \mathrm{Re}^* = \frac{d_p\rho}{\mu}\left(U - \frac{J_p}{\rho_p}\frac{\alpha^*}{1-\alpha^*}\right) \tag{10.15}$$

式 (10.14)、式 (10.15) 是基于对 FCC 催化剂进行的大量实验数据而得到的，实验中采用了细氧化铝颗粒、粗氧化铝颗粒、矿渣颗粒、精铁矿石，粒径范围为 A 类颗粒和 B 类颗粒。该两个参数的范围为：$\alpha_a=0.85\sim0.93$，$\alpha^*=0.97\sim0.993$，实验数据与该关联式吻合得很好。

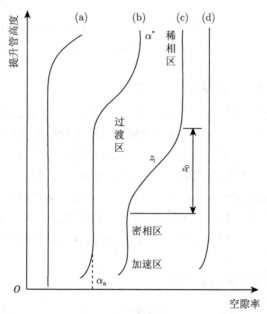

图 10.10　A 类颗粒流化床提升管轴向上的空隙率分布 [Li and Kwauk, 1980; Yang, 1992]

该图的主要意义是拐点 z_i 的位置，它与循环流化床系统下料管中固体颗粒量和固体颗粒循环量密切相关。循环流化床系统的压力平衡式可表示为

$$(1-\alpha_o)\rho_p g Z = \Delta p_{sp} - \Delta p_{lv} - \Delta p_{lb} - \Delta p_h - \Delta p_{cy} \tag{10.16}$$

式 (10.16) 的压降可通过假设下料管中的颗粒刚开始出现流态化时的状态而求得。忽略在旋风筒入口管道中固体颗粒的存料量，则循环流化床系统中物料平衡可由

10.4 宏观尺度流体力学行为

下式给出

$$A_{\mathrm{r}}Z(1-\alpha_{\mathrm{o}}) + A_{\mathrm{sp}}L_{\mathrm{sp}}(1-\alpha_{\mathrm{sp}}) + A_{\mathrm{l}}L_{\mathrm{h}}(1-\alpha_{\mathrm{lh}}) + A_{\mathrm{l}}L_{\mathrm{z}}(1-\alpha_{\mathrm{lz}}) = \frac{M}{\rho_{\mathrm{p}}} \quad (10.17)$$

假设 L-型料封阀的空隙率为 α_{mf},则由式 (10.16) 和式 (10.17) 可得到 $1-\alpha_{\mathrm{o}}$ 的表达式为

$$1-\alpha_{\mathrm{o}} = \frac{Mg - (\Delta p_{\mathrm{lv}} + \Delta p_{\mathrm{lb}} + \Delta p_{\mathrm{h}} + \Delta p_{\mathrm{cy}})A_{\mathrm{sp}} - A_{\mathrm{l}}(1-\alpha_{\mathrm{mf}})(L_{\mathrm{h}} + L_{\mathrm{z}})\rho_{\mathrm{p}}g}{\rho_{\mathrm{p}}g(A_{\mathrm{r}} + A_{\mathrm{sp}})Z} \quad (10.18)$$

这样可将式 (10.18) 中的 α_{o} 代入 §10.4.3 中的式 (10.21) 可求得拐点的值。

最近的实验观察已经说明在底部密相区的空隙率沿床层高度非常不均匀,而在上部稀相区空隙率沿床层高度呈指数增加。这样,上部稀相区可以作为密相流化床的自由空域处理。这也就可以使用夹带模型 (见 §9.6),该模型最初是为鼓泡床的自由空域内颗粒的夹带所开发的模型,可用来描述提升管上部稀相区。

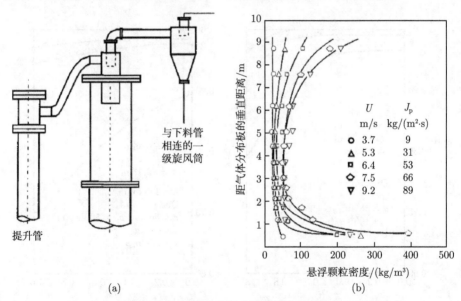

图 10.11 带有突变出口的提升管中横截面空隙率在轴向上的分布
[Brereton and Grace, 1993b]
(a) 几何形状突变的出口; (b) 空隙率分布

图 10.10 中空隙率或固体颗粒浓度的轴向分布不仅受气体速度、固体颗粒循环量、颗粒性质的影响,也受提升管的入口和出口几何形状的影响。对光滑的入口和出口,如图 10.10 所示,其末端影响最小,轴向空隙率分布呈 S 形。而对非光滑的入口和出口形状,这个分布图形可能会发生变化。图 10.11 显示的是在提升管上有

一个突变出口时，气固流动对空隙率轴向分布的影响。颗粒在提升管上端明显的碰撞使出口区域的空隙率急剧地减小。图中看出，当气固流动速度越高时，轴向空隙率的变化越明显。

10.4.2 空隙率在径向上的分布和固体颗粒流量

要全面地考虑空隙率在径向上的分布，除了要了解固体颗粒在轴向上的运动情况，还要了解固体颗粒的横向运动情况。至少也是最重要的一个方面，应了解清楚提升管内的流体动力学，即固体颗粒的横向分布机理 [Kwauk, 1992]。图 10.12 是由实验得出的径向空隙率分布图。图 10.12(a) 是在一个小型循环流化床上进行的实验结果，图 10.12(b) 则是在同样的操作条件下在一个大型循环流化床中的实验结果。注意两个实验都取时间平均值。用图 10.12 中 (a) 和 (b) 以及其他一些实验数据，在对应的轴向位置横截面上平均空隙率沿径向上的分布作标准化处理，则得到经验关系式为 [Zhang et al., 1991]

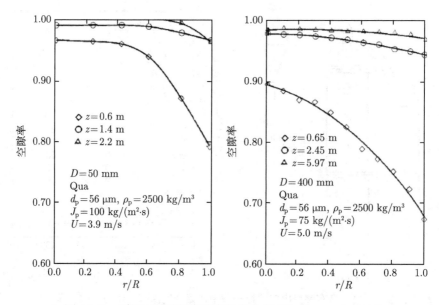

图 10.12　采用石英砂的空隙率径向分布 [Hartge et al., 1986]

$$\alpha = \overline{\alpha}^{\left(0.191+\phi^{2.5}+3\phi^{11}\right)}, \quad \phi = \frac{r}{R} \tag{10.19}$$

在提升管的中心，由式 (10.19) 得到

$$\alpha_c = \overline{\alpha}^{0.191} \tag{10.20}$$

这个关系式已经用 A 类颗粒和 B 类颗粒在更宽操作范围内的实验得到验证。对大型循环流化床燃烧室径向固体颗粒浓度分布的实测也证实该关系式的正确性 [Werther, 1993]。

提升管内一定部位的固体颗粒的净流量可以通过测量局部上升和下降的颗粒流量得到 [Rhodes et al., 1992; Herb et al., 1992]。图 10.13 是对 FCC 颗粒在提升管内固体颗粒流量的测量结果，正值说明是向上流动。由图可看到在整个横截面上的上升流量和下降流量，在壁面区域以下降流为主。固体颗粒净流量为 0 的点定义为中心区域和壁面区域的分界面。壁面区域的厚度取决于悬浮颗粒的浓度。固体颗粒浓度沿轴向上的分布反映出壁面厚度随床层高度的增高而减小。壁面厚度也与提升管的直径大小有关 [Werther, 1993]。图 10.13 所示出的情况，壁面厚度所占据的面积大约是总横截面积的 31%。

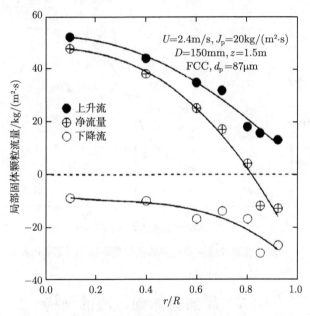

图 10.13　局部固体颗粒径向分布 [Herb et al., 1992]

10.4.3　总固体颗粒保持量

总固体颗粒保持量定义为提升管内固体颗粒的体积占全提升管体积的分数。图 10.14 显示的是固体颗粒循环量对 FCC 颗粒总保持量的影响。图中根据提升管内流动行为分为三个不同的区域。在区域 I，固体颗粒循环量和颗粒总保持量的关系几乎是一条直线。这个关系说明对一定的气体速度，随固体颗粒循环量的变化，平均颗粒速度基本维持为一个常数。区域 I 代表的是稀相输送区。在区域 II，固体颗粒循环量较高，导致颗粒的壁面层流和倒流，结果使颗粒保持量随固体颗粒循环量 J_p 的增加而快速增加。这个区域在低气速时范围较窄，而在高气速时范围变宽。该区域的流动具有中心环流的特征。区域III代表的是快速流化区，在提升管的底部流动类似于湍流状态。这个区域的特征是固体颗粒保持量对固体颗粒循环量 J_p 的关系曲线斜率减小。总固体颗粒保持量可通过对固体颗粒浓度的轴向分布式沿整个轴向长度上的积分得到。根据式 (10.12)，总固体颗粒保持量可表示为

$$\frac{\alpha_o - \alpha_a}{\alpha^* - \alpha_a} = \frac{Z_0}{Z} \ln\left(\frac{1 + \exp[(Z - z_i)/Z_0]}{1 + \exp(-z_i/Z_0)}\right) \tag{10.21}$$

该式适用于 α_a=0.85~0.93 的情况。比较而言，典型固体颗粒浓度范围分别是：对鼓泡流化床，α_a=0.4~0.55；对湍动流化床，α_a=0.22~0.4 [Kunii and Levenspiel, 1990]。

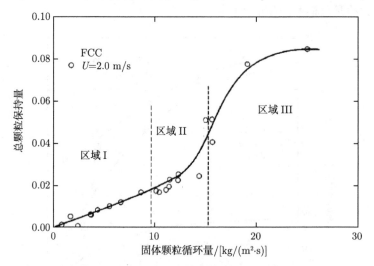

图 10.14 A 类颗粒总颗粒保持量与固体颗粒循环量的关系 [Jian et al., 1993]

10.5 局部固体颗粒流的结构

前节是从宏观尺度用时间平均值描述其流动行为，用时间变动来描述流体行为则更为复杂。对瞬时流态结构的分析需要认识下列因素：

(1) 颗粒与颗粒之间的碰撞和颗粒的扩散使颗粒向壁面区域移动，由于颗粒与壁面的碰撞使颗粒在径向上的速度分布变宽。

(2) 气体在壁面上无滑移致使在壁面附近区域有较低的气体速度和较低的湍流强度。

这些因素导致壁面区域局部颗粒的聚集。颗粒的聚集改变了气固两相流大规模的运动，又影响了颗粒团簇的大小和运动。

10.5 局部固体颗粒流的结构

10.5.1 固体颗粒流的瞬时特性

在快速流化中，颗粒间的碰撞和颗粒湍流度的相互作用，使在壁面区域的低气速中有较高的固体颗粒浓度。当固体颗粒浓度达到一定值时，在壁面的一些局部位置就会因颗粒的聚集而形成一个薄薄的密相层。这些固体颗粒层呈波浪形，在图 10.15 中用箭头标示出。由于波浪形固体颗粒层的形成，更多的颗粒进入壁面区域。在重力和核心流动所产生的曳力作用下，波浪形的颗粒层向下移动。当这个颗粒层的波峰变高时，波浪的前部 (颗粒层的前导边缘) 变得像峭壁一样，然后波浪层中的颗粒被吹离壁面区域，更多的颗粒以同样的方式使边界发生崩塌。与颗粒层的形成过程相比，崩塌过程相当突然，在这个过程中大量的颗粒从壁面区域进入核心区域。这个完整的循环过程在图 10.15 中示出。空隙率的测量标明，在这个过程中，波浪形颗粒层被吹裂成小的颗粒团簇形成一个大涡旋。崩塌引起局部颗粒浓度的剧增，这反而改善了局部的湍流强度。因此，崩塌现象演变成大规模特征的核心区域，而核心区域流又影响着崩塌的频率。瞬时波浪形颗粒层以及崩塌现象可通过对局部颗粒浓度变化的测量 [Jiang et al., 1993]、观察或计算得到 [Gidaspow et al., 1989]。前述的颗粒团簇在提升管的上部稀相区形成。作为该领域研究的继续，将进一步揭示波浪形颗粒流和团簇现象的一般机理。

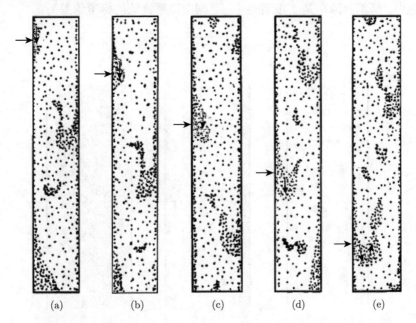

图 10.15 根据固体颗粒浓度测量和观察得到的波浪形颗粒流的演变过程 [Jiang et al., 1993]
(a) 由于颗粒的相互作用在壁面区域形成一个很薄的、波浪形的密相颗粒层；(b) 由于颗粒的聚集这个密相层逐渐增大；(c) 颗粒层形成像峭壁一样；(d) 颗粒层崩塌；(e) 颗粒被气流带入中心区

注意，颗粒团簇是指如空隙率等流动特性没有明显不同的一团颗粒。它的形成是流体动力学效应的结果。颗粒的团簇机理不同于颗粒的凝聚，颗粒的凝聚是一个颗粒与另一颗粒靠表面力 (譬如范德瓦耳斯力、静电力)、机械力或者化学反应力粘附到一起的一群颗粒。

10.5.2 间歇式固体颗粒流的特征

如上所述，高度的空隙率波动与波浪形颗粒层崩塌成团簇有关。下面详细介绍崩塌的周期和成团簇速度。

10.5.2.1 周期指数

提升管内局部颗粒流动行为的周期性可用周期指数量化，其定义为 [Brereton and Grace, 1993a]

$$\gamma = \frac{\sigma}{\sigma_s} \tag{10.22}$$

式中，σ 是在提升管的某个点空隙率的波动标准偏差，σ_s 是在提升管的相同位置，用空隙率的时间平均值表征的理想颗粒团簇流 (见图 10.16(a)) 空隙率的标准偏差。理想颗粒团簇流是指在流场中只有颗粒团簇和空隙的流化床状态。在理想的颗粒团簇流中，局部空隙率是 1 或者是 α_{mf}，则空隙率波动的标准偏差为

$$\sigma_s = \sqrt{(1-\alpha)(\alpha-\alpha_{\mathrm{mf}})} \tag{10.23}$$

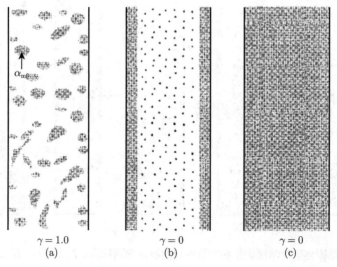

图 10.16　三种极端情况周期指数的说明 [Brereton and Grace, 1993a]

(a) 理想的颗粒团簇流；(b) 中心环形流；(c) 非均相分散流

式中，α 是局部空隙率的时间平均值。对提升管内的快速流态化，γ 值在 0 和 1 之间。对理想颗粒团簇流 γ 值是 1(见图 10.16(a))。图 10.16 还示出了其他两种理想气固流动的结构，即中心环形流 (b) 和非均相气固流图 (c)。注意在一定位置，这两种流动的空隙率都不随时间变化，所以这样的理想流的周期指数都为 0。

一般地周期指数可通过实验得到，譬如图 10.17 给出的例子，U=6.5 m/s，其中图 (a)：J_p=42 kg/(m^2·s)；图 (b)：J_p=62 kg/(m^2·s)，结果显示周期指数在 0.1~0.7 变动。这个数值说明，在提升管内气固两相流，即不是理想的核心流，也不是理想颗粒团簇流 [Brereton and Grace, 1993a]。在实际工程中提升管的中心环形区域内的流动，周期指数沿径向增加，这反映出固体颗粒流形从中心区域的相对非均匀到环形区域的瞬时波浪流的变化。当提升管底部的密相区域形成时，整个横截面具有似颗粒团簇的结构，周期指数较大，而且沿径向的变化较小 (图 10.17(b)，z=0.533 m)。这些结果说明，对于高固体颗粒浓度，中心环流主要是似颗粒团簇。中心环流的流形以低颗粒浓度为主，尤其在提升管上部的稀相区。

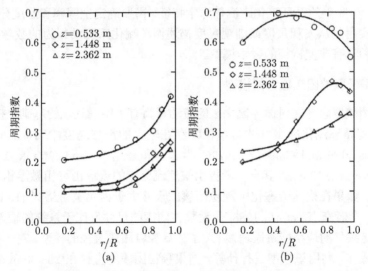

图 10.17　在三个轴向位置上周期指数在径向上的变化 [Brereton and Grace, 1993]

(a)U=6.5 m/s，J_p=42 kg/(m^2·s); (b)U=6.5 m/s，J_p=62 kg/(m^2·s)

10.5.2.2　下行速度和颗粒团簇的特征长度

由于湍流性质的影响，波浪形固体颗粒层的形状和大小以及崩裂喷射的位置都会存在明显的变化。因此，对一定气体速度和固体颗粒的循环量，颗粒团簇下行速度有明显地变化。施尼兹林 (Schnitzlein) 和温斯坦 [Weinstein, 1988] 以及姜 [Jiang, 1993] 等的实验结果发现颗粒团簇的下行速度随气体速度的增大有微小的减小。当气体速度在 1.5~5.0 m/s 时,颗粒团簇的下行速度大约为 1.8 m/s,而对固体颗粒循环量的影响并不敏感。巴德 [Bader et al., 1988] 和哈瑞欧 [Horio et al., 1988] 对 FCC 颗粒团簇的下行速度估计也在 0.5~1.8 m/s。吴先生 (1991) 等用高速摄影记录了硅砂颗粒在壁面处的流动情况,指出该颗粒团簇的下行速度分布范围较宽,其平均速度为 1.26 m/s,而且这个速度与固体颗粒浓度无关。

每个波浪形固体颗粒层的持续时间乘以下行速度,就得到了该颗粒层的特征长度。姜 [Jiang et al., 1993] 的研究指出,他们观察到的颗粒层特征长度大约是 20cm。

10.6 快速流态化数学模型

根据宏观尺度的观察,快速流化床的流动可表示为沿径向上的中心–环形流结构,轴向上底部的密相区和上部的稀相区共存。细观尺度的观察则为颗粒团簇的不均匀性。一个完整的循环流化床流体力学特征,需要确定空隙率和速度分布。目前已有许多实用的从宏观尺度或细观尺度描述循环流化床流动行为的数学模型。下面讨论几种具有典型特征的数学模型。

10.6.1 基于颗粒团簇概念的模型

颗粒团簇概念是在对循环流化床的流动行为有了明确认识的基础上提出来的,人们认识到循环流化床中气体与颗粒间存在较大的滑移速度 [Yerushalmi et al., 1978; Yerushalmi and Cankurt, 1979]。学者李和夸克 [Li and Kwauk, 1980] 以及学者李 [Li et al., 1988] 及其合作者提出快速流化床的流场由稀相悬浮相和颗粒团簇相组成。如果在快速流态化中颗粒团簇的尺寸大于柯尔莫哥洛夫 (Kolmogorov) 耗散尺度,学者李 [Li et al., 1988] 假设颗粒团簇的尺寸反比于系统的输入总能量,且基于稳定条件的最小能量原理,开发了估算颗粒团簇直径的模型。对一典型快速流化床的操作,利用该模型进行计算,结果颗粒团簇的直径在 20~80 mm 的范围。哈瑞欧 (Horio) 和克洛克 (Kuroki) 利用成相技术的实验和学者宋 (Soong) 及其合作者利用光学探针技术都观察到颗粒团簇的尺寸有很宽的范围,最大到 80mm。

考虑颗粒团簇效应将有助于提升管内流体力学行为的建模。这样对一定的提升管操作系统,当颗粒团簇的特性为已知时,就可应用基于颗粒团簇概念的模型。

10.6.2 基于环–核心流结构的模型

目前对基于环–核心流结构的模型已经提出了很多。博尔顿 (Bolton) 和戴维森 [Davidson, 1988] 认为下落中的颗粒在壁面附近形成颗粒边界层,从而开发了娄德斯–吉尔达特 [Rhodes and Geldart, 1987] 的夹带模型。哈瑞欧 [Horio et al., 1988] 用实验说明如果不考虑颗粒团簇效应，环形流结构的解释就不够严密。因此他们将颗粒团簇概念应用到环形流模型，该环形流模型最初是由纳卡穆勒 (Nakamura) 和开帕斯 (Capes) 为气力输送系统开发的。在哈瑞欧的模型中应用理查德森 (Richardson) 和扎克 (Zaki) 方程估算在壁面区或者环形区和核心区颗粒团簇的尺寸。为了使模型有解，他们使用了压降最小原理。塞尼尔 (Senior) 和布莱顿 (Brereton) 基于对环流区域物理条件的观察，提出了环-核心径向两区流模型；固体颗粒在环形区域和核心区间的相互变化关系和形成机理将在下面介绍。

对环-核心结构的考虑对提升管上部稀相区流体力学行为的建模具有重要意义。因此，当稀相区以快速流化为主导时，就可应用基于环-核心径向两区结构的模拟。环-核心径向两区结构的模型是一维 (轴向) 模型。对中心和环形区域的质量和动量方程可以用径向平均获得，譬如德尔哈叶 [Delhaye et al., 1981] 所给出的方法，但是该方程的解是复杂的。所以，有人提出了简化的模型，这个模型是由博尔顿 (Bolton) 和戴维森 (Davidson) 在 1988 年所建立的，该模型简单、实用，其机理是考虑了系统中气体与固体颗粒之间有较大的滑移速度。我们将在下面详细介绍该模型。

图 10.18 显示的是博尔顿和戴维森模型的构思结构。在该模型中，流体结构是由中心的稀相区而周围是由壁面区下行的颗粒形成的密相颗粒膜所环绕。该模型应用于循环提升管要做如下假设：

(1) 流动是一维、稳定流。

(2) 颗粒边界层区域环形横截面的外缘直径为 D，内径为 D_c，中心区的直径就是环形横截面的内径 D_c。

(3) 核心区域由以 u_{pc} 的速度向上流的稀相悬浮颗粒所组成，颗粒体积分数为 α_{pc}。

(4) 环形区域由以 u_{pw} 的速度向下流的密相悬浮颗粒所组成，颗粒体积分数为 α_{pw}。

(5) 所有通过核心区域的气体速度都为 u_{fc}。

(6) 在径向上，核心区和环形区域内速度和体积分数都无变化。

(7) 由核心区域到下行颗粒边界层表面颗粒的传递是靠湍流扩散，而且会为下行流所携带一起运动。这个假设说明沿提升管中心的高度上，颗粒的净流量是向上逐渐减小的。

在提升管内取一个微元体，其高度为 dz，则核心区域的颗粒质量平衡式为

$$\frac{1}{4}Du_{pc}\frac{d\alpha_{pc}}{dz} = -k_d(\alpha_{pc} - \alpha_{pc\infty}) \tag{10.24}$$

式中，k_d 是考虑到颗粒从核心区向壁面区域的湍流扩散而引入的沉积系数，$\alpha_{pc\infty}$ 是在相同速度下有颗粒沉积和颗粒夹带发生的中心区域的当量固体浓度，注意式

(10.24) 是假设 D_c 可近似为 D 而建立的。在核心区颗粒速度的变化似乎很小，因此，可以假设 u_{pc} 与床层高度无关。同样假设各颗粒之间没有明显的干扰，则核心区域固体颗粒向上流动的速度可表示为

$$u_{pc} = u_{fc} - U_{pt} \tag{10.25}$$

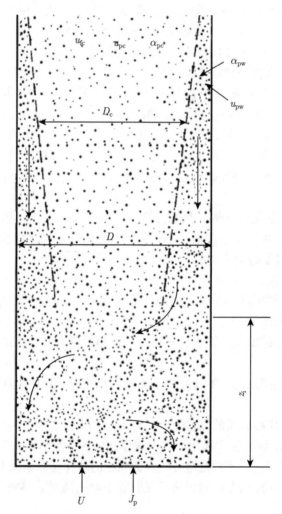

图 10.18　环–核心径向两区模型的结构

则 α_{pc} 可由式 (10.24) 解得

$$\alpha_{pc} = \alpha_{pc\infty} + (\alpha_{pc0} - \alpha_{pc\infty}) \exp(-K_d z) \tag{10.26}$$

式中，$K_d = 4k_d/Du_{pc}$，α_{pc0} 是在核心区域 $z=0$ 时的固体颗粒浓度；$\alpha_{pc\infty}$ 是代表在

z 为最大处固体颗粒浓度的渐近值。则固体颗粒向上流动的总流量定义为总流速穿过核心区横截面的颗粒量，可用下式表示

$$W_e = \frac{\pi}{4} D_c^2 u_{pc} \alpha_{pc} \tag{10.27}$$

由式 (10.26) 和式 (10.27) 可得到

$$W_e = W_{e\infty} + (W_{e0} - W_{e\infty}) \exp(-K_d z) \tag{10.28}$$

另一方面，根据穿过提升管横截面的质量平衡，则向上流动的固体颗粒总流量也可用下式表示

$$\frac{\pi}{4} D^2 J_p = W_e - W_w = W_{e0} - W_{w0} = W_{e\infty} - W_{w\infty} \tag{10.29}$$

将式 (10.29) 中的 W_w 代入式 (10.28) 可得到

$$W_w = W_{w\infty} + (W_{w0} - W_{w\infty}) \exp(-K_d z) \tag{10.30}$$

式 (10.30) 说明固体颗粒沿壁面向下流动的速率随床体高度呈指数形式递减。沉积系数 k_d 与气体速度的波动大小有关 [Pemberton and Davidson, 1986; Bolton and Davidson, 1988](见习题 10.8)。

$$k_d = \frac{0.1\sqrt{\pi} u'}{1 + St/12} \tag{10.31}$$

式中，u' 是湍流速度波动值，它与 $U(1-2.8Re^{-1/8})$ 和 $Re=UD\rho_p/u$ 有关。St 是斯托克斯 (Stokes) 数，其定义为 $St = \rho_p d_p^2 U/18\mu D$，对于小颗粒，斯托克斯数也较小，$u'=0.1U$，这也是管流的典型速度波动表达式。作过简化后，$k_d$ 为

$$k_d = 0.01\sqrt{\pi} U \tag{10.32}$$

因此，K_d 可由下式给出

$$K_d = \frac{0.04\sqrt{\pi}}{D} \frac{U}{u_{pc}} \tag{10.33}$$

一旦 W_e 和 W_w 为已知，则横截面上的平均固体颗粒保持量 α_p 可通过下式计算得到

$$\alpha_p = \frac{W_e}{\rho_p A u_{pc}} + \frac{W_w}{\rho_p A u_{pw}} \tag{10.34}$$

式中，u_{pw} 是颗粒边界层的下行速度，可根据 §10.5.2.2 的介绍估算。

例 10.3 提升管直径为 0.15 m，高度为 8m。固体颗粒平均粒径为 200μm，颗粒密度为 384kg/m³；操作条件：$U=2.21$m/s，$J_p=3.45$kg/(m²·s)，使用气体为空气。对这样的操作条件，戴维森曾报道说颗粒下行速度为 $u_{pw}=0.5$m/s，环形区域的下

行总量为 $W_w=0.2$kg/s。假设中心区域的固体颗粒体积分数为 $\alpha_{pc}=0.015$，试计算横截面上固体颗粒的平均保持量，计算环–核心径向双区模型式 (10.33) 所定义的衰减系数 K_d。

解 假设在核心区域固体颗粒和气体间的滑移速度等于颗粒的终端沉降速度，D_c 近似地等于 D，则核心区域的颗粒速度可由式 (10.25) 确定

$$u_{pc} = u_{fc} - U_{pt} = \frac{U}{1-\alpha_{pc}} - U_{pt} = \frac{2.21}{1-0.015} - 0.331 = 1.91 \text{m/s} \quad \text{(E10.18)}$$

式中，U_{pt} 是由式 (1.7) 计算得到。W_e 可由式 (10.29) 计算，并重新整理得

$$W_e = \frac{\pi}{4}D^2 J_p + W_w = \frac{\pi}{4} \times 0.15^2 \times 3.45 + 0.2 = 0.261 \text{kg/s} \quad \text{(E10.19)}$$

对给定条件，将式 (E10.18) 的 u_{pc} 和式 (E10.19) 的 W_e 结果作为操作条件，根据式 (10.34) 则得到

$$\alpha_p = \frac{1}{\rho_p A}\left(\frac{W_e}{u_{pc}} + \frac{W_w}{u_{pw}}\right) = \frac{1}{384 \times 0.0176}\left(\frac{0.261}{1.91} + \frac{0.2}{0.5}\right)$$

$$= \frac{3.86 \times 10^{-2}}{1.91} + 5.92 \times 10^{-2} = 0.079 \quad \text{(E10.20)}$$

衰减常数 K_d 可根据式 (10.33) 得到

$$K_d = \frac{0.04\sqrt{\pi}}{D}\frac{U}{u_{pc}} = \frac{0.04\sqrt{\pi} \times 2.21}{0.15 \times 1.91} = 0.55 \text{m}^{-1} \quad \text{(E10.21)}$$

10.6.3 基于固体颗粒保持量在轴向上分布的模型

这种类型的模型是对传统流化床中自由空域内固体颗粒浓度的变化在循环流化床中扩展而建立的。鼓泡流态化的两相理论可应用于底部密相区，学者文 (Wen) 和陈 (Chen) 提出的夹带模型可应用于快速流化的稀相区 [Wen and Chen, 1982]。有些模型，如 §10.4.1 中所述，则考虑底部密相区和上部稀相区共存。在缺乏径向变化信息的情况下，这些模型可作为总流体动力学行为的近似描述。

10.6.4 两相流模型和计算流体动力学

早期开发的一维流动模型可用于提升管内固体保持量和压降的预测。这些模型都是以稳定的非均匀悬浮流来考虑。描述流体的动力学模型有四个不同的方程：气相连续性方程、固相连续性方程、气固混合动量方程和固相动量方程。固相动量方程是根据不同的应用而有不同的形式，譬如 [Arastoopour and Gdaspow, 1979; Gidaspow, 1994]。一维模型无法模拟提升管内径向上不同的主流特征。因此，就需要建立二维或三维的模型。

10.6 快速流态化数学模型

对提升管内气固悬浮运动,气体速度和颗粒速度都有局部平均和随机分量。因此就需要开发一个力学模型,该模型能够结合气体和固体颗粒速度分量的相互影响 (见上册第 5 章),这些相互影响如下:

(1) 因颗粒和气体间的相互作用产生滑移速度,该滑移速度产生曳力并驱动非随机部分颗粒的运动。

(2) 颗粒与气体速度波动分量的相互作用,导致颗粒的湍流扩散并引起两相速度波动分量之间动能的变化,这又引起气体波动速度的衰减,从而改善了颗粒的波动,反过来也是这样。

(3) 运动颗粒的波动部分与颗粒的相互触碰而引起运动颗粒之间的相互作用,使集团颗粒间产生了压力或者剪应力,随之就产生颗粒相的表观黏度。

(4) 气体速度的湍流波动和气体平均运动的相互作用,产生了气体雷诺 (Reynolds) 应力。

考虑了以上这些影响,提升管内气固两相的流动就可由式 (5.168)~式 (5.170) 的双流体模型进行描述。这些模型中,气体和固体都可作为两个相互渗透的流体来处理 (见 §5.3)。

为了使方程闭合,本构方程内就需要固相的应力。从物理的角度看,固相的应力是由固体颗粒之间动量传递的微观机制引起的。在固相中颗粒的随机运动产生一个有效压力,结合有效黏度,以抵抗聚集颗粒的剪切作用。这些随机运动的动能可以类比于气体分子的热运动,可用与颗粒平均速度 (颗粒随机运动速度的平均值) 的平方成正比的颗粒温度来表征。有效压力和有效黏度都是颗粒温度的函数。因此,就需要一个单独的微分方程来代表拟热力学能量的平衡,也即随机颗粒运动的能量 (见 §5.5)。

为了模拟颗粒流,采用与气体动力学的类比。辛克莱和杰克逊 [Sinclair and Jackson, 1989] 指出:横向偏析是由颗粒团中颗粒的随机运动和平均运动之间的相互作用产生的应力引起的。这种认识导致了考虑颗粒相之间相互作用、适用于充分发展的垂直流模型的开发。洛杰等 [Louge et al., 1991] 考虑了在建模中气相湍流的影响,但在颗粒的相互作用中,也把横向颗粒的偏析作为关键点。皮塔和森德瑞桑 [Pita and Sundaresan, 1993] 对发展流提出了一个双流模型,他的计算也显示内部再循环的入口结构和横向偏析都对发展流有着很大的影响。提索和吉达斯鲍 [Tsuo and Gidaspow, 1990] 也报告了一个二维非稳态模型。他们对稀相流瞬态颗粒团簇运动和密相流环流结构的模拟说明流体的动力学行为在一段时间内的瞬态积分并不向稳态收敛。另外,他们的模型表明颗粒速度波动动能的双流体模型可用于解释提升管内流动的一般行为。然而,对中心区和环形区流体结构和颗粒团簇形成的详细描述,还需要对模型作出改进。

符 号 表

A_o	机械阀或 L-型料封阀的开度面积	p_a	L-型料封阀入口处的压力
A_1	L-型料封阀的横截面积	p_o	提升管入口处的压力
A_r	提升管的横截面积	Q_{ent}	固体颗粒流量控制阀中带入气体量
A_{sp}	下料管的横截面积	Q_{ent}	固体颗粒流量控制阀中外部补充气体量
Ar	阿基米德（Archimedes）数		
a	式（E10.14）定义的衰减常数	Q_t	固体颗粒流量控制阀中带入气体总量
b	式（P10.8）定义的系数	R	流化提升管半径
C_o	阀门排料系数	Re_t	按粒径和终端沉降速度计算的颗粒雷诺数
D	提升管直径		
D_c	环–核径向两区模型中，中间核心区直径	Re_{tr}	按粒径和输送速度计算的颗粒雷诺数
D_g	气体湍流扩散系数	r	径向位置
D_h	L-型料封阀水平段的直径	St	斯托克斯数
D_p	颗粒湍流扩散系数	U	表观气体速度
D_{sp}	下料管的直径	U_{cy}	旋风分离器入口气体速度
D_v	固体颗粒流量控制阀直径	U_{fd}	快速流化区上边界气体速度
d_p	颗粒直径	U_{mf}	临界流化速度
F_f	摩擦力	U_{pt}	颗粒终端沉降速度
g	重力加速度	U_{tf}	快速流化区下边界气体速度
J_p	固体颗粒循环量或固体流量	U_{tr}	输送速度
$J_{p,min}$	从快速流化到稀相输送转变的最小固体流量	u	直线气体速度
		u'	气体波动速度
$J_{p,max}$	从湍流区或噎塞区到快速流化区转变的最大固体流量	u_{fc}	环–核径向两区模型中，核心区域气体速度
J_{pr}	沿径向上的固体流量	u_p	颗粒速度
$J_{p,tr}$	对应 $U=U_{tr}$ 时的固体颗粒循环量	u_{pc}	环–核径向两区模型中，核心区域颗粒速度
k	式（10.5）定义的系数		
k_d	式（10.24）定义的沉积系数	u_{pw}	环–核径向两区模型中，壁面区域颗粒速度
K_d	参数，定义为 $K_d=4k_d/Du_{pc}$		
L_h	L-型料封阀水平段的长度	W_e	中心区域固体颗粒夹带量
L_{sp}	下料管或者竖管中的固体颗粒存料高度	W_{e0}	中心区域 $z=0$ 处固体颗粒夹带量
		$W_{e\infty}$	中心区域固体颗粒夹带量极限值
L_z	L-型料封阀垂直段的长度	W_w	壁面区域固体颗粒流量
M	循环流化床系统中固体颗粒的存料量	W_{w0}	$z=0$ 处壁面区域固体颗粒流量
m	式（P10.8）定义的系数		

W_{wp}	固体颗粒加料量		数渐近值
$W_{w\infty}$	壁面区域固体颗粒流量极限值	α_{pw}	壁面区域固相体积分数
z	气体分布板以上的距离	γ	式（10.24）定义的周期指数
z_i	快速流化拐点位置	$\Delta p/\Delta z$	局部压降
Z	提升管高度	Δp_{cy}	过旋风筒压降
Z_0	式（10.12）定义的特征长度	Δp_{cv}	过固体颗粒流量控制阀的压降
		Δp_h	提升管出口到旋风筒入口的压降
		Δp_{lb}	过 L-型料封阀水平管道的压降

希腊字母

		Δp_{lv}	过 L-型料封阀弯头的压降
α	局部空隙率	Δp_r	过提升管的压降
$\bar{\alpha}$	横截面平均空隙	Δp_{sp}	过下料管或竖管的压降
α^*	稀相区上部渐近空隙率	δ	内摩擦角
α_a	下部密相区渐近空隙率	δp_b	鼓风机扰动压力
α_c	提升管中心局部空隙率	δp_r	提升管扰动压力
α_e	提升管出口空隙率	ΔQ	气体流量扰动量
α_{mf}	临界流化时床层空隙率	μ	气体动力黏度
α_{lh}	L-型料封阀水平段横截面上的空隙率	ρ	流体密度
α_{lz}	L-型料封阀垂直段横截面上的空隙率	ρ_p	颗粒密度
α_o	总空隙率	σ	在给定点固体颗粒浓度波动标准偏差
α_p	横截面上固体颗粒平均保持量	σ_s	相同位置，用空隙率的时间平均值表征的理想颗粒簇流空隙率的标准偏差
α_{pc}	中心区域固体颗粒体积分数		
α_{pc0}	中心区域 $z=0$ 处固体颗粒体积分数渐近值		
$\alpha_{pc\infty}$	式（10.24）定义的中心区颗粒体积分	ν	气体运动黏度

参 考 文 献

Arastoopour, H. and Gidaspow, D. (1979). Vertical Pneumatic Conveying Using Four Hydrodynamic Models. *I & EC Fund.*, 18, 123.

Avidan, A. A. and Yerushalmi, J. (1982). Bed Expansion in High Velocity Fluidization. *Powder Tech.*, 32, 223.

Bader, R., Findlay, J. and Knowlton, T. M. (1988). Gas-Solids Flow Pattern in a 30.5cm Diameter Circulating Fluidized Bed. In *Circulating Fluidized Bed Technology II*. Ed. Basu and Large. Toronto: Pergamon Press.

Bai, D., Jin, Y. and Yu, Z. (1993). Flow Regimes in Circulating Fluidized Beds. *Chem. Eng. Technol.*, 16, 307.

Basu, P. and Fraser, S. A. (1991). *Circulating Fluidized Bed Boilers: Design and Operations*. Boston: Butterworths.

Bi, H. T. and Fan, L.-S. (1991). Regime Transition in Gas-Solid Circulating Fluidized Beds. *1991 AIChE Annual Meeting,* Los Angeles, Calif., Nov. 17-22.

Bi, H. T. and Fan, L.-S. (1992). Existence of Turbulent Regime in Gas-Solid Fluidization. *AIChE J.,* 38, 297.

Bi, H. T., Grace, J. R. and Zhu, J.-X. (1993). Types of Choking in Vertical Pneumatic Systems. *Int. J. Multiphase Flow,* 19, 1077.

Bi, H. T. and Zhu, J. (1993). Static Instability Analysis of Circulating Fluidized Beds and Concept of High-Density Risers. *AIChE J.,* 39, 1272.

Bolton, L. W. and Davidson, J. F. (1988). Recirculation of Particles in Fast Fluidized Risers. In *Circulating Fluidized Bed Technology II*. Ed. Basu and Large. Toronto: Pergamon Press.

Brereton, C. and Grace, J. R. (1993a). Microstructural Aspects of the Behavior of Circulating Fluidized Bed. *Chem. Eng. Sci.,* 48, 2565.

Brereton, C. and Grace, J. R. (1993b). End Effects in Circulating Fluidized Bed Hydrodynamics. In *Circulating Fluidized Bed Technology IV*. Ed. A. A. Avidan. New York: AIChE Publications.

Contractor, R. M., Patience, G. S., Garnett, D. I., Horowitz, H. S., Sisler, G. M. and Bergna, H. E. (1993). A New Process for n-Butane Oxidation to Maleic Anhydride Using a Circulating Fluidized Bed Reactor. In *Circulating Fluidized Bed Technology IV*. Ed. A. A. Avidan. New York: AIChE Publications.

Davidson, J. F. (1991). The Two-Phase Theory of Fluidization: Successes and Opportunities. *AIChE Symp. Ser.,* 87(281), 1.

Davidson, J. F. and Harrison, D. (1963). *Fluidized Particles.* Cambridge: Cambridge University Press.

Delhaye, J. M., Giot, M. and Riethmuller, M. L. (1981). *Thermohydraulics of Two-Phase System for Industrial Design and Nuclear Engineering.* Washington, D. C.: Hemisphere; New York: McGraw-Hill.

Doig, I. D. and Roper, G. H. (1963). The Minimum Gas Rate for Dilute-Phase Solids Transportation in Gas Stream. *Australian Chem. Eng.,* 1, 9.

Fan, L.-S., Toda, M. and Satija, S. (1985). Apparent Drag Reduction Phenomenon in the Defluidized Packed Dense Bed of the Multisolid Pneumatic Transport Bed. *Chem. Eng. Sci.,* 40, 809.

Gidaspow, D. (1994). *Multiphase Flow and Fluidization: Continuum and Kinetic Theory Descriptions.* San Diego, Calif.: Academic Press.

Gidaspow, D., Tsuo, Y. P. and Luo, K. M. (1989). Computed and Experimental Cluster Formation and Velocity Profiles in Circulating Fluidized Beds. In *Fluidization VI*. Ed. Grace, Shemilt and Bergougnou. New York: Engineering Foundation.

Grace, J. R. (1986). Contacting Modes and Behavior Classification of Gas-Solid and Other

Two-Phase Suspensions. *Can. J. Chem. Eng.*, 64, 353.

Hartge, E.-U., Li, Y. and Werther, J. (1986). Analysis of the Local Structure of the Two Phase Flow in a Fast Fluidized Bed. In *Circulating Fluidized Bed Technology*. Ed. P. Basu. Toronto: Pergamon Press.

Herb, B., Dou, S., Tuzla, K. and Chen, J. C. (1992). Solid Mass Fluxes in Circulating Fluidized Beds. *Powder Tech.*, 70, 197.

Hirama, T., Takeuchi, H. and Chiba, T. (1992). On the Definition of Fast Fluidization in a Circulating Fluidized Bed Riser. In *Fluidization VII*. Ed. Potter and Nicklin. New York: Engineering Foundation.

Horio, M. and Clift, R. (1992). A Note on Terminology: Clusters and Agglomerates. *Powder Tech.*, 70, 196.

Horio, M. and Kuroki, H. (1994). Three-Dimensional Flow Visualization of Dilutely Dispersed Solids in Bubbling and Circulating Fluidized Beds. *Chem. Eng. Sci.*, 49, 2413.

Horio, M., Morishita, K., Tachibana, O. and Murata, N. (1988). Solid Distribution and Movement in Circulating Fluidized Beds. In *Circulating Fluidized Bed Technology II*. Ed. Basu and Large. Toronto: Pergamon Press.

Ilias, S., Ying, S., Mathur, G. D. and Govind, R. (1988). Studies on a Swirling Circulating Fluidized Bed. In *Circulating Fluidized Bed Technology II*. Ed. Basu and Large. Toronto: Pergamon Press.

Jiang, P. J., Bi, H., Jean, R.-H. and Fan, L.-S. (1991). Baffle Effects on Performance of Catalytic Circulating Fluidized Bed Reactor. *AIChE J.*, 37, 1392.

Jiang, P. J., Cai, P. and Fan, L.-S. (1993). Transient Flow Behavior in Fast Fluidization. In *Circulating Fluidized Bed Technology IV*. Ed. A. A. Avidan. New York: AIChE Publications.

Johnson, E. P. (1982). Better Fluid-Bed Units Ready to Make Debuts. *Chemical Engineering*, 89(7), 39.

Jones, D. R. M. and Davidson, J. F. (1965). The Flow of Particles from a Fluidized Bed Through an Orifice. *Rheologica Acta*, 4, 180.

King, D. (1992). Fluidized Catalytic Crackers: An Engineering Review. In *Fluidization VII*. Ed. Potter and Nicklin. New York: Engineering Foundation.

Kunii, D. and Levenspiel, O. (1990). Entrainment of Solids from Fluidized Beds. I. Holdup of Solids in the Freeboard. II. Operation of Fast Fluidized Beds. *Powder Tech.*, 61, 193.

Kwauk, M. (1992). *Fluidization: Idealized and Bubbleless, with Applications*. Beijing: Science Press.

Leung, L. S. and Jones, P. J. (1978). Flow of Gas-Solid Mixture in Standpipes: A Review. *Powder Tech.*, 20, 145.

Li, Y. and Kwauk, M. (1980). The Dynamics of Fast Fluidization. In *Fluidization*. Ed.

Grace and Matsen. New York: Plenum.

Li, J., Li, Y. and Kwauk, M. (1988). Energy Transport and Regime Transition in Particle-Fluid Two-Phase Flow. In *Circulating Fluidized Bed Technology II*. Ed. Basu and Large. Toronto: Pergamon Press.

Lim, K. S., Zhu, J. X. and Grace, J. R. (1995). Hydrodynamics of Gas-Solid Fluidization. *Int. J. Multiphase Flow*, 21ls, 141.

Louge, M., Mastorakos, E. and Jenkins, J. T. (1991). The Role of Particle Collisions in Pneumatic Transport. *J. Fluid Mech.*, 231, 345.

Nakamura, K. and Capes, C. E. (1973). Vertical Pneumatic Conveying: A Theoretical Study of Uniform and Annular Particle Flow Models. *Can. J. Chem. Eng.*, 51, 39.

Pemberton, S. T. and Davidson, J. F. (1986). Elutriation from Fluidized Beds. II. Disengagement of Particles from Gas in the Freeboard. *Chem. Eng. Sci.*, 41, 253.

Perry, R. H., Green, D. W. and Maloney, J. O. (1984). *Perry's Chemical Engineer's Handbook*, 6th ed. New York: McGraw-Hill.

Pita, J. A. and Sundaresan, S. (1993). Developing Flow of a Gas-Particle Mixture in a Vertical Riser. *AIChE J.*, 39, 541.

Praturi, A. and Brodkey, R. S. (1978). A Stereoscopic Visual Study of Coherent Structures in Turbulent Shear Flow. *J. Fluid Mech.*, 89, 251.

Rhodes, M. J. and Cheng, H. (1994). Operation of an L-Valve in a Circulating Fluidized Bed of Fine Solids. In *Circulating Fluidized Bed Technology IV*. Ed. A. A. Avidan. New York: AIChE Publications.

Rhodes, M. J. and Geldart, D. (1987). A Model for the Circulating Fluidized Bed. *Powder Tech.*, 53, 155.

Rhodes, M. J. and Laussmann, P. (1992). A Study of the Pressure Balance Around the Loop of a Circulating Fluidized Bed. *Can. J. Chem. Eng.*, 70, 625.

Rhodes, M. J., Wang, X. S., Cheng, H., Hirama, T. and Gibbs, B. M. (1992). Similar Profiles of Solids Flux in Circulating Fluidized Bed Risers. *Chem. Eng. Sci.*, 47, 1635.

Richardson, J. F. and Zaki, W. N. (1954). Sedimentation and Fluidization, Part I. *Trans. Instn. Chem. Engrs.*, 43, 35.

Rudolph, V, Chong, Y. O. and Nicklin, D. J. (1991). Standpipe Modelling for Circulating Fluidized Beds. In *Circulating Fluidized Bed Technology HI*. Ed. Basu, Horio and Hasatani. Oxford: Pergamon Press.

Satija, S. and Fan, L.-S. (1985). Characteristics of Slugging Regime and Transition to Turbulent Regime for Fluidized Beds of Large Coarse Particles. *AIChE J.*, 31, 1554.

Schnitzlein, M.G. and Weinstein, H. (1988). Flow Characterization in High-Velocity Fluidized Beds Using Pressure Fluctuations. *Chem. Eng. Sci.*, 43, 2605.

Senior, R. C. and Brereton, C. M. M. (1992). Modelling of Circulating Fluidized-Bed Solids Flow and Distribution. *Chem. Eng. Sci.*, 47, 281.

Shingles, T. and McDonald, A. F. (1988). Commercial Experience with Synthol CFB Reactors. In *Circulating Fluidized Bed Technology II*. Ed. Basu and Large. Toronto: Pergamon Press.

Sinclair, J. L. and Jackson, R. (1989). The Effect of Particle-Particle Interaction on the Flow of Gas and Particles in a Vertical Pipe. *AIChE J.*, 35, 1473.

Soong, C. H., Tuzla, K. and Chen, J. C. (1995). Experimental Determination of Cluster Size and Velocity in Circulating Fluidized Bed. In *Fluidization VIII* (preprints). Ed. Large and Laguerie. Tours, France: Conference Publication.

Tsuo, Y. P. and Gidaspow, D. (1990). Computation of Flow Pattern in Circulating Fluidized Beds. *AIChE J.*, 36, 885.

Toda, M., Satija, S. and Fan, L.-S. (1983). Fundamental Characteristics of a Multisolid Pneumatic Transport Bed: Minimum Fluidization Velocity of the Dense Bed. In *Fluidization IV*. Ed. Kunii and Toei. New York: Engineering Foundation.

Weinstock, J. (1978). Analytical Approximations in the Theory of Turbulent Diffusion. *Phys. Fluids*, 21, 887.

Wen, C. Y. and Chen, L. H. (1982). Fluidized Bed Freeboard Phenomena: Entrainment and Elutriation. *AIChE J.*, 28, 117.

Wen, C. Y. and Galli, A. F. (1971). Dilute Phase Systems. In *Fluidization*. Ed. Davidson and Harrison. London: Academic Press.

Werther, J. (1993). Fluid Mechanics of Large-Scale CFB Units. In *Circulating Fluidized Bed Technology IV*. Ed. A. A. Avidan. New York: AIChE Publications.

Wu, R. L., Lim, C. J., Grace, J. R. and Brereton, C. M. H. (1991). Instantaneous Local Heat Transfer and Hydrodynamics in a Circulating Fluidized Bed. *Int. J. Heat & Mass Transfer*, 34, 2019.

Wu, R. L., Grace, J. R. and Lim, C. J. (1990). A Model for Heat Transfer in Circulating Fluidized Beds. *Chem. Eng. Sci.*, 45, 3389.

Yang, W. C. (1975). A Mathematical Definition of Choking Phenomenon and a Mathematical Model for Predicting Choking Velocity and Choking Voidage. *AIChE J.*, 21, 1013.

Yang, W. C. (1976). A Criterion for Fast Fluidization. *Proceedings of the Third International Conference on the Pneumatic Transport of Solids in Pipes (Pneumotransport 3)*, Bath, England. E5 - 49.

Yang, W. C. (1992). The Hydrodynamics of Circulating Fluidized Beds. In *The Supplements of the Encyclopedia of Fluid Mechanics*. Ed. N. P. Cheremininoff. Houston: Gulf Publishing.

Yang, W. C. and Knowlton, T. M. (1993). L-Valve Equations. *Powder Tech.*, 77, 49.

Yerushalmi, J. and Cankurt, N. T. (1979). Further Studies of the Regimes of Fluidization. *Powder Tech.*, 24, 187.

Yerushalmi, J., Cankurt, N. T, Geldart, D. and Liss, B. (1978). Flow Regimes in Vertical Gas-Solids Contact System. *AIChE Symp. Ser.*, 74(176), 1.

Yuu, S., Yasukouchi, N., Hirosawa, Y. and Jotaki, T. (1978). Particle Turbulent Diffusion in a Dust Laden Round Jet. *AIChE J.*, 24, 509.

Zenz, F. A. and Othmer, D. F. (1960). *Fluidization and Fluid-Particle Systems.* New York: Reinhold.

Zhang, W., Tung, Y. and Johnsson, F. (1991). Radial Voidage Profiles in Fast Fluidized Beds of Different Diameters. *Chem. Eng. Sci.*, 46, 3045.

Zheng, C. G., Tung, Y, Xia, Y. S., Bin, H. and Kwauk, M. (1991). Voidage Redistribution by Ring Internals in Fast Fluidization. In *Fluidization 91 Science and Technology.* Ed. Kwauk and Hasatani. Beijing: Science Press.

习　题

10.1　根据下列条件，计算颗粒的输送速度。
(1) A 类颗粒，$d_p=80\mu m$，$\rho_p=1500 kg/m^3$；
(2) B 类颗粒，$d_p=800\mu m$，$\rho_p=1500 kg/m^3$；
(3) D 类颗粒，$d_p=4mm$，$\rho_p=1010 kg/m^3$。
流化介质的性质为：$\rho=1.18\ kg/m^3$，$\mu=1.82\times 10^{-5}\ kg/(m\cdot s)$。

10.2　假设流化提升管内的流动特征是一维稳定流，且可以应用双流体模型，对气固混合体系的动量方程可表示为

$$(1-\overline{\alpha})\rho_p u_p \frac{du_p}{dz} + \overline{\alpha}\rho u \frac{du}{dz} = -[\overline{\alpha}\rho + (1-\overline{\alpha})\rho_p]g - \frac{dp}{dz} - F_f \quad (P10.1)$$

式中，F_f 是摩擦力，如果气体的动量和摩擦力的变化可忽略不计，试证明下式成立，并讨论轴向上空隙率的变化对压降的影响：

$$\frac{dp}{dz} = \left(\frac{J_p}{1-\overline{\alpha}}\right)^2 \frac{1}{\rho_p} \frac{d(1-\overline{\alpha})}{dz} - [\overline{\alpha}\rho + (1-\overline{\alpha})\rho_p]g \quad (P10.2)$$

10.3　在环-核径向两区模型中，固相的质量平衡可表示为式 (P10.3) 和式 (P10.4)

$$\frac{J_p}{\rho_p} = \eta^2 \alpha_{pc} u_{pc} + (1-\eta^2) u_{pw}\alpha_{pw}, \quad \eta = \frac{D_c}{D} \quad (P10.3)$$

$$(1-\overline{\alpha}) = \alpha_{pc}\eta^2 + \alpha_{pw}(1-\eta^2) \quad (P10.4)$$

请用式 (P10.3) 和式 (P10.4) 导出下式

$$(1-\overline{\alpha})\rho_p = \frac{J_p}{u_{pc}} + (1-\eta^2)\left(1-\frac{u_{pw}}{u_{pc}}\right)\alpha_{pw}\rho_p \quad (P10.5)$$

10.4　用 FCC 颗粒在循环流化床中，试按下列条件推导出流化提升管横截面上的空隙率沿轴向上的分布。

颗粒性质：粒径 $d_p=200\mu m$，密度 $\rho_p=1500kg/m^3$，最小流化空隙率 $\alpha_{mf}=0.48$，终端沉降速度 $U_{pt}=0.88m/s$；

提升管：直径 $D=80mm$，高度 $Z=8m$；

下料管：直径 $D_{sp}=250mm$；

L-型料封阀：水平段直径 $D_h=50mm$，水平段长度 $L_h=300mm$，垂直段高度 $L_z=500mm$；

旋风筒横截面积：$A_c=6000mm^2$；

固体颗粒存料量：$M=60kg$；

气体速度：$U=3.5m/s$ 和 $4.5m/s$；

固体颗粒循环量：$J_p=80kg/(m^2\cdot s)$；

流化介质性质：密度 $\rho=1.18kg/m^3$，动力黏度 $\mu=1.82\times10^{-5}kg/(m\cdot s)$。

请讨论固体颗粒存料量对空隙率分布的影响。

10.5 流化提升管内的气固两相流的质量平衡式可用下式描述：

对于气相

$$\frac{\partial}{\partial t}(\rho\alpha) + \frac{1}{r}\frac{\partial}{\partial r}(r\rho\alpha u_r) + \frac{\partial}{\partial z}(\rho\alpha u_z) = 0 \tag{P10.6}$$

对于固相

$$\frac{\partial}{\partial t}[\rho_p(1-\alpha)] + \frac{1}{r}\frac{\partial}{\partial r}[r\rho_p(1-\alpha)u_{pr}] + \frac{\partial}{\partial z}[\rho_p(1-\alpha)u_{pz}] = 0 \tag{P10.7}$$

式中，u_z 和 u_r 分别是气体的 z 轴向速度和 r 径向速度，u_{pz} 和 u_{pr} 分别是固体颗粒的 z 轴向速度和 r 径向速度，在环-核径向两区模型中，核心区和环形区域的一维连续性方程可由式 (P10.6) 和式 (P10.7) 体积平均中获得。如果用 §10.6.2 中假设条件，请根据式 (P10.6) 和式 (P10.7) 导出核心区和环形区域的一维连续性方程。

10.6 简化的固体颗粒流量分布 J_{pr}/J_p 式可用以下经验关系式表示 [Rhodes et al., 1992]

$$\frac{J_{pr}}{J_p} = 1 + b\left[1-\left(\frac{r}{R}\right)^m\right] - \frac{m}{m+2}b \tag{P10.8}$$

式中，J_{pr} 是在径向上 r 处的固体颗粒流量。假设所有的气体都经过中心区域，中心区气体和固体颗粒的滑移速度等于固体颗粒的终端沉降速度，试确定该式中的参数 b。证明环形区域的厚度可用下式表示

$$D_c = D\left(\frac{1}{b} + \frac{2}{m+2}\right)^{1/m} \tag{P10.9}$$

10.7 在戴维森和哈瑞森 [Davidson and Harrison, 1963] 最大稳定鼓泡尺寸模型中，当气泡和颗粒之间的相对速度超过颗粒的终端沉降速度时，气泡就会发生破裂。在垂直流动的气固两相流系统，当最大鼓泡尺寸等于竖管尺寸时，就会发生噎塞现象，学者杨 [Yang, 1976] 对细颗粒的流化给出了噎塞发生的判据

$$\frac{U_{pt}}{\sqrt{gD}} \leqslant 0.35 \text{时，噎塞不会发生} \tag{P10.10}$$

$$\frac{U_{pt}}{\sqrt{gD}} > 0.35 \text{时，发生噎塞} \tag{P10.11}$$

请根据一定的条件，推导式 (P10.10) 和式 (P10.11)。推导过程可以利用简单两相理论 (见 §9.4.5)，给定的颗粒速度高于气栓速度 $U - U_{\mathrm{mf}}$。

10.8 颗粒湍流扩散系数 D_{p} 与气体湍流扩散系数 D_{g} 的关系可用下式表示 [Yuu et al., 1978]

$$D_{\mathrm{p}}/D_{\mathrm{g}} = 1 + \mathrm{St}/12 \tag{P10.12}$$

D_{g} 可用经验公式表示 [Weinstok, 1978]

$$D_{\mathrm{g}} = 0.2\sqrt{\pi} u^* / k_0 \tag{P10.13}$$

在式 (P10.13) 中，k_0 是涡旋指数，假设为 $k_0 = D/4$，且 $u^* = u'/2$。舍伍德数定义为 $\mathrm{Sh} = k_{\mathrm{d}} D / D_{\mathrm{p}}$，对于湍流 $\mathrm{Sh}=4$，试证明沉积系数 k_{d} 可用式 (10.31) 表示。

第 11 章 固体颗粒的气力输送

11.1 引 言

在固体颗粒的处理系统中，常常需要把固体颗粒从一处输送到另一处。其输送方式有很多种，常见的有：① 气力输送，即通过管道中气流的正压吹送或负压抽吸来实现固体颗粒的输送；② 重力斜槽输送，运用颗粒的重力势差把固体颗粒从高处向低处输送；③ 空气输送斜槽，气体通过多孔板由下向上吹入槽体，使槽体内的固体颗粒处于部分悬浮状态，槽体以很小的倾斜角度安装，这样槽体中半悬浮状的颗粒物料就以很微小的角度实现水平方向的输送；④ 带式输送机，利用连续运动的传送带实现水平或小角度输送固体颗粒物料；⑤ 螺旋输送机，用安装在圆管或料槽体内旋转的螺旋叶片推动位于其中的固体颗粒；⑥ 斗式提升机，由安装在连续运动的输送带上的料斗将固体物料垂直向上输送；⑦ 振动输送机，用倾斜的弹簧支架抖动料槽来实现传送固体颗粒。

本章主要介绍固体颗粒的气力输送。常用这种方式来输送的固体物料有面粉、粒状化学药品、石灰石粉、苏打粉、粉煤灰、塑料碎片、煤粉、火药颗粒、矿石粉以及谷物等颗粒状物料 [Stoess, 1983; Williams, 1983; Konrad, 1986; Soo, 1990; Marcus et al. 1990]。被输送的固体颗粒一般都是干燥而易流动的。在适当的鼓风条件下，有些粘滞潮湿的材料也可自由流动。气力输送有许多优点：输送路径和输送空间极其灵活，操作条件安全，维护成本低。其缺点是，与其他散粒状固体物料输送设备相比系统能耗较高，而且由于稀相输送系统固体散料的碰撞速率较大，输送系统的磨损极为严重。固体颗粒气力输送系统中的传递现象是极为复杂的，因此，在系统设计和实际操作中有很多特殊的要求。其中关键的变量包括气体速度、固体颗粒的特征 (大小、密度、分布和形状)、固体携带量、管道尺寸和结构、固体喂料装置、输送方向等 [Yang, 1987]。

11.2 气力输送系统的分类

气力输送系统可以按照管道的倾斜角、运行模式 (即负压或正压操作)，或者流动特性 (即稀相或密相输送，稳定或不稳定的输送) 来分类。实际工程中，一个气力输送系统往往是由几个垂直、水平和倾斜的管道组成。在一个气力输送操作系统中，可能有多种流态共存。

11.2.1 水平输送和垂直输送

在一个水平输送管道中，颗粒的运动并不完全是横向的。在重力作用下，颗粒会不断落下到管道的底部，沿壁滑动或撞击管壁，而后重新进入气流。因此，除在高气速下对细颗粒的稀相流输送系统，大多气力输送的管道中，靠近管道底部颗粒的浓度比上部的颗粒浓度高。所以在重力影响较大的情况下，不论管道的形状如何，气固两相流在水平管道中基本上是二维的 [Roco and Shook, 1984; Soo and Mei, 1987]。在水平气力输送系统中，气流必须克服阻力、摩擦力，以及与粒子再夹带和加速度相关的力。要建立全悬浮颗粒流动系统，必须使用高速气流，以对位于管道底部的固体颗粒提供向上的升力。

在垂直气力输送过程中，由于重力与气体流动方向共线，颗粒总是悬浮在气流中。因此，在悬浮状态下流体输送相同质量的固体颗粒时，需要向上垂直输送的气流速度比水平输送时低。在大多数情况下，垂直气力输送过程中，径向分布的颗粒浓度接近均匀，所以，气体和固体可以合理地视为一维的流体。在给定气固流速的情况下，曳力、壁的摩擦力和重力综合产生的垂直向上输送的压降，比水平输送时要高。

在固体物料的输送量相同时，相对垂直输送和水平输送，倾斜布置的管道所需要的气体速度最高。在这种情况下，气体必须克服与水平输送相关的力以及物料沿倾斜管道向下的滑动力。在工程实践中，当管道与水平的夹角小于 15° 或大于 80° 的倾斜管道布置时，可以不需要考虑倾斜的问题 [Williams, 1983]。

11.2.2 正压输送和负压输送

气力输送系统有两个主要的操作模式，即负压或真空输送和正压输送，如图 11.1 所示。对于前者的操作压力低于环境压力，而后者则是高于环境压力。真空输送一般用于多点喂料而集中于一点卸出的物料输送。因为这种类型的操作使用的是抽吸排气系统，真空输送的操作压力 (约 0.4 大气压) 受到一定的限制，也就限制了输送量和输送距离。在对有毒有害物质输送时，负压输送非常有用。这种类型的输送不仅在喂料点无扬尘，而且还可以防止固体颗粒从破裂的输送管道 (如果有的话) 中逸出。正压输送通常用于更大的固体携带量 (固气比) 和没有理论上限制的长距离输送。这种类型的操作非常适合于多点卸料，也即固体物料可从一个喂料点输送到多个卸料点。正压系统一般比负压系统更复杂。负压和正压操作模式都可用于水平和垂直的气力输送。

在气力输送系统中，无论是正压还是负压，固体物料都是先加入输送管道，然后由气流携带沿管道输送到目的地。到达目的地后，颗粒从气流中分离出来并在料仓内收集。因此在气力输送系统中的主要装置包括气源装置、颗粒加料装置、输送管道、气体固体分离装置，以及固体颗粒收集装置。

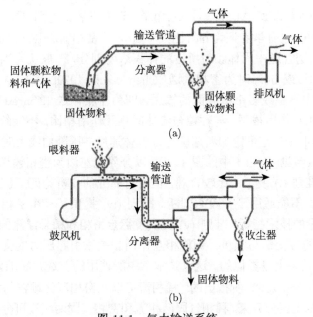

图 11.1 气力输送系统

(a) 负压输送系统；(b) 正压输送系统

压缩机、鼓风机和真空泵可以作为气源装置，为输送固体物料提供必要的动力。在负压输送系统中，真空泵位于物料收集装置的下游。在正压输送系统中，压缩机或鼓风机安装在固体颗粒物料加料装置的上游。选择气源装置，主要是根据为成功输送固体颗粒物料而需要的气体流量和压降要求。

固体颗粒物料加料的均匀性和气固间的混合均匀性对气力输送系统的有效操作有非常重要的影响。在负压操作系统中，固体颗粒物料加料和气固混合是两个相对独立的过程；而在正压操作系统中，入料口则必须使用具有锁风作用的加料装置将物料加入输送管道。真空或低正压输送系统的加料装置最常用的是旋转加料器。固体颗粒的大小和磨琢性都对加料器叶片的设计有很重要的影响。固体颗粒的进料速度较快时，可以采用流化床加料或竖管加料器。

对无粉尘固体颗粒的正压系统输送中，气固混合物可直接排卸入输送终点的接收料仓，而气体的排出可通过接收料仓顶部排气孔进入大气。气力输送系统中常用的气固分离设备是旋风筒。在第 7 章中已详细介绍了这种气固分离设备。

11.2.3 稀相流和密相流

与稀相流相比，密相流在文献中的界定尚不太确切。但是，在垂直或水平气力输送系统，也有些用于界定密相气力输送操作范围的标准。这些判断准则包括：
(i) 以固体与气体的质量比 (常称为固气比) 大于某个值来划分。例如，有学者认为固气比大于 15 为密相输送 [Marcus et al., 1990],还有学者认为固气比大于 20 为密相输送 [Leva, 1959],也有学者认为固气比大于 80 才为密相输送 [Kunii and Levenspiel, 1969]。(ii) 以输送管道中固体颗粒所占的体积浓度划分,一般认为当固体颗粒的体积浓度大于 40% 或 50% 时为密相输送 [Chen et al., 1979]。(iii) 认为由固体颗粒充满输送管道中一个或多个横截面的输送,即为密相输送 [Konrad et al., 1980]。(iv) 颗粒间的相互作用很强,与颗粒与流体间相互作用相比,不能忽略时,为密相输送 [Soo, 1989]。(v) 在恒定加料速度时以气体速度—压降曲线上对应的最小压力为转变的界限 (参见 §11.2.4 中的图 11.3),以分界线左边为密相输送。在上述各个判断准则中,准则 (i) 及 (ii) 比较直观,但没有充分的分析论证。准则 (iii) 只适用于塞流式输送,不能适用于一般的判断。准则 (iv) 提供了一个密相悬浮的一般概念,但缺乏定量的技术指标。准则 (v) 提供了标定密相和稀悬浮流的定量手段。由于这些悬浮流的转变是与颗粒—颗粒相互作用相关联引起压力的变化,所以判据 (iv) 和 (v),在效果上是类似的。这也是本章中所使用的首选判断准则。

按克劳 [Crowe, 1982] 所指出的:稀相流可以从密相流的颗粒与颗粒的碰撞对颗粒运动的影响上区分开来。稀相气固两相流和密相气固两相流可分别直接类比于单相流体的自由分子和连续流动状态。在这样的类比中,对应于克努森 (Knudsen) 数的参数是斯托克斯 (Stokes) 数,这是基于碰撞两颗粒间移动的距离。如果一个颗粒相对于气体的速度为 $|U-U_p|$,在坐标系中与气流一起运动的颗粒在停止前运行距离为 $|U-U_p|\tau_{rp}$,其中 τ_{rp} 是颗粒的弛豫时间。如果这个距离与在相同的坐标系中颗粒间的碰撞距离相比很小,就可认为这个弥散颗粒为稀相流。稀相悬浮流和密相悬浮流的一般的比较列于表 11.1。

垂直气力输送和水平气力输送的动态行为有明显的不同 (例如,颗粒与颗粒之间的相互作用对阻力的影响,颗粒间碰撞平均自由程,速度和浓度分布)。这些差异产生明显不同的操作特征。例如,在水平密相流输送中起始速度不同于垂直输送。下面讨论在水平和垂直输送系统的流态和流态的转变。

表 11.1 稀相悬浮流和密相悬浮流的比较

	稀相悬浮流	密相悬浮流
颗粒间的相对运动	大	小
颗粒–颗粒间相互作用	弱	强
颗粒扩散系数	大	小
表观颗粒黏度	由气体—颗粒间相互作用引起	由颗粒—颗粒间相互作用和气体—颗粒间相互作用引起
应用中的流动状态	稳定流态,湍动流态	非稳态拟层流,分层流
在最小输送速度以上的运动	稳定	不稳定
类比分子系统	稀薄气体流	液体的分子理论或气体动力论

资料来源: S. Soo, *Paticulates and Continuum*, Hemispere, 1989.

11.2.4 流态与流态的转变

水平气固管道流中的流动模式随管道中固体颗粒的浓度的变化而变化。在给定气体流量的水平管流中，随颗粒携带量，即固气比的增大各种流态相继出现：

(1) 稀相悬浮流；
(2) 颗粒沉积和形成沙丘流；
(3) 分层流；
(4) 栓流；
(5) 在相对高的气体速度时为床层移动流，在相对低的气体速度时，在静态固体层上部的部分颗粒作缓慢的移动。

在非常低的固体浓度时，颗粒完全悬浮并很均匀地分布在整个管道中，如图 11.2(a) 所示，这就是稀相悬浮流的特征。随着固气比的增大，颗粒沉积开始发生，如图 11.2(b) 所示。颗粒向管道的底部沉降，有些颗粒可以从另一些颗粒的上部滑过。在该流态中，颗粒沙丘形成，颗粒流以一个沙丘移动到另一个沙丘的方式发生，并进行交替加速和减速。在低流速时，沙丘更易形成，沙丘的长度和高度也相应较大。固气比再继续增大，就产生了具有波浪式界面的分层流，如图 11.2(c) 所示。固气比进一步的增大时，就形成气栓和料栓交替排列的栓流 (也称柱塞流)，如图 11.2(d)，并最终导致管道的完全堵塞。如图 11.2(e) 中可以看出，在相对较高的气体速度时，床层移动流发生；在相对较低的气体流速时，在管道横截面上部的部分颗粒将作缓慢移动，而大部分颗粒在管道底部不动。因此，在水平管道中的密相气力输送具有较大的压力波动，通常是不稳定的。

气力输送系统中的流态图通常可以用单位长度上的压力降随气体表观速度的变化来描述，如图 11.3 所示，这类似于图 10.2 所描述的循环流化床。图 11.3 所描述的是固体质量流量对压降的影响，图 11.3 表明在一定的气体速度下，固体质量流量增大，则压降就随之增大。从图 11.3 看到随着气体速度增加单位长度的压降先减小而后增大。最小压降点标志着密相流气力输送系统向稀相流气力输送的转变点。对于垂直输送系统，§10.3.1 中讨论的阻塞现象也可能发生，这取决于管道的尺寸和颗粒的性质 [Leung, 1980]。在水平气力输送中，对粗颗粒在最小压降点可能会发生颗粒跳跃现象，即在稀相流和密相流的转变点颗粒开始出现沉积。对于细颗粒，跳跃现象发生时的气体速度要高于最小压降点所对应的气体速度 [Marcus et al., 1990]。对于垂直和水平的对细颗粒的气力输送系统，其流态可用对数坐标图来进一步地描述，如图 11.4 所示。该图说明，对细颗粒的稀相悬浮流，其压降和表观气体速度之间呈幂律关系 (或在对数坐标下的线性关系)。该图还可看到，密相流通常是由塞流和床层移动流。在图中还显示了与固定床压降的比较。对于水平输送中非稳态的沙丘流和垂直输送中的非稳态的非均相分散流在图中用虚线标出，对这段的流态尚需要作进一步的研究。

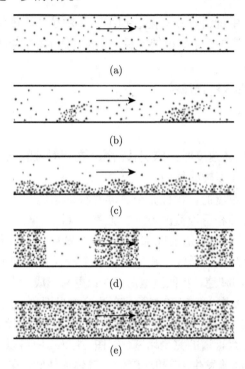

图 11.2 水平气力输送流态类型

(a) 稀相悬浮流; (b) 沉积沙丘型; (c) 具有波浪式界面的分层流; (d) 柱塞流; (e) 床层流

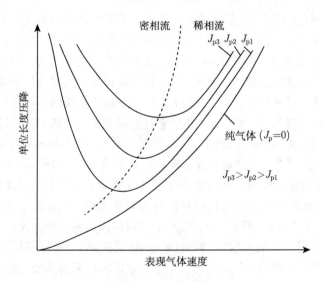

图 11.3 气力输送系统的常用流态简图 [Marcus et al., 1990]

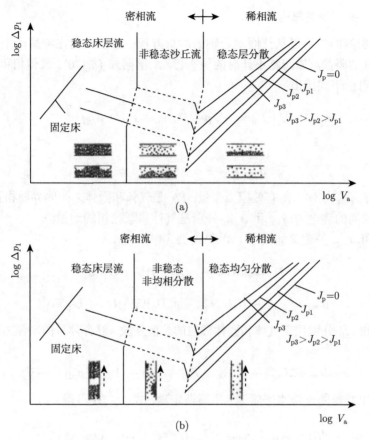

图 11.4 细颗粒的气力输送系统在对数坐标中的流态 [Marcus et al., 1990]
(a) 水平输送；(b) 垂直输送

11.3 压 降

对气固悬浮流的输送，要计算系统的功率消耗，首先是能够计算系统的压降。在气力输送系统中，通常是固体颗粒加入气体中然后由气流使之加速。用于固体颗粒加速的功率消耗 (或单位管长上的压降) 完全可与充分发展流动状态相比。此外，拐弯处和或有支管处，因颗粒的减速 (颗粒与壁面的碰撞) 和再加速，其压降会更高。下面将首先介绍压降在一维管流中的一般表达式，然后讨论阻力因稀相悬浮流的存在而减小这一独特现象。除介绍固体颗粒加速的压降，还介绍在发展流态的加速度长度。在弯管处的压降计算也在本节中加以介绍，弯管处气体–固两相流动速度场的详细讨论在 §11.5 中介绍。

11.3.1　一维流动的总压降

压力梯度的作用可从气固混合物的动量方程中看出。现在考察一个无质量传递、颗粒间的碰撞可以忽略不计时的稳态管流。根据式 (5.170)，气体相和颗粒相的动量方程可由下式给出

$$\nabla \cdot \boldsymbol{J}_\mathrm{m} = -\nabla p + \nabla \cdot \boldsymbol{\tau}_\mathrm{e} + \boldsymbol{F}_\mathrm{A} + \alpha\rho\boldsymbol{g} \tag{11.1}$$

和

$$\nabla \cdot \boldsymbol{J}_\mathrm{mp} = -\boldsymbol{F}_\mathrm{A} + (1-\alpha)\rho_\mathrm{p}\boldsymbol{g} + \boldsymbol{F}_\mathrm{E} \tag{11.2}$$

式中，τ_e 表示单位体积的有效应力张量；$\boldsymbol{F}_\mathrm{A}$ 是气体和固体之间的界面相互作用力；$\boldsymbol{F}_\mathrm{E}$ 是颗粒间的静电力；$\boldsymbol{J}_\mathrm{m}$ 和 $\boldsymbol{J}_\mathrm{mp}$ 分别是气体和颗粒相的动量流。$\boldsymbol{J}_\mathrm{m}$ 和 $\boldsymbol{J}_\mathrm{mp}$ 的定义如式 (11.3) 和式 (11.4)

$$\boldsymbol{J}_\mathrm{m} = \rho\alpha\boldsymbol{U}\boldsymbol{U} - \rho D[(\nabla\alpha)\boldsymbol{U} + \boldsymbol{U}\nabla\alpha] \tag{11.3}$$

$$\boldsymbol{J}_\mathrm{mp} = \rho_\mathrm{p}(1-\alpha)\boldsymbol{U}_\mathrm{p}\boldsymbol{U}_\mathrm{p} - \rho_\mathrm{p} D_\mathrm{p}[(\nabla\alpha)\boldsymbol{U}_\mathrm{p} + \boldsymbol{U}_\mathrm{p}\nabla\alpha] \tag{11.4}$$

式中，D 和 D_p 分别代表气体和固体颗粒的扩散系数。混合体系的动量方程可由下式表示

$$\nabla \cdot (\boldsymbol{J}_\mathrm{m} + \boldsymbol{J}_\mathrm{mp}) - \nabla \cdot \boldsymbol{\tau}_\mathrm{e} - \boldsymbol{F}_\mathrm{E} - \alpha\rho\boldsymbol{g} - (1-\alpha)\rho_\mathrm{p}\boldsymbol{g} = -\nabla\boldsymbol{p} \tag{11.5}$$

对没有静电影响的一维水平管流，用高斯定理，式 (11.5) 可得到

$$p_1 - p_2 = J_\mathrm{m2} - J_\mathrm{m1} + J_\mathrm{mp2} - J_\mathrm{mp1} - \tau_\mathrm{e2} + \tau_\mathrm{e1} + (x_2 - x_1)\frac{C_\mathrm{w}\tau_\mathrm{w}}{A} \tag{11.6}$$

式中，A 是管道横截面积，C_w 是管道的周长，x 是轴向坐标。式 (11.6) 说明在管道轴向上的压降与轴向粘滞力、壁面摩擦力，以及各相动量流量的变化是平衡的。

11.3.2　阻力变小

按式 (11.6) 可以得出：当将固体颗粒加入流动的气流中时，其压降会比单相流时的高。但是，实验数据显示，在某些操作条件下 (典型实例如固气比的范围为 0.5~2)，两相混合体系的压降要低于无颗粒流动时的压降 [Halstrom, 1953; Thomas, 1962; Peters and Klinzing, 1972; Kane 1989]。这种独特的现象，称为阻力变小现象，图 11.5 [Shimizu et al., 1978] 示出的是在加速区内压降比随固气比的变化，图 11.6 [Kane and Pfeffer, 1973] 示出的是在充分发展区内压降比随固气比的变化。这个现象反映出对两相流的输送能耗可能会比输送单相流时的能耗要低。在湍流流动中的小颗粒 (小于 200μm) 阻力变小得会更加明显。而这个压力变小的幅度可能达到 30% [McCarthy and Olson, 1968; Boyce and Blick; 1969]。

11.3 压降

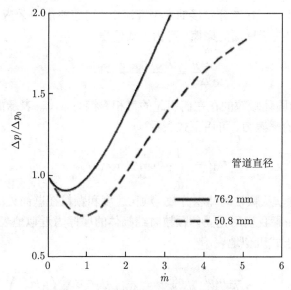

图 11.5 压降比随固气比的变化规律

(Re=5300 加速区，用 10μm 锌颗粒的实验结果 [Shimizu et al., 1978])

人们一般认为，加入颗粒使阻力的影响减少主要是通过湍流模式发生。据文献报道，与阻力变小现象相关的因素有很多，譬如壁面附近颗粒的运动，包括颗粒旋转、沉积、聚集和静电作用 [Kane, 1989]。这些因素最终会影响到气固两相流系统的气体和颗粒的速度分布、浓度分布。阻力减小的基本机理尚未完全清楚，部分原因是缺乏量化这些因素而可靠的测量技术。下面将从颗粒加入使湍流强度衰减的角度介绍一个现象模型来描述颗粒加入使阻力变小的原因。

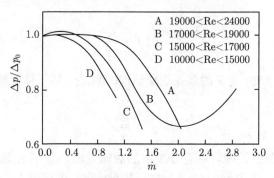

图 11.6 压降比随固气比的变化规律

(在充分发展区，用 36μm 玻璃球形颗粒的实验结果 [Kane and Pfeffer, 1973])

人们认识到，在阻力变小现象发生的范围内，固体颗粒的浓度很稀而使颗粒之间的平均距离通常为颗粒直径的 10 倍或更大。因此，在这样的条件下，颗粒间的相互影响可忽略不计。在充分发展的水平管流中，可忽略静电效应，则从式 (11.6) 可得到，压降仅取决于壁面的摩擦，可由下式给出

$$\frac{\Delta p}{\Delta x} = \frac{C_{\mathrm{w}}(\tau_{\mathrm{gp}} + \tau_{\mathrm{wp}})}{A} \tag{11.7}$$

式中，τ_{gp} 表示由固体颗粒的存在而引起的气相摩擦力，τ_{wp} 表示由固体颗粒与壁面的碰撞而产生的摩擦力，可用下式表示

$$\tau_{\mathrm{wp}} = \frac{1}{2\sqrt{\pi}} \alpha_{\mathrm{pw}} \rho_{\mathrm{p}} U_{\mathrm{pw}} \sqrt{u_{\mathrm{pw}}'^2} \tag{11.8}$$

该式表明，τ_{wp} 可以从颗粒的体积分数、颗粒速度和颗粒在壁面处的湍流运动的剧烈程度来估计。如果我们用无固体颗粒时纯气体的摩擦力近似地表示 τ_{gp}，则 τ_{wp} 和 τ_{gp} 的比可用下式近似地表示

$$\frac{\tau_{\mathrm{wp}}}{\tau_{\mathrm{gp}}} \approx \frac{\frac{1}{2\sqrt{\pi}}\dot{m}\rho U\sqrt{u_{\mathrm{pw}}'^2}}{\frac{f}{8}\rho U^2} \approx \frac{4\dot{m}}{f\sqrt{\pi}}\left(\frac{\sqrt{u'^2}}{U}\right)\left(\frac{\sqrt{u_{\mathrm{p}}'^2}}{\sqrt{u'^2}}\right) \tag{11.9}$$

式中，$\dot{m}$ 是质量流量对气体流量的比 (固气比)；f 是单相管流摩擦系数；等式最右边第一个括号内是气相的湍流强度；第二个括号是颗粒脉动速度和气体脉动速度的比率。

从穆迪 (Moody) 图 (图 11.7) 可看出，阻力减少对应的雷诺数范围 $\sim 10^5$，f 大约为 0.02。气体在管道中流动的典型湍流强度大约是 5%。根据欣泽–陈 (Hinze-Tchen) 模型 (见 §5.3.4.1)，固体颗粒的脉动速度与气体脉动速度的比可根据式 (5.196) 得到

$$\frac{\sqrt{u_{\mathrm{p}}'^2}}{\sqrt{u'^2}} = \left(1 + \frac{\tau_{\mathrm{S}}}{\tau_{\mathrm{f}}}\right)^{-\frac{1}{2}} \tag{11.10}$$

式中，τ_{S} 是由式 (3.39) 定义的斯托克斯弛豫时间；τ_{f} 是气体的湍流脉动的特征时间，可由下式给出

$$\tau_{\mathrm{f}} = \frac{l_{\mathrm{m}}}{\sqrt{u'^2}} \tag{11.11}$$

式中，l_{m} 是湍流混合长度。对充分发展的湍流管流，l_{m} 在壁面附近大约为 0.4ξ 处，ξ 是距壁面的距离 [Schlichting, 1979]。因此，我们可以取 $l_{\mathrm{m}}=0.4d_{\mathrm{p}}$，其中 d_{p} 表示颗粒的粒径。将式 (3.39) 和式 (11.11) 代入式 (11.10) 可得到

$$\frac{\sqrt{u_{\mathrm{p}}'^2}}{\sqrt{u'^2}} = \left(1 + \frac{\mathrm{Re}}{7.2}\frac{\rho_{\mathrm{p}}}{\rho}\frac{d_{\mathrm{p}}}{D_{\mathrm{d}}}\frac{\sqrt{u'^2}}{U}\right)^{-\frac{1}{2}} \tag{11.12}$$

11.3 压降

其中，Re 是雷诺数，是根据管道直径 D_d 和平均流速 U 计算的。因此，式 (11.9) 变成

$$\frac{\tau_{wp}}{\tau_{gp}} \approx \frac{4\dot{m}}{f\sqrt{\pi}} \frac{\sqrt{u'^2}}{U} \left(1 + \frac{\text{Re}}{7.2} \frac{\rho_p}{\rho} \frac{d_p}{D_d} \frac{\sqrt{u'^2}}{U}\right)^{-\frac{1}{2}} \tag{11.13}$$

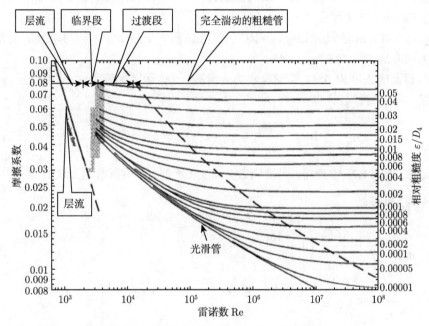

图 11.7 穆迪图：光滑管道和粗糙壁面管道的摩擦系数 [Moody, 1944]

将式 (11.13) 代入式 (11.7) 可得到

$$\frac{\Delta p}{\Delta x} = \frac{C_w \tau_{gp}}{A} \left\{1 + \frac{4\dot{m}}{f\sqrt{\pi}} \frac{\sqrt{u'^2}}{U} \left(1 + \frac{\text{Re}}{7.2} \frac{\rho_p}{\rho} \frac{d_p}{D_d} \frac{\sqrt{u'^2}}{U}\right)^{-\frac{1}{2}}\right\} \tag{11.14}$$

从测量结果看出，在有阻力减少发生的固体颗粒携带量范围内，有固体颗粒存在时，气相的速度分布几乎是不变的 [Soo et al., 1964]。因此，根据式 (11.14)，要使阻力减少现象发生，在颗粒的存在下气相的湍流黏度 μ_{gp} 必须满足下列条件

$$\mu_{gp} \left(1 + \frac{4\dot{m}}{f\sqrt{\pi}} \frac{\sqrt{u'^2}}{U} \left[1 + \frac{\text{Re}}{7.2} \frac{\rho_p}{\rho} \frac{d_p}{D_d} \frac{\sqrt{u'^2}}{U}\right]^{-\frac{1}{2}}\right) < \mu_e \tag{11.15}$$

其中，μ_e 是单相流有效黏度。式 (11.15) 表明，阻力减小是由流体中存在颗粒使气相的湍流黏度降低引起的。对因颗粒引起的气体湍流变动已在 §6.6 中作了详细的讨

论。对阻力减小现象的其他解释都类似于气固混合物的非牛顿性质流体 [Thomas, 1962; Peters and Klinzing, 1972]。此外，还有学者观察到在阻力减小现象发生时，管道中的对流换热系数也随之减小 [Tien and Quan, 1962]。

例 11.1 计算在下列各种情况下的 $\dfrac{\tau_{wp}}{\tau_{gp}}$ 值:

(1) $d_p=100\mu m$ 的玻璃球，固气流量比: $\dot{m}=1$; 密度比: $\rho_p/\rho=2000$; 管道直径: $D_d=50mm$; 气体速度: $U=15m/s$;

(2) $d_p=10\mu m$ 的氧化铝颗粒，固气流量比: $\dot{m}=1$; 密度比: $\rho_p/\rho=2400$; 管道直径: $D_d=50mm$; 气体速度 $U=30m/s$;

假设湍流强度为 5%，管道是水力光滑的，气体运动黏度为 $1.5\times 10^{-5} m^2/s$。

解 (1) 雷诺数计算

$$\mathrm{Re}=\frac{UD_d}{\nu}=\frac{15\times 0.05}{1.5\times 10^{-5}}=5\times 10^4 \tag{E11.1}$$

从穆迪表 (图 11.7) 中查得: 当雷诺数为 5×10^4 时，摩擦系数为 0.021, 则 $\dfrac{\tau_{wp}}{\tau_{gp}}$ 由式 (11.13) 可得到

$$\begin{aligned}\frac{\tau_{wp}}{\tau_{gp}} &\approx \frac{4\dot{m}}{f\sqrt{\pi}}\frac{\sqrt{u'^2}}{U}\left(1+\frac{\mathrm{Re}}{7.2}\frac{\rho_p}{\rho}\frac{d_p}{D_d}\frac{\sqrt{u'^2}}{U}\right)^{-\frac{1}{2}} \\ &= \frac{4\times 1}{0.021\times \sqrt{\pi}}\times 0.05\left(1+\frac{5\times 10^4}{7.2}\times 2000\times \frac{1\times 10^{-4}}{5\times 10^{-2}}\times 0.05\right)^{-\frac{1}{2}} \\ &= 0.15 \end{aligned} \tag{E11.2}$$

(2) 雷诺数为 10^5, 对应的摩擦系数为 0.018, 计算步骤同 (1), 得到 $\dfrac{\tau_{wp}}{\tau_{gp}}$ 为 0.34。两种情况的计算说明 τ_{gp} 对 τ_{wp} 的确定起着重要作用。

11.3.3 压降和发展区的加速长度

通过气固两相流发展区的压降通常是重要甚至是占主导地位的。气力输送系统的典型发展区，包括加料区 (即固体颗粒进料口) 和在弯管后突变区。在气力输送系统的发展区，颗粒通常是加速运动。由于固体颗粒有较大惯性，所以固体颗粒的加速度长度比气体的更长。

在一个一维的气固两相流管道中，其中静电影响可忽略不计。颗粒相的动量方程可表示为

$$\frac{dU_p}{dt}=\frac{3}{4}C_D\rho\frac{(U-U_p)^2}{\rho_p d_p}-g\sin\beta-\frac{2f_p U_p^2}{D_d} \tag{11.16}$$

式中，曳力系数 C_D 一般是颗粒体积分数的函数；β 为管道的倾斜角 ($\beta=0°$ 是水平管道流动，$\beta=90°$ 是向上输送的管道流)；f_p 表示颗粒与壁面的摩擦系数。注意到

11.3 压降

$\mathrm{d}x = U_\mathrm{p}\mathrm{d}t$,由式 (11.16) 可得到加速段长度 L_a 为

$$L_\mathrm{a} = \int_{U_\mathrm{pi}}^{U_\mathrm{p\infty}} \left(\frac{3}{4} C_\mathrm{D} \rho \frac{(U-U_\mathrm{p})^2}{\rho_\mathrm{p} d_\mathrm{p}} - g\sin\beta - \frac{2f_\mathrm{p} U_\mathrm{p}^2}{D_\mathrm{d}} \right)^{-1} U_\mathrm{p} \mathrm{d}U_\mathrm{p} \tag{11.17}$$

式中,U_pi 代表入口处颗粒的速度,$U_\mathrm{p\infty}$ 为充分发展区颗粒的速度。过加速区的压降可表示为

$$\Delta p_\mathrm{a} = \int_0^{L_\mathrm{a}} \alpha_\mathrm{p} \rho_\mathrm{p} g\sin\beta \mathrm{d}x + \int_0^{L_\mathrm{a}} \frac{2fJU\mathrm{d}x}{D_\mathrm{d}} + \int_0^{L_\mathrm{a}} \frac{2f_\mathrm{p} J_\mathrm{p} U_\mathrm{p} \mathrm{d}x}{D_\mathrm{d}} + J_\mathrm{p}(U_\mathrm{p\infty} - U_\mathrm{pi}) \tag{11.18}$$

式中,J 代表气体质量流量,J_p 为固体颗粒的质量流量。

加速段长度和压降也可由经验式进行估算,罗斯和达克沃斯 [Rose and Duckworth, 1969] 给出了式 (11.19) 和式 (11.20) 经验式

$$L_\mathrm{a} = 6 \left(\frac{D_\mathrm{d} J_\mathrm{p}}{\rho_\mathrm{p} \sqrt{d_\mathrm{p} g}} \right)^{\frac{1}{3}} \left(\frac{\rho_\mathrm{p}}{\rho} \right)^{\frac{1}{2}} \tag{11.19}$$

$$\Delta p_\mathrm{a} = 1.12 \left(\frac{\rho U^2}{2} \right) \left(\frac{J_\mathrm{p}}{J} \right) \tag{11.20}$$

气固两相流通过弯管是另一种类型的发展区,气体在弯管处的碰撞与反弹首先引起的是固体颗粒的减速,通过拐弯处后再加速。由于固体颗粒通过拐弯处而额外增加的压降,一般用如下经验关系式进行计算 [Klinzing, 1981]

$$\frac{\Delta p_\mathrm{Bp}}{\Delta p_\mathrm{L}} = a \left(\frac{2R_\mathrm{B}}{D_\mathrm{d}} \right)^{-b} \left(\frac{d_\mathrm{p}}{D_\mathrm{d}} \right)^c \tag{11.21}$$

式中,R_B 是弯头半径;Δp_L 是当量直管长度上的压降;a 和 b 是实验常数。对粗颗粒 (1~3 mm),当 $\alpha_\mathrm{p} < 5\%$ 时,舒夏特 (Schuchart) 给出的数值为 $a=210$,$b=1.15$,$c=0$。式 (11.21) 中的 Δp_L 可由下式给出 [Schuchart, 1968]

$$\Delta p_\mathrm{L} = A \left(\frac{\rho U^2}{2} \right) \left(\frac{L_\mathrm{B}}{d_\mathrm{p}} \right) \frac{\alpha_\mathrm{p}}{1-\alpha_\mathrm{p}} \left(1 - \frac{U_\mathrm{p}}{U} \right)^2 C_\mathrm{D} \tag{11.22}$$

式中,A 是实验常数,L_B 是弯头的当量直管长度。

注意过弯管处的总压降应包括气相和固体颗粒相的压降。气体相过拐弯处的压降可由下式估算 [Ito, 1959; 1960]

$$\Delta p_\mathrm{Bg} = \frac{0.029 + 0.304[\mathrm{Re}(D_\mathrm{d}/2R_\mathrm{B})^2]^{-0.25}}{\sqrt{2R_\mathrm{B}/D_\mathrm{d}}} \left(\frac{L_\mathrm{B}}{D_\mathrm{d}} \right) \left(\frac{\rho U^2}{2} \right) \tag{11.23}$$

该式适用于 $0.034 < \mathrm{Re}(D_\mathrm{d}/2R_\mathrm{B})^2 < 300$ 的情况，当 $\mathrm{Re}(D_\mathrm{d}/2R_\mathrm{B})^2 \leqslant 0.034$ 时，拐弯处的压降与直管相同。

例 11.2　用式 (11.17) 导出稀相气固管道流加速段长度的一般表达式。假设可用斯托克斯曳力系数，颗粒与壁面的摩擦系数可用下式估算 [Konno and Saito, 1969]

$$f_\mathrm{p} = 0.0285 \frac{\sqrt{gD_\mathrm{p}}}{U_\mathrm{p}} \tag{E11.3}$$

解　对于稀相管道流，固体颗粒体积分数 $\alpha_\mathrm{p} \ll 1$，因此，曳力系数 C_D 可近似的认为与 α_p 无关，则 $C_\mathrm{D}=24/\mathrm{Re}_\mathrm{p}$，将式 (E11.3) 代入式 (11.17)，可得到

$$L_\mathrm{a} = \int_{U_\mathrm{pi}}^{U_\mathrm{p\infty}} \left[\frac{(U-U_\mathrm{p})}{\tau_\mathrm{S}} - g\sin\beta - 0.057\sqrt{\frac{g}{D_\mathrm{d}}}U_\mathrm{p}\right]^{-1} U_\mathrm{p} \mathrm{d}U_\mathrm{p} \tag{E11.4}$$

式中，τ_S 是由式 (3.39) 定义的斯托克斯颗粒弛豫时间，对式 (E11.4) 直接积分可得到

$$L_\mathrm{a} = \int_{U_\mathrm{pi}}^{U_\mathrm{p\infty}} \frac{U_\mathrm{p}\mathrm{d}U_\mathrm{p}}{A-BU_\mathrm{p}} = \frac{A}{B^2}\ln\left(\frac{A-BU_\mathrm{pi}}{A-BU_\mathrm{p\infty}}\right) - \frac{U_\mathrm{p\infty}-U_\mathrm{pi}}{B} \tag{E11.5}$$

式中

$$A = \frac{U}{\tau_\mathrm{S}} - g\sin\beta, \quad B = \frac{1}{\tau_\mathrm{S}} + 0.057\sqrt{\frac{g}{D_\mathrm{d}}} \tag{E11.6}$$

11.4　临界输送速度

在水平流动中，重力方向垂直于主流的流向。当气体速度不够高时，就会发生颗粒的重力沉积。最低输送速度和携带速度可定义为导致沉积现象出现转变时的速度。在水平管道输送中的最小输送速度是防止颗粒向管道底部沉积或在管道底部滑动所需的最小平均气体流速。最小输送速度相当于跳动速度，在气力输送系统中低于该速度就会发生跳跃现象。将静止的颗粒带起所需的气体速度要大于跳跃速度，因为颗粒在带起的过程中，必须克服这些额外的颗粒间的或者颗粒与壁面间的相互作用力 (如黏性力和范德瓦尔斯力)。在本节中，将介绍最低输送速度和起动速度模型。

11.4.1　最小输送速度

在水平悬浮固体颗粒流动中，固体颗粒的垂直运动强烈地受终端沉降速度与摩擦速度比率的影响 [Blatch, 1906; Chien and Asce, 1956]。在圆形管中，平均气流

速度与摩擦速度的比由下式给出 [Taylor, 1954]

$$\frac{U}{U_{\rm f}} = 5\log\left(\frac{\rho D_{\rm p} U}{\mu}\right) - 3.90 \tag{11.24}$$

其中，$U_{\rm f}$ 是根据混合物的密度计算的摩擦速度，摩擦速度由下式定义

$$U_{\rm f} = \sqrt{\frac{\tau_{\rm w}}{\alpha_{\rm p}\rho_{\rm p} + (1-\alpha_{\rm p})\rho}} \approx \sqrt{\frac{D_{\rm d}\Delta p}{4L[\alpha_{\rm p}\rho_{\rm p} + (1-\alpha_{\rm p})\rho]}} \tag{11.25}$$

在最低输送条件下的摩擦速度可能与系统结构和操作条件相关，可通过两步进行修正，即首先，在无限稀相下获得速度，再作浓度修正 [Thomas, 1962]。与固体颗粒浓度相关的函数可由下式给出

$$\frac{U_{\rm f}}{U_{\rm f0}} = 1 + 2.8\left(\frac{U_{\rm pt}}{U_{\rm f0}}\right)^{\frac{1}{3}} \alpha_{\rm p}^{\frac{1}{2}} \tag{11.26}$$

式中，$U_{\rm pt}$ 是颗粒终端速度，$U_{\rm f0}$ 是在最低输送条件下颗粒浓度为 0 时的摩擦速度。当 $d_{\rm p} > \dfrac{5\mu}{\rho U_{\rm f0}}$ 时，$U_{\rm f0}$ 可由下式给出

$$\frac{U_{\rm pt}}{U_{\rm f0}} = 4.90\left(\frac{d_{\rm p}}{D_{\rm d}}\right)\left(\frac{D_{\rm d} U_{\rm f0}\rho}{\mu}\right)^{0.4}\left(\frac{\rho_{\rm p} - \rho}{\rho}\right)^{0.23} \tag{11.27}$$

当 $d_{\rm p} < \dfrac{5\mu}{\rho U_{\rm f0}}$ 时，$U_{\rm f0}$ 可由下式给出

$$\frac{U_{\rm pt}}{U_{\rm f0}} = 0.01\left(\frac{d_{\rm p} U_{\rm f0}\rho}{\mu}\right)^{2.71} \tag{11.28}$$

例 11.3　在一气固两相流的水平管道流中，管道直径为 50mm，被输送颗粒的密度是 2500kg/m³，颗粒为粒径为 50μm 的玻璃球体。颗粒的平均体积分数为 0.1%，气体的密度为 1.2kg/m³，气体的运动黏度为 1.5×10^{-5}m²/s。试计算该系统的最低输送速度和单位长度的功率消耗。

解　根据式 (1.7) 可得到颗粒的终端沉降速度 $U_{\rm pt}$ 为

$$U_{\rm pt} = \frac{d_{\rm p}^2(\rho_{\rm p}-\rho)g}{18\rho\nu} = \frac{(50\times10^{-6})^2\times(2500-1.2)\times9.8}{18\times1.2\times1.5\times10^{-5}} = 0.2\text{m/s} \tag{E11.7}$$

颗粒终端沉降速度所对应的颗粒雷诺数 $\text{Re}_{\rm t}$ 是 0.67，该计算结果在式 (1.7) 所使用的范围内。在最低输送条件，颗粒浓度为 0 时的摩擦速度 $U_{\rm f0}$ 可按式 (11.28) 计算

$$U_{\rm f0} = \left[100 U_{\rm pt}\left(\frac{\nu}{d_{\rm p}}\right)^{2.71}\right]^{\frac{1}{3.71}} = \left[100\times0.2\times\left(\frac{1.5\times10^{-5}}{(50\times10^{-6})}\right)^{2.71}\right]^{\frac{1}{3.71}} = 0.93\text{m/s} \tag{E11.8}$$

该速度对应的 $d_p U_{f0}/\nu = 3.1$(或者 $d_p = 50 \times 10^{-6} < \dfrac{5\mu}{\rho U_{f0}} = \dfrac{5\nu}{U_{f0}} = \dfrac{5 \times 1.5 \times 10^{-5}}{0.93} = 81 \times 10^{-6}$),所以,$U_{f0}$ 的计算符合式 (11.28) 的使用范围。在最低输送条件下,摩擦速度 U_f 可按式 (11.26) 计算

$$U_f = U_{f0}\left[1 + 2.8\left(\dfrac{U_{pt}}{U_{f0}}\right)^{\frac{1}{3}} \alpha_p^{\frac{1}{2}}\right] = 0.93 \times \left[1 + 2.8 \times \left(\dfrac{0.2}{0.93}\right)^{\frac{1}{3}} \times \sqrt{0.001}\right] = 0.98 \text{m/s} \tag{E11.9}$$

则最低输送速度 U 可由式 (11.24) 确定

$$U = U_f\left[5\log\left(\dfrac{D_p U}{\nu}\right) - 3.90\right] = 4.9\log(3.33 \times 10^3 U) - 3.82 \tag{E11.10}$$

解式 (E11.10) 可得到 $U = 19.8 \text{m/s}$。

单位长度的功率消耗(即 $\Delta p/L$)可由式 (11.25) 计算得到

$$\dfrac{\Delta p}{L} = [\alpha_p \rho_p + (1-\alpha_p)\rho]\dfrac{4U_f^2}{D_d} = (0.001 \times 2500 + 1.2) \times \dfrac{4 \times 0.98^2}{50 \times 10^{-3}} = 280 \text{Pa/m} \tag{E11.11}$$

11.4.2 携带速度

颗粒的被携带主要受两个因素的影响,即流体动力学和颗粒与壁面的碰撞。当流体动力学力克服了颗粒重力,则颗粒就会离开壁面而分散于流体中。颗粒与壁面碰撞的弹跳效应也可阻碍颗粒的沉积。对于细颗粒,颗粒的运动是由气体运动和湍流扩散控制。在这种情况下,由于颗粒与壁面碰撞后与气流一起运动,颗粒与壁碰撞的影响就不重要了。对于较大的颗粒,颗粒的运动是由颗粒惯性所支配,湍流或平均流量的变化不会强烈地的影响着颗粒的运动。因此,大颗粒的运动是由颗粒与壁面的碰撞为主导。

单颗粒与壁面碰撞机制在上册第 2 章中已做了介绍。气力输送系统中的颗粒与壁面的碰撞是一个复杂的过程。其弹跳特性与许多参数有关,包括冲击角度、碰撞前颗粒的平动和转动、颗粒和壁面的物理性质、壁面粗糙度和颗粒形状等。

另外,还必须考虑湍流边界层处固体颗粒所发生的跳跃现象,这个跳跃现象是由壁面对固体颗粒运动的影响所致。这样的影响包括因颗粒被施一剪切力(萨夫曼(Saffman) 升力,见 §3.2.3)而产生的升力、颗粒旋转力(马格纳斯(Magnus) 效应,见 §3.2.4)以及增加的曳力(费克森(Faxen) 效应)。在气力输送系统,在边界层中颗粒的运动主要是受剪切引起的升力影响。此外,附加的质量力和巴塞特(Basset) 力在颗粒的加速度中比较适中,大多数情况下可忽略不计。在一个倾斜布置的管道中,靠壁面附近的各种力可见图 11.8。这些力的平衡方程如下:

11.4 临界输送速度

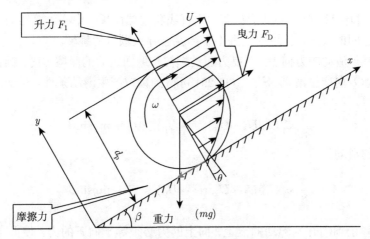

图 11.8 在倾斜表面作用在颗粒上的力

在 x 轴方向

$$m\frac{dU_p}{dt} = \frac{\pi}{8}\rho d_p^2 C_D |\boldsymbol{U} - \boldsymbol{U}_p|(U - U_p) - F_f - mg\sin\beta \tag{11.29}$$

在 y 轴方向

$$m\frac{dV_p}{dt} = \frac{\pi}{8}\rho d_p^2 C_D |\boldsymbol{U} - \boldsymbol{U}_p|(V - V_p) + 1.62\mu d_p^2 \sqrt{\frac{1}{\nu}\left|\frac{\partial(U-U_p)}{\partial y}\right|}(U - U_p) - mg\sin\beta \tag{11.30}$$

F_f 是摩擦力,可用下式表示

$$F_f = f(mg\sin\beta - F_1) \tag{11.31}$$

式中,F_1 是升力。

在输送管道底部的单个颗粒,从最初的静止开始,随气体速度的增大到开始运动可经历各种状态。单个颗粒运动可以是下列各种状态中的一个或几个组合而成 [Zenz,1964]:

(1) 滚动、滑动或沿流动方向上管道的底部的跳动。
(2) 无跳跃、无明显滚动和弹跳的 "风扫式" 输送。
(3) 从管道底部带起静止的颗粒并以悬浮状输送。

哈洛 [Halow,1973] 对每一个状态的起始气体流速都进行了分析,详述如下。

对于一个沿着壁面滚动的颗粒,其初始气体流速可以通过作用于颗粒上的力矩来确定。假设曳力、重力和升力的作用点在球体颗粒的中心,关于颗粒与壁面接触面上最上部一点的转矩平衡 (参见图 11.8) 可以由下式给出

$$F_D\cos\theta + F_1\sin\theta = mg\sin(\theta + \beta) \tag{11.32}$$

式中，θ 是过球体颗粒中心到接触面的垂直线和过球体颗粒中心到接触面最靠上的点的连线之间的夹角。转矩的任意不平衡就会导致颗粒的旋转。

在平行于流动的方向上，当曳力超过颗粒与壁面之间的摩擦力时，颗粒将在管道中沿流动方向产生滑动。从式 (11.29) 可得到颗粒产生滑动条件，对于向上的滑动为

$$\frac{\pi}{8}\rho d_p^2 C_D |\boldsymbol{U}-\boldsymbol{U}_p|(U-U_p) \geqslant F_f + mg\sin\beta \tag{11.33}$$

对于向下的滑动为

$$\frac{\pi}{8}\rho d_p^2 C_D |\boldsymbol{U}-\boldsymbol{U}_p|(U-U_p) \leqslant F_f - mg\sin\beta \tag{11.34}$$

在颗粒从静止到刚开始起动的点上，向上的力必须等于向下的力，使得 $\dfrac{dV_p}{dt}=0$，即

$$\frac{\pi}{8}\rho d_p^2 C_D |\boldsymbol{U}-\boldsymbol{U}_p|(V-V_p)+1.62\mu d_p^2 \sqrt{\frac{1}{\nu}\left|\frac{\partial(U-U_p)}{\partial y}\right|}(U-U_p)-mg\sin\beta = 0 \tag{11.35}$$

要制订一个准则来预测滚动、滑动、起动初始点，就需要得到壁面区域边界层内的气体流速分布。前面的讨论指的是气体与单个颗粒在壁面区域中的流动。当在管道的底部是一层颗粒时，将这一层颗粒从静止带入流体中并以悬浮状在管道内输送的最小气体速度可能是同样情况下单颗粒所需最小速度的 2.5 倍，因为颗粒群需要克服颗粒间的相互作用力，这与单颗粒相比是一个额外增加的能量 [Zenz, 1964]。类似描述可以扩展到其他情形，包括在壁面区域有一定的固体颗粒浓度的情况。静止颗粒起动的初始期气体速度具有现实意义而且在理论上也已受到更多的关注。

11.5 弯管处的流动

在弯管处的气固两相流之所以为人们所关心，是因为它不仅显著地影响着系统压降，而且由固体颗粒的直接撞击也引起磨损的问题。弯管或弯头为气固两相流输送系统的灵活布置提供了实现的条件。从设计的观点看，对气固悬浮系统通过弯管流动的描述是输送系统设计的关键。下面将首先讨论单相流在弯管处的流场。再分析在这样的系统中单个颗粒的运动，然后再考察分析弯处的动量传递，以及在弯管处的气固两相流的压降和与之关联的颗粒减速问题。

11.5.1 弯管中的单相流

如图 11.9 所示，当流体通过弯管时，由于二次流的影响，弯曲处的流体速度分布有明显的改变，最大轴向速度发生在弯管出口处壁面的附近。二次流主要发生

11.5 弯管处的流动

在靠壁面附近称作"脱流层"的薄层内。定义"脱流层"的厚度 δ 等于从壁面到外围速度分量 W 变化点的距离，如图 11.9(b) 所示。

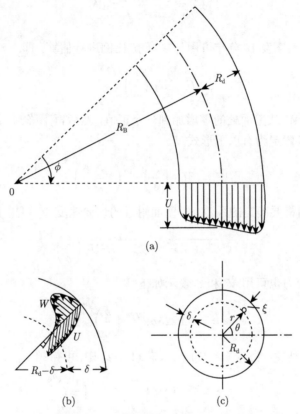

图 11.9　弯管内流体速度分布示意图
(a) 轴向速度分布；(b) "脱流层" 速度分布；(c) 管道横截面符号

如果用 R_B 作为弯管的曲率半径，用 R_d 作为弯管横截面上圆的半径，用 U 作为轴向速度分量，$\xi(=R_d-r)$ 作为壁面的垂直距离，用 θ 表示在弯管横截面上相对于对称线向外方向的角度（图 11.9(c)），ϕ 表示在弯管轴向所在的平面上测出的角（图 11.9(a)）。假设沿弯管轴向上流态变化可忽略不计，则对"脱流层"内的动量积分方程可如下表示 [Ito, 1959]

$$\rho\frac{\partial}{\partial\theta}\int_0^\delta W^2\mathrm{d}\xi = -\tau_\theta R_d + \rho\frac{\delta R_d}{R_B}U_1^2\sin\theta - \rho\frac{R_d}{R_B}\sin\theta\int_0^\delta U^2\mathrm{d}\xi \tag{11.36}$$

$$\rho\frac{\partial}{\partial\theta}\int_0^\delta (U-U_1)W\mathrm{d}\xi = -\tau_\phi R_d - \frac{R_d\delta}{R_B}\frac{\partial p}{\partial\phi} \tag{11.37}$$

式中，下角标"1"表示在"脱流层"边缘的数值，其压力梯度可由下式表示

$$\frac{\partial p}{\partial \phi} = -\frac{2R_B}{\pi R_d} \int_0^\pi \tau_\phi \mathrm{d}\theta \tag{11.38}$$

通过"脱流层"的速度 U 分布可用与 $\xi^{1/7}$ 成比例进行估算，即

$$U = U_1 \left(\frac{\xi}{\delta}\right)^{1/7} \tag{11.39}$$

另一方面，W 从壁面处的零增加到一个正值，然后再下降到"脱流层"边缘的零。因此，W 可假定为有以下形式

$$W = BU_1 \left(\frac{\xi}{\delta}\right)^{1/7} \left(1 - \frac{\xi}{\delta}\right) \tag{11.40}$$

其中，B 是后面将要确定的系数。靠壁面附近的切向速度 V_t 可用下式表示

$$V_t = \sqrt{U^2 + W^2} \approx \sqrt{1 + B^2} U_1 \left(\frac{\xi}{\delta}\right)^{1/7} \tag{11.41}$$

在壁面处的剪应力也可用 V_t 和 ξ 表示如下

$$\tau_w = 0.0225 \rho V_t^{7/4} \left(\frac{\nu}{\xi}\right)^{1/4} \tag{11.42}$$

式中，ν 是运动黏度。将式 (11.41) 代入式 (11.42) 中，可得到

$$\tau_w = 0.0225 \rho (U_1 \sqrt{1 + B^2})^{7/4} \left(\frac{\nu}{\delta}\right)^{1/4} \tag{11.43}$$

$\frac{\tau_\theta}{\tau_\phi} = \frac{W}{U}$ 和 $\tau_\theta^2 + \tau_\varphi^2 = \tau_w^2$ 这两个关系式联立，则可得到

$$\tau_\phi = \frac{\tau_w}{\sqrt{1 + B^2}}, \quad \tau_\theta = \frac{B\tau_w}{\sqrt{1 + B^2}} \tag{11.44}$$

由于在"脱流层"处二次流的最大速度低于轴向速度，B 远远小于 1，所以下列各式成立

$$U \approx U_m, \quad W \approx BU_m, \quad \tau_\phi = \tau_w, \quad \tau_\theta = B\tau_w$$
$$\tau_w \approx 0.03 \rho U_m^2 \mathrm{Re}^{-1/4} \left(\frac{\delta}{R_d}\right)^{-1/4} \tag{11.45}$$

式中，U_m 是平均轴向速度，Re 是用 U_m 和管道直径 $2R_d$ 计算的雷诺数。再考察式 (11.36)，其动量平衡式中每一项的取值为相同的数量级，所以 B 应具有近似式

$$B^2 \approx \frac{R_d}{R_B} \tag{11.46}$$

则脱离层的厚度可由下式估算

$$\frac{\delta}{R_\mathrm{d}} \approx \left(\frac{\mathrm{Re} R_\mathrm{d}^2}{R_\mathrm{B}^2}\right)^{-1/5} \tag{11.47}$$

B 和 δ 也可以先考虑式 (11.39)、式 (11.40) 和式 (11.41)，再通过对式 (11.36) 和式 (11.37) 的动量积分方程数值求解来确定。流体中心区域的轴向速度分量可假设有如下形式

$$U = U_\mathrm{m} + Ar\cos\theta \tag{11.48}$$

式中，常数 A 是由二次流连续性的状态来确定的常数。

弯管的摩擦系数可给出下面的定义式

$$f_\mathrm{B} = -\frac{1}{R_\mathrm{B}}\frac{\partial p}{\partial \phi}\frac{4R_\mathrm{d}}{\rho U_\mathrm{m}^2} \tag{11.49}$$

则 f_B 可以由下式表示

$$f_\mathrm{B} = C\left(\frac{1}{\mathrm{Re}^2}\frac{R_\mathrm{d}}{R_\mathrm{B}}\right)^{1/10} \tag{11.50}$$

式中，C 是常数，大约为 0.3 [Ito, 1959]。

11.5.2 弯管中的颗粒流

当稀相气固悬浮系统流过弯管时，颗粒与壁面的摩擦作用、重力作用以及与壁面的碰撞作用，会使颗粒速度变慢。弯管流的分析可用三个典型的弯管布置形式：

(1) 在一个水平面上的弯管；
(2) 水平流经过的垂直平面内的弯管；
(3) 垂直流经过的垂直平面内的管弯。

不失一般性地，在本节中，我们只考虑第 (3) 种布置，其弯管是设在垂直平面内，其进气口是垂直的气固悬浮流，如图 11.10 所示。假定裹挟质量力和巴塞特力可以忽略。此外，由于离心力和惯性效应的作用，颗粒沿弯管的外侧内表面滑动。颗粒与壁面的碰撞引起的反弹作用可以忽略。

在管道轴向上单个颗粒的运动方程可用下式表示

$$\frac{U_\mathrm{p}}{R_\mathrm{d}+R_\mathrm{B}}\frac{\mathrm{d}U_\mathrm{p}}{\mathrm{d}\phi} = \frac{3}{4}\frac{\rho}{\rho_\mathrm{p}}\frac{C_\mathrm{D}}{d_\mathrm{p}}(U-U_\mathrm{p})^2 - g\cos\phi - f_\mathrm{p}\left(\frac{U_\mathrm{p}^2}{R_\mathrm{d}+R_\mathrm{B}} - g\sin\phi\right) \tag{11.51}$$

式中，f_p 是颗粒与管壁之间的滑动摩擦系数；最后一项要求在所考虑的 ϕ 范围内对管壁的法向力为正，即

$$U_\mathrm{p}^2 \geqslant (R_\mathrm{d}+R_\mathrm{B})g\sin\phi \tag{11.52}$$

因此，一旦给定局部气体速度和曳力系数，沿弯管内的颗粒速度变化可由式 (11.51) 通过数值积分获得。

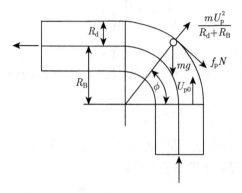

图 11.10 垂直流过垂直平面内的弯头

为了估计由于管道弯曲使颗粒速度减小的程度，可假定颗粒在弯曲的表面上其曳力与该颗粒沿管壁的滑动力比较可以忽略不计。以这样的考虑，式 (11.51) 可化简为

$$\frac{\mathrm{d}U_\mathrm{p}^2}{\mathrm{d}\phi} + 2f_\mathrm{p}U_\mathrm{p}^2 = -2(R_\mathrm{d} + R_\mathrm{B})g(\cos\phi - f_\mathrm{p}\sin\phi) \tag{11.53}$$

边界条件为：在 $\phi=0$ 时，$U_\mathrm{p} = U_\mathrm{p0}$ 从式 (11.53) 可得到一个 U_p 的解为

$$U_\mathrm{p}^2 = \left(U_\mathrm{p0}^2 + \frac{6f_\mathrm{p}(R_\mathrm{d} + R_\mathrm{B})g}{1 + 4f_\mathrm{p}^2}\right)\exp(-2f_\mathrm{p}\phi) - \frac{2(R_\mathrm{d} + R_\mathrm{B})g}{1 + 4f_\mathrm{p}^2}[(3f_\mathrm{p}\cos\phi + (1 - 2f_\mathrm{p}^2)\sin\phi] \tag{11.54}$$

在弯管直角的出口处颗粒速度可用下式表示

$$U_\mathrm{p}^2|_{\phi=\frac{\pi}{2}} = \left(U_\mathrm{p0}^2 + \frac{6f_\mathrm{p}(R_\mathrm{d} + R_\mathrm{B})g}{1 + 4f_\mathrm{p}^2}\right)\exp(-f_\mathrm{p}\pi) - 2(R_\mathrm{d} + R_\mathrm{B})g\frac{1 - 2f_\mathrm{p}^2}{1 + 4f_\mathrm{p}^2} \tag{11.55}$$

11.6 充分发展的稀相管道流

分析气固两相管道流的动态行为，最常见的也是最简单的系统就是受静电力和重力影响的充分发展的稀相气固管道流。这里充分发展流指的是气体和颗粒两相沿轴向的速度分布都不变的情况。系统的这种性质是学者苏和唐 [Soo and Tung, 1971] 的分析结论。在本节中，我们将详细介绍苏和唐 [Soo and Tung, 1971] 的分析方法。假设固体颗粒在管道的壁面无沉积 (或颗粒沉积速度是零)。此外，在此处管道流可认为是湍流，这在大多数流动条件下是正确的。

11.6 充分发展的稀相管道流

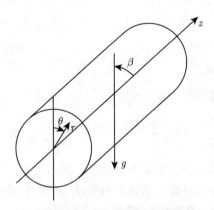

图 11.11 通用坐标系下充分发展的稀相管道流分析

对于稀相悬浮系统，颗粒与颗粒间的相互作用可以忽略不计。颗粒相密度或体积分数梯度成为颗粒传递的动力，其传递距离正比于颗粒的扩散系数 D_p。这里扩散系数 D_p 反映了各种因素对流场影响引起颗粒的随机运动，包括流体扩散系数是层流还是湍流，颗粒相对于流体运动中的尾流、颗粒的布朗运动、颗粒与壁面的相互作用、颗粒引起流场的扰动等。

如图 11.11 所示，在一个圆管的流动系统中，圆管的轴向与重力加速度 g 的方向形成一倾斜角 β，因此，β 为 $90°$ 的流动是水平流动，β 为 $0°$ 或 $180°$ 的流动是垂直流动。图 11.11 中的 z、r 和 θ 是轴向、径向和方位坐标; U、V 和 W 为流体速度的共轭分量; U_p、V_p 和 W_p 是颗粒速度的共轭分量。假定颗粒为球体且是单分散体系。

11.6.1 基本方程和边界条件

欲得到固体颗粒质量流量的本构关系，可从单颗粒的运动方程考虑，其表达式为

$$\frac{\pi}{6} d_p^3 \rho_p \frac{dU_p}{dt} = \rho C_D \frac{\pi}{8} d_p^2 |U - U_p|(U - U_p) + F_G + F_E \quad (11.56)$$

其中，F_G 是颗粒的剩余重力，即颗粒的重力减去颗粒的浮力，由下式给出

$$F_G = \frac{\pi}{6} d_p^3 \rho_p \left(1 - \frac{\rho}{\rho_p}\right) g \quad (11.57)$$

F_G 是静电力，由下式给出

$$F_E = qE = -q\nabla V_E \quad (11.58)$$

其中，q 是由每个颗粒所携带的静电荷，V_E 是电势。对于一个稳定且在无限长的管道内充分发展的流动，V_E 满足以下泊松 (Poisson) 方程:

$$\frac{1}{r}\frac{\partial}{\partial r}\left(r\frac{\partial V_E}{\partial r}\right) + \frac{1}{r^2}\frac{\partial V_E}{\partial \theta^2} = -\frac{q}{m}\frac{(1-\alpha)\rho_p}{\varepsilon_0} \quad (11.59)$$

式中，ε_0 是在真空中的介电常数。则式 (11.56) 式可变成

$$\frac{\mathrm{d}U_\mathrm{p}}{\mathrm{d}t} = \frac{U - U_\mathrm{p}}{\tau_\mathrm{rp}} + \left(1 - \frac{\rho}{\rho_\mathrm{p}}\right)g - \frac{q\nabla V_\mathrm{E}}{m} \tag{11.60}$$

式中，τ_rp 是颗粒的弛豫时间，由下式给出

$$\frac{1}{\tau_\mathrm{rp}} = C_\mathrm{D}\frac{3}{4}\frac{\rho}{\rho_\mathrm{p}}\frac{|U - U_\mathrm{p}|}{d_\mathrm{p}} = \frac{3}{4}\frac{\mu}{d_\mathrm{p}^2\rho_\mathrm{p}}C_\mathrm{D}\mathrm{Re}_\mathrm{p} \tag{11.61}$$

式中，Re_p 由式 (3.2) 所定义，即颗粒雷诺数。应当指出，一般情况下，曳力系数 C_D 是颗粒雷诺数 Re_p 和局部气体体积分数 α 的函数。对于一个充分发展的流动，$\mathrm{d}U_\mathrm{p}/\mathrm{d}t$ 为零，因此，式 (11.60) 变为

$$\frac{U - U_\mathrm{p}}{\tau_\mathrm{rp}} + \left(1 - \frac{\rho}{\rho_\mathrm{p}}\right)g - \frac{q\nabla V_\mathrm{E}}{m} = 0 \tag{11.62}$$

则在重力和和静电力作用下由于松弛而产生的颗粒质量流量为

$$(1-\alpha)\rho_\mathrm{p}(U - U_\mathrm{p}) = (1-\alpha)\rho_\mathrm{p}\tau_\mathrm{rp}\left[\left(1 - \frac{\rho}{\rho_\mathrm{p}}\right)g - \frac{q\nabla V_\mathrm{E}}{m}\right] \tag{11.63}$$

由于在场力作用下充分发展的流动不会有固体颗粒相的沉积 (即零沉积速率)，所以因扩散而引起的颗粒流量必须等于由场力的松弛作用而引起的颗粒流量，即

$$-D_\mathrm{p}\nabla(1-\alpha)\rho_\mathrm{p} + (1-\alpha)\rho_\mathrm{p}(U_\mathrm{p} - U) = 0 \tag{11.64}$$

其中，D_p 为颗粒扩散系数。由此，我们获得颗粒在径向上的质量流量关系式

$$\frac{D_\mathrm{p}}{\tau_\mathrm{rp}(1-\alpha)}\frac{\partial \alpha}{\partial r} - \frac{q}{m}\frac{\partial V_\mathrm{E}}{\partial r} - \left(1 - \frac{\rho}{\rho_\mathrm{p}}\right)g\sin\beta\cos\theta = 0 \tag{11.65}$$

在方位角方向上

$$\frac{D_\mathrm{p}}{\tau_\mathrm{rp}(1-\alpha)r}\frac{\partial \alpha}{\partial \theta} - \frac{q}{mr}\frac{\partial V_\mathrm{E}}{\partial \theta} + \left(1 - \frac{\rho}{\rho_\mathrm{p}}\right)g\sin\beta\,\sin\theta = 0 \tag{11.66}$$

可以看出，式 (11.65) 和 (11.66) 不是独立的，因为两者的积分形式都为

$$\frac{D_\mathrm{p}}{\tau_\mathrm{rp}}\ln(1-\alpha) = C_1 - \frac{q}{m}V_\mathrm{E} - gr\sin\beta\cos\theta\left(1 - \frac{\rho}{\rho_\mathrm{p}}\right) \tag{11.67}$$

式中的积分常数 $C_1(\theta) = C_1(r) = C_1$ 由颗粒浓度边界条件确定 (见例 11.4 和习题 11.5)。为获得气体相和颗粒相的速度分布，需要进一步考察每个相的动量方程。一个充分发展的流动需要下列条件

$$\frac{\partial}{\partial t} = 0, \quad \frac{\partial}{\partial z} = 0, \quad V = V_\mathrm{p} = W = W_\mathrm{p} = 0 \tag{11.68}$$

11.6 充分发展的稀相管道流

因此，只需要考察动量方程的轴向分量。式 (11.59) 显示静电力在轴向上对动量传递没有任何作用。对气相的高雷诺数和高弗劳德 (Froude) 数，重力作用对其速度分布无影响。弗鲁德数的定义为

$$\mathrm{Fr} = \frac{U_0}{\sqrt{2gR_\mathrm{d}}} \tag{11.69}$$

式中，R_d 是管道半径，U_0 是沿管道中心线气体的速度。假设该气体流速只是径向坐标的函数，则在轴向上气体的动量方程为

$$-\frac{\mathrm{d}p}{\mathrm{d}z} - \alpha\rho g\cos\beta + \frac{1}{r}\frac{\mathrm{d}}{\mathrm{d}r}\left(r\mu_\mathrm{e}\frac{\mathrm{d}U}{\mathrm{d}r}\right) - \frac{(1-\alpha)\rho_\mathrm{p}}{\tau_\mathrm{rp}}(U - U_\mathrm{p}) = 0 \tag{11.70}$$

其中，μ_e 是湍流的有效黏度。

轴向上的颗粒相动量方程由下式给出

$$-(1-\alpha)\rho_\mathrm{p}\left(1-\frac{\rho}{\rho_\mathrm{p}}\right)g\cos\beta + \frac{1}{r}\frac{\partial}{\partial r}(r\tau_\mathrm{pzr}) + \frac{1}{r}\frac{\partial \tau_\mathrm{pz\theta}}{\partial \theta} + \frac{(1-\alpha)\rho_\mathrm{p}}{\tau_\mathrm{rp}}(U - U_\mathrm{p}) = 0 \tag{11.71}$$

其中，τ_p 是颗粒的剪应力。由于在稀相悬浮混合体系中颗粒相的动量传递主要是通过气相的颗粒扩散引起，颗粒相的黏度可由下式给出

$$\mu_\mathrm{p} \approx A(1-\alpha)\rho_\mathrm{p}D_\mathrm{p} \tag{11.72}$$

其中，A 是一个常数，其值约为 1。因此，我们有

$$\tau_\mathrm{pzr} = (1-\alpha)\rho_\mathrm{p}D_\mathrm{p}\frac{\partial U_\mathrm{p}}{\partial r}, \quad \tau_\mathrm{pz\theta} = (1-\alpha)\rho_\mathrm{p}D_\mathrm{p}\frac{\partial U_\mathrm{p}}{r\partial \theta} \tag{11.73}$$

因此，式 (11.71) 成为

$$-(1-\alpha)\left(1-\frac{\rho}{\rho_\mathrm{p}}\right)g\cos\beta + \frac{1}{r}\frac{\partial}{\partial r}\left(r(1-\alpha)D_\mathrm{p}\frac{\partial U_\mathrm{p}}{\partial r}\right)$$
$$+ \frac{1}{r^2}\frac{\partial}{\partial \theta}\left((1-\alpha)D_\mathrm{p}\frac{\partial U_\mathrm{p}}{\partial \theta}\right) + \frac{(1-\alpha)}{\tau_\mathrm{rp}}(U - U_\mathrm{p}) = 0 \tag{11.74}$$

现在我们有四个独立的方程，式 (11.67)、式 (11.59)、式 (11.70) 和式 (11.74)，用于四个独立的变量：体积分数 α、电位 V_E、气速 U 和颗粒速度 U_p。可以进一步假设，颗粒的存在不影响气速 U 和气体剪应力 τ，我们就可以直接使用单相管流的速度分布。对于一个充分发展的湍流单相管道流，对于 $r < R_\mathrm{d} - \delta$ 时，可得到

$$\frac{U}{U_0} = \left(1 - \frac{r}{R_\mathrm{d}}\right)^{1/7} \tag{11.75}$$

其中，δ 是层流底层的厚度，并由下式给出

$$\frac{\delta}{R_\mathrm{d}} = \frac{60}{\mathrm{Re}^{7/8}} \tag{11.76}$$

其中，Re 的定义式为

$$\text{Re} = \frac{U_0 R_d \rho}{\mu} \tag{11.77}$$

在层流底层，即 $R_d - \delta < r < R_d$，我们有

$$\frac{U}{U_0} = 0.0225 \left(1 - \frac{r}{R_d}\right) \text{Re}^{3/4} \tag{11.78}$$

其边界条件分别由下式给出

(1) 在壁面上的电动势

$$V_{\text{Ew}} = V_{\text{Ew}}(\theta) \tag{11.79}$$

对导电性管道，$V_{\text{Ew}}(\theta)$ 为常数。

(2) 颗粒沿壁面的滑移速度

$$U_{\text{pw}} = -L_p \left.\frac{\mathrm{d}U_p}{\mathrm{d}r}\right|_{r = R_d - \frac{d_p}{2}} \tag{11.80}$$

这里的 L_p 是颗粒在壁面的滑移速度的长度。

(3) 气体和颗粒的总流量由式 (11.81) 和式 (11.82) 给出

$$\int_0^{2\pi} \int_0^R \alpha \rho U r \mathrm{d}r \mathrm{d}\theta = J \tag{11.81}$$

$$\int_0^{2\pi} \int_0^R (1 - \alpha) \rho_p U_p r \mathrm{d}r \mathrm{d}\theta = J_p \tag{11.82}$$

其中，J 和 J_p 分别是气体相和颗粒相的总质量流量。

例 11.4 有一在水平管道中的稀相气固两相流，其管道是由导电材料制成。管道有良好的接地，其流动是充分发展的。

(1) 证明颗粒的浓度呈指数分布，并且仅仅是垂直距离的函数；(2) 请导出管道横截面上部与底部颗粒体积分数的比与气体和固体颗粒的密度比、颗粒扩散系数，以及管道的直径关系。

解 对于水平管道，$\beta = 90°$。由于管道的良好接地，所以电势 V_E 是零。因此，根据式 (11.67) 颗粒的体积分数分布可表示为

$$\alpha_p = \alpha_{p0} \exp\left[-\frac{yg\tau_{rp}}{D_p}\left(1 - \frac{\rho}{\rho_p}\right)\right] \tag{E11.12}$$

其中，$y\ (= r\cos\theta)$ 为纵坐标，α_{p0} 表示在管道的中心线处颗粒的体积分数。注意到式 (11.67) 中的积分常数 C_1，此时可用与 α_{p0} 的关系表示

$$C_1 = \frac{D_p}{\tau_{rp}} \ln \alpha_{p0} \tag{E11.13}$$

由式 (E11.12) 可知，颗粒浓度呈指数分布，而且其变化仅与该垂直距离有关。题 (1) 得证。

(2) 由式 (11.67)，我们还可得到

$$\frac{(\alpha_p)_{\theta=\pi}}{(\alpha_p)_{\theta=0}} = \exp\left[\frac{2R_d g}{D_p}\tau_{rp}\left(1-\frac{\rho}{\rho_p}\right)\right] \tag{E11.14}$$

上式说明：管道横截面上部与底部颗粒体积分数的比是气体和固体颗粒的密度比 ρ/ρ_p、颗粒扩散系数 D_p，以及管道直径 $2R_d$ 的函数。

11.6.2 无量纲参数关系

为进行一般性分析，各方程和边界条件都用无量纲形式表示。在气固两相流中常用的无量纲量为

$$r^* = \frac{r}{R_d}, \quad \alpha_p^* = \frac{1-\alpha}{1-\alpha_0}, \quad V_E^* = \frac{qV_E\tau_{rp}}{mD_p}$$
$$U^* = \frac{U}{U_0}, \quad U_p^* = \frac{U_p}{U_0} \tag{11.83}$$

其中，下标 "0" 表示 $r=0$。另外，雷诺数和弗劳德数的定义分别由式 (11.77)、式 (11.69) 给出，相关联的三个无量纲数如下：

(1) 静电扩散数 N_{ED}

$$N_{ED} = \frac{q}{m}\frac{R_d^2}{D_p}\sqrt{\frac{(1-\alpha_0)\rho_p}{\varepsilon_0}} \tag{11.84}$$

该无量纲数反映的是静电斥力位移与扩散位移的比率。

(2) 扩散响应数 N_{DF}

$$N_{DF} = \frac{D_p\tau_{rp}}{R_d^2} \tag{11.85}$$

上式反映的是弛豫时间与扩散时间 (R_d/D_p) 之比。

(3) 动量传递数

$$N_m = \frac{U_0\tau_{rp}}{R_d} \tag{11.86}$$

上式反映的是弛豫时间与传递时间 (R_d/U_0) 之比。

使用上述所定义的无量纲方程，则式 (11.59)、式 (11.67) 和式 (11.74) 写成无量纲形式如下：

$$\frac{1}{r^*}\frac{\partial}{\partial r^*}\left(r^*\frac{\partial V_E^*}{\partial r^*}\right) + \frac{1}{r^{*2}}\frac{\partial^2 V_E^*}{\partial \theta^2} = -N_{ED}^2 N_{DF}\alpha_p^* \tag{11.87}$$

$$\ln\alpha_p^* = -V_E^* - \frac{1}{2}\eta r^*\cos\theta \tag{11.88}$$

$$-\frac{\gamma}{2}\alpha_{\mathrm{p}}^{*} + \frac{1}{r^{*}}\frac{\partial}{\partial r^{*}}\left(r^{*}\alpha_{\mathrm{p}}^{*}\frac{\partial U_{\mathrm{p}}^{*}}{\partial r^{*}}\right) + \frac{1}{r^{*2}}\frac{\partial}{\partial \theta}\left(\alpha_{\mathrm{p}}^{*}\frac{\partial U_{\mathrm{p}}^{*}}{\partial \theta}\right) + \frac{\alpha_{\mathrm{p}}^{*}}{\mathrm{N}_{\mathrm{DF}}}(U^{*} - U_{\mathrm{p}}^{*}) = 0 \quad (11.89)$$

其中，γ 和 η 是分别由下式定义的参数

$$\gamma = \frac{\mathrm{N}_{\mathrm{m}}\cos\beta}{\mathrm{N}_{\mathrm{DF}}\mathrm{Fr}^{2}}\left(1 - \frac{\rho}{\rho_{\mathrm{p}}}\right) \quad (11.90)$$

$$\eta = \frac{\mathrm{N}_{\mathrm{m}}^{2}\sin\beta}{\mathrm{N}_{\mathrm{DF}}\mathrm{Fr}^{2}}\left(1 - \frac{\rho}{\rho_{\mathrm{p}}}\right) \quad (11.91)$$

则边界条件可变为:

(1) 在壁面上的电动势

$$V_{\mathrm{Ew}}^{*} = V_{\mathrm{Ew}}^{*}(\theta) \quad (11.92)$$

(2) 颗粒沿壁面的滑移速度

$$U_{\mathrm{pw}}^{*} = -\mathrm{Kn}_{\mathrm{p}}\left.\frac{\mathrm{d}U_{\mathrm{p}}^{*}}{\mathrm{d}r^{*}}\right|_{r^{*}=1} \quad (11.93)$$

其中，Kn_{p} 是颗粒与流体的相互作用的克努森 (Knudsen) 数，其定义为

$$\mathrm{Kn}_{\mathrm{p}} = \frac{L_{\mathrm{p}}}{R_{\mathrm{d}}} \quad (11.94)$$

(3) 颗粒总流量

$$J^{*} = \frac{J_{\mathrm{p}}}{\pi R_{\mathrm{d}}^{2}(1-\alpha_{0})\rho_{\mathrm{p}}U_{0}} = \frac{1}{\pi}\int_{0}^{2\pi}\int_{0}^{1}\alpha_{\mathrm{p}}^{*}U_{\mathrm{p}}^{*}r^{*}\,\mathrm{d}r^{*}\,\mathrm{d}\theta \quad (11.95)$$

对于可忽略电荷影响 ($\mathrm{N}_{\mathrm{ED}}=0$) 的垂直管流 ($\eta=0$)，颗粒速度分布随 N_{DF}、Kn_{p}、和 γ 值的变化示于图 11.12。图 11.12(a) 显示 N_{DF} 值较小时，颗粒的速度分布接近气体速度分布。Kn_{p} 较大时，在壁面上会产生较大的颗粒滑移速度，结果使速度分布较平坦，如图 11.12(a) 和 (b) 所示。在图 11.12(c) 中，注意到一个有趣的现象，随着 γ 值的增加，颗粒流动方向可能从顺气流方向变化到逆流方向，因此颗粒对气体的净无量纲质量流量比可能成为零 (流化床) 或为负 (逆流)。对于一个大的、引起负值的 γ，颗粒相的速度更高于气相是由于重力作用 (向下流动) 的结果。

颗粒静电荷的影响见图 11.13，其显示的是在忽略重力影响的垂直管道流 ($\eta=0$) 中不同的 N_{ED}、N_{DF} 和 Kn_{p} 对颗粒速度和浓度分布的影响。静电荷对颗粒速度大小及分布的影响远不如对颗粒浓度的影响那么显著。扩散响数 N_{DF} 越小，轴向上颗粒的速度滞后就越小。因而，克努森数 Kn_{p} 再次被视为一个说明边界处速度滑移的关键参数。

11.6 充分发展的稀相管道流

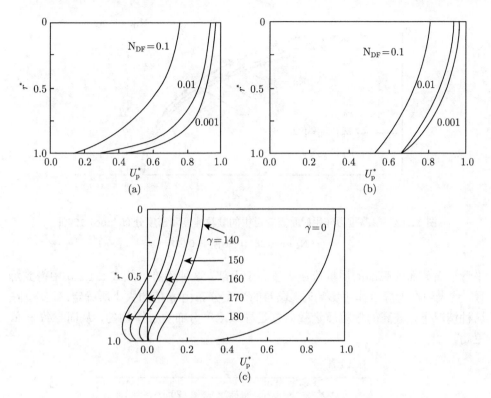

图 11.12 忽略电荷影响的垂直管道中颗粒的速度分布

(a) $Kn_p=0.1$，$\gamma=1.0$ 时，N_{DF} 对颗粒速度分布的影响；(b) $Kn_p=1.0$，$\gamma=1.0$ 时，N_{DF} 对颗粒速度分布的影响；(c) $Kn_p=0.1$，$N_{DF}=0.01$ 时，γ 对颗粒速度分布的影响

图 11.14 示出的是在 $N_{DF}=0.01$、$Kn_p=0.1$ 时，在水平管道流中 ($\gamma=0$)，不同的 η 值对颗粒的质量流量分布的影响，同时图中也与学者文 [Wen, 1996] 的实验数据进行了对比。由图可见，η 值越高，质量流分布的变化会更明显，即水

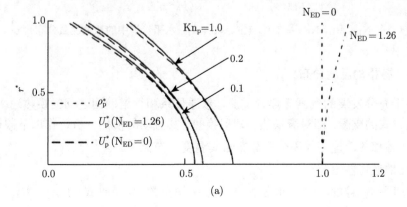

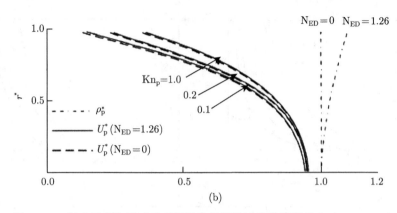

图 11.13 忽略重力作用时垂直管道中的颗粒速度和密度分布 [Soo, 1990]

(a) $N_{DF}=0.25$; (b) $N_{DF}=0.025$

平管道横截面的底部的质量流量明显高于上部。这种趋势可从式 (11.88) 中得到解释，这表明在无静电作用影响时，颗粒的浓度分布由 η 值的大小所确定。此外，在这种情况下，较高的颗粒质量载荷总是导致浓度分布更加不均匀，从而导致 η 值更高。

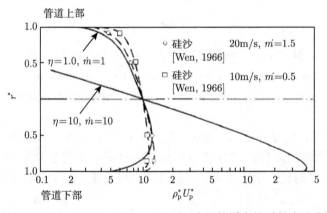

图 11.14 在 $N_{ED}=0$, $N_{DF}=0.01$, $Kn_p=0.1$ 时，水平管道中的质量流量分布 [Soo, 1990]

11.6.3 各相的温度分布

对于充分发展的气固悬浮管道流，悬浮体系和管道壁面之间的换热速率受两种换热方式的支配，即对流换热和辐射换热，其流动的换热分析可作以下假设：

(1) 各相的流速和体积分数分布与其温度分布无关。

(2) 输送特性恒定。

(3) 固体颗粒的导热率非常高 (Bi ≪ 1; 毕奥数 Bi 可见式 (4.5))，所以固体颗

11.6 充分发展的稀相管道流

粒的温度分布均匀。

(4) 固体颗粒与管壁碰撞的影响可忽略不计。

(5) 颗粒和管壁都是理想的灰体，气体对热辐射是透射的。

(6) 忽略重力作用，因此流动是轴对称的。

则固体颗粒的能量方程可表示为

$$mc\frac{dT_p}{dt} = h_p S_p(T-T_p) + \sigma_b \varepsilon_R(T_w^4 - T_p^4) \tag{11.96}$$

式中，c 为固体颗粒的比热；h_p 是颗粒对流换热系数；S_p 为固体颗粒的比表面积；σ_b 是斯特藩–玻尔兹曼 (Stefan-Boltzmann) 常数；ε_R 是颗粒辐射率。对稳定的稀相悬浮流动，由式 (11.96) 导出

$$mcU_p\frac{\partial T_p}{\partial z} + h_p S_p(T_p - T) + \sigma_b \varepsilon_R(T_p^4 - T_w^4) = 0 \tag{11.97}$$

该式描述的是颗粒相能量方程。

气相能量方程可由下式表示

$$\alpha \rho c_p U \frac{\partial T}{\partial z} = \frac{\alpha}{r}\frac{\partial}{\partial r}\left(rK_e \frac{\partial T}{\partial r}\right) + nh_p S_p(T_p - T) \tag{11.98}$$

式中，K_e 是气体的有效热导率，它包括涡流热扩散的影响；n 是颗粒个数密度。对于给定的气体和固体的速度和体积分数分布，式 (11.97) 和式 (11.98) 可以用以下边界条件得到数值解

$$\left(\frac{\partial T}{\partial r}\right)_{r=0} = 0, \quad \left(\frac{\partial T_p}{\partial r}\right)_{r=0} = 0; \quad T|_{r=R} = T_w, \quad T_p|_{r=R} = T_w \\ T|_{z=0} = T_0, \quad T_p|_{z=0} = T_0; \quad T|_{z\to\infty} = T_w, \quad T_p|_{z\to\infty} = T_w \tag{11.99}$$

由于式 (11.97) 中的辐射项是高度非线性的，因此要获得这个问题的解析解是困难的。然而，在某些情况下，该辐射项可作出简化。例如，当颗粒温度和管道壁面之间的温度差很小时（即 $|T_p - T_w| \ll T_w$），式 (11.97) 中辐射项可以线性化为

$$T_p^4 - T_w^4 = (T_w - T_p)(T_w + T_p)(T_p^2 + T_w^2) \approx 4T_w^3(T_w - T_p) \tag{11.100}$$

定义无量纲温度为

$$T^* = \frac{(T-T_w)}{(T_0-T_w)}, \quad T_p^* = \frac{(T_p-T_w)}{(T_0-T_w)} \tag{11.101}$$

则式 (11.97) 和式 (11.98) 可以表示为无量纲的形式为

$$U_p^*\frac{\partial T_p^*}{\partial z^*} + \beta_1(T_p^* - T^*) + \beta_2 T_p^* = 0 \tag{11.102}$$

式中

$$z^* = \frac{z}{R}, \quad \beta_1 = \frac{Rh_p S_p}{U_0 mc}, \quad \beta_2 = \frac{4RT_w^3 \sigma_b \varepsilon_R}{U_0 mc} \tag{11.103}$$

$$U^* \frac{\partial T^*}{\partial z^*} = \frac{1}{r^*}\frac{\partial}{\partial r^*}\left(r^* K^* \frac{\partial T^*}{\partial r^*}\right) + \frac{(1-\alpha)}{\alpha}\beta_3(T_p^* - T^*) \tag{11.104}$$

式中

$$K^* = \frac{1}{\mathrm{Re}\,\mathrm{Pr}}\frac{K_e}{K}, \quad \beta_3 = \frac{\rho_p c}{\rho c_p}\beta_1 \tag{11.105}$$

式中，K^* 是 r^* 的函数，Pr 是气体普朗特 (Prandtl) 数，Re 是式 (11.7) 定义的雷诺数。无量纲形式表达式的边界条件为

$$\left(\frac{\partial T^*}{\partial r^*}\right)_{r^*=0} = 0, \quad \left(\frac{\partial T_p^*}{\partial r^*}\right)_{r^*=0} = 0; \quad T^*|_{r^*=1} = 0 \quad T_p^*|_{r^*=1} = 0 \\ T^*|_{z^*=0} = 1, \quad T_p^*|_{z^*=0} = 1; \quad T^*|_{z^*\to\infty} = 0, \quad T_p^*|_{z^*\to\infty} = 0 \tag{11.106}$$

应该注意的是，现在系统的热传递是由两个耦合的线性方程式 (11.102) 和式 (11.104) 所控制。式 (11.106) 中的最后一个边界条件为求解式 (11.102) 和 (11.104) 提供了前提条件，即分离变量。因此，可得到式 (11.107) 和式 (11.108)

$$T^* = \sum_{n=0}^{\infty} C_n R_n \exp(-\lambda_n^2 z^*) \tag{11.107}$$

$$T_p^* = \sum_{n=0}^{\infty} C_n R_{pn} \exp(-\lambda_n^2 z^*) \tag{11.108}$$

其中，$R_n(r^*)$ 和 $R_{pn}(r^*)$ 满足式 (11.109) 和式 (11.110)

$$R_n = \left(1 + \frac{\beta_2}{\beta_1} - \frac{\lambda_n^2 U_p^*}{\beta_1}\right) R_{pn} \tag{11.109}$$

$$\frac{1}{r^*}\frac{\mathrm{d}}{\mathrm{d}r^*}\left(r^* K^* \frac{\mathrm{d}R_n}{\mathrm{d}r^*}\right) + \frac{(1-\alpha)}{\alpha}\beta_3(R_{pn} - R_n) + \lambda_n^2 U^* R_n = 0 \tag{11.110}$$

其边界条件为

$$\left(\frac{\mathrm{d}R_n}{\mathrm{d}r^*}\right)_{r^*=0} = 0, \quad \left(\frac{\mathrm{d}R_{pn}}{\mathrm{d}r^*}\right)_{r^*=0} = 0; \quad R_n|_{r^*=1} = 0, \quad R_{pn}|_{r^*=1} = 0 \tag{11.111}$$

将式 (11.109) 代入式 (11.110) 得到

$$\frac{1}{r^*}\frac{\mathrm{d}}{\mathrm{d}r^*}\left(r^* K^* \frac{\mathrm{d}R_n}{\mathrm{d}r^*}\right) + \frac{(1-\alpha)}{\alpha}\beta_3\left[\left(1+\frac{\beta_2}{\beta_1}-\frac{\lambda_n^2 U_p^*}{\beta_1}\right)^{-1} - 1 + \frac{\lambda_n^2 U^* \alpha}{(1-\alpha)\beta_3}\right]R_n = 0 \tag{11.112}$$

式 (11.112) 使用的边界条件为

$$\left(\frac{dR_{pn}}{dr^*}\right)_{r^*=0} = 0, \quad R_n|_{r^*=1} = 0 \tag{11.113}$$

式中，所有 β 都是常数，α、K^*、U^* 和 U_p^* 都是 r^* 的函数 (或从连续性方程和动量方程求解得到的独立关系式)。

具有式 (11.113) 这样边界条件的式 (11.112) 的定解问题就是著名的施图姆–刘维尔 (Sturm-Liouville) 边值问题，如 [Derrick and Grossman, 1987]。如果

$$\frac{\lambda_n^2 U_p^*}{\beta_1+\beta_2} < 1 \tag{11.114}$$

因为对操作系统而言，U_p^*、β_1 和 β_2 都是唯一的无量纲参数，以上不等式的正确性在很大程度上依赖于 λ_n^2 的值。正如式 (11.107) 所示的那样，从最小的连续特征值开始，仅需前几个即可。按此思路，则将式 (11.114) 前几个特征值保留，可得到

$$\left(1+\frac{\beta_2}{\beta_1}-\frac{\lambda_n^2 U_p^*}{\beta_1}\right)^{-1} = \frac{\beta_1}{\beta_1+\beta_2}\left(1-\frac{\lambda_n^2 U_p^*}{\beta_1+\beta_2}\right)^{-1} \approx \frac{\beta_1}{\beta_1+\beta_2}\left(1+\frac{\lambda_n^2 U_p^*}{\beta_1+\beta_2}\right) \tag{11.115}$$

从而使式 (11.110) 中具有了施图姆–刘维尔问题的形式

$$\frac{d}{dr^*}\left(\zeta(r^*)\frac{dR_n}{dr^*}\right) + [\eta(r^*) + \lambda_n^2 \xi(r^*)]R_n = 0 \tag{11.116}$$

式中

$$\zeta(r^*) = r^* K^*, \quad \eta(r^*) = -\frac{1-\alpha}{\alpha}\frac{\beta_3\beta_2}{\beta_1+\beta_2}r^*$$
$$\xi(r^*) = \frac{1-\alpha}{\alpha}\frac{\beta_3\beta_1}{(\beta_1+\beta_2)^2}r^* U_p^* + r^* U^* \tag{11.117}$$

式 (11.116) 可运用式 (11.113) 所给出的边界条件。

原则上，本征函数 R_n 和其特征值 λ_n 可以由式 (11.116) 和式 (11.113) 的数值求解而得到。用式 (11.106) 中各边界条件确定其系数，施图姆–刘维尔定理的正交性可为

$$C_n = \frac{\int_0^1 \xi R_n dr^*}{\int_0^1 \xi R_n^2 dr^*} \tag{11.118}$$

此外，壁面处气相的热流量由下式给出

$$J_{qw} = K\frac{T_0-T_w}{R}\left(\frac{\partial T^*}{\partial r^*}\right)_{r^*=1} = K\frac{T_0-T_w}{R}\sum_{n=0}^{\infty}C_n\left(\frac{dR_n}{dr^*}\right)_{r^*=1}\exp(-\lambda_n^2 z^*)$$
$$\tag{11.119}$$

以上分析的依据是湍流管道中气固悬浮系统的梯恩 (Tien) 传热模型 [Tien, 1962]。但是，固体颗粒分布的不均匀性、气固流动中的滑移，以及热辐射的影响等，梯恩传热模型的研究都未予以考虑。

符 号 表

A	截面积	K	气体导热系数
A	式 (11.12) 定义的常数	K_e	气体有效导热系数
A	式 (11.48) 定义的常数	Kn_p	式 (11.94) 定义的颗粒–流体间的克努森数
A	式 (11.72) 定义的常数		
B	式 (11.46) 定义的系数	L	管道长度
Bi	毕奥 (Biot) 数	L_a	加速段长度
C_D	曳力系数	L_B	当量直管长度
C_w	周长	L_p	在管壁处滑移速度的长度比率
c	颗粒的比热	l_m	湍流最大长度
c_p	气体的定压比热	m	颗粒的质量
D	气体扩散系数	$\dot{m}$	颗粒对气体的质量流量比
D_d	管道直径	N	正触碰力
D_p	颗粒扩散系数	N_{DF}	式 (11.85) 定义的扩散响应数
d_p	颗粒直径	N_{ED}	式 (11.84) 定义的静电扩散数
$\boldsymbol{E}$	电场强度向量	N_m	式 (11.86) 定义的动量传递数
Fr	式 (11.69) 定义的弗劳德 (Froude) 数	n	颗粒数密度
F_D	阻力	Pr	普朗特 (Prandtl) 数
F_f	摩擦力	p	压力
F_1	升力	q	颗粒所带的静电荷数
$\boldsymbol{F}_A$	气体和颗粒之间的界面作用力向量	R_B	管道曲率半径
$\boldsymbol{F}_E$	静电力向量	R_d	管道半径
$\boldsymbol{F}_G$	介质中的剩余重力向量	Re	雷诺数
f	摩擦系数	r	圆柱面坐标
f_B	弯管处的摩擦系数	S_p	颗粒表面积
f_p	颗粒与壁面间的摩擦系数	T	气体温度
g	重力加速度	T_0	入口处温度
h_p	对流热传递系数	T_p	颗粒温度
J	气体质量流量	T_w	壁面温度
J_p	颗粒质量流量	U	气体速度分量
J_p^*	颗粒总流量	U	平均气流速度
$\boldsymbol{J}_m$	气体动量流量	U_0	管道中心的气体速度
$\boldsymbol{J}_{mp}$	颗粒动量流量	U_1	边界层边缘的气体速度

U_f	混合密度中的摩擦速度	Δp_a	加速段的压降
U_{f0}	最低输送或固体颗粒分量为 0 时的摩擦速度	Δp_{Bg}	弯管处的压降
		Δp_L	当量直管的压降
U_m	气体的平均轴向速度	δ	边界层厚度
U_p	颗粒速度分量	ε_0	真空中的介电常数
U_{pi}	入口处的颗粒速度	ε_R	颗粒辐射率
U_{pt}	颗粒的终端沉降速度	η	式 (11.91) 定义的参数
$U_{p\infty}$	充分发展流中的颗粒速度	θ	圆柱面坐标
U^*	无量纲气体速度分量	θ	图 11.8 定义的倾斜角
U_p^*	无量纲颗粒速度分量	θ	图 11.9 定义的横截面内相对于对称线向外方向的角
$\boldsymbol{U}$	气体速度向量		
$\boldsymbol{U}_p$	颗粒速度向量	μ	气体的动力黏度
u'	气体速度波动量	μ_e	单相流的有效湍流黏度
u'_p	颗粒速度波动量	μ_{gp}	存在颗粒时气相的湍流黏度
u'_{pw}	壁面处颗粒速度波动量	μ_p	颗粒的黏度
V	气体速度分量	ν	气体的运动黏度
V_E	壁面处的电势	ξ	到壁面的垂直距离
V_p	颗粒速度分量	ρ	气体的密度
V_t	壁面处切向速度	ρ_p	颗粒的密度
W	气体速度分量	σ_b	斯特藩-玻尔兹曼 (Stefan-Boltzmann) 常数
W_p	颗粒速度分量		
x	轴向坐标	$\boldsymbol{\tau}_e$	单位体积的有效剪应力向量
x	笛卡儿坐标	τ_f	气体湍流波动的特征时间
y	笛卡儿坐标	τ_p	颗粒的剪应力
		τ_{gp}	颗粒存在时气体的壁面剪应力
希腊字母		τ_{rp}	颗粒弛豫时间
α	气体的体积分数	τ_S	斯托克斯 (Stokes) 弛豫时间
α_p	颗粒的体积分数	τ_w	壁面剪应力
α_{pw}	壁面处颗粒的体积分数	τ_{wp}	颗粒与壁面触碰引起的剪应力
β	管道的倾斜角	τ_θ	沿 θ 方向的剪应力
γ	式 (11.90) 定义的参数	τ_ϕ	沿 ϕ 方向的剪应力
Δp	压降	ϕ	图 11.9 定义的弯管轴向平面内测量的角
Δp_o	纯气流中压降		

参 考 文 献

Blatch, N. S. (1906). Discussion: Water Filtration at Washington, D. C. *Trans. Am. Soc. Civil Eng.*, 57, 400.

Boyce, M. P. and Blick, E. F. (1969). Fluid Flow Phenomena in Dusty Air. ASME Paper No. 69-WA/FE-24.

Chen, T. Y, Walawender, W P. and Fan, L. T. (1979). Solids Transfer Between Fluidized Beds: A Review. *J. Powder Bulk Solids Tech.*, 3, 3.

Chien, N. and Asce, A. M. (1956). The Present Status of Research on Sediment Transport. *Trans. Am. Soc. Civil Eng.*, 121, 833.

Crowe, C. T. (1982). Review: Numerical Models for Dilute Gas-Particle Flows. *Trans. ASME, J. Fluids Eng.*, 104, 297.

Derrick, W. R. and Grossman, S. I. (1987). *Introduction to Differential Equations with Boundary-Value Problems*, 3rd ed. St. Paul, Minn.: West Publishing.

Haag, A. (1967). Velocity Losses in Pneumatic Conveyer Pipe Bends. *British Chemical Engineering*, 12, 65.

Halow, J. S. (1973). Incipient Rolling, Sliding, and Suspension of Particles in Horizontal and Inclined Turbulent Flow. *Chem. Eng. Sci.*, 28, 1.

Haltsrom, E. A. N. (1953). *Design of Experimental Apparatus for the Study of Two-Phase Flow in Circular Straight Pipe*. M.S. Thesis. Princeton University.

Ito, H. (1959). Friction Factors for Turbulent Flow in Curved Pipes. *Trans. ASME, J. Basic Eng.*, 81D, 123.

Ito, H. (1960). Pressure Loses in Smooth Pipe Bends. *Trans. ASME, J. Basic Eng.*, 82D, 131.

Kane, R. S. (1989). Drag Reduction by Particle Addition. *Viscous Drag Reduction in Boundary Layers.* Vol. 123. *Progress in Astronautics and Aeronautics.* Ed. Bushnell and Hefner. Washington, D. C: AIAA.

Kane, R. S. and Pfeffer, R. (1973). Characteristics of Dilute Gas-Solids Suspensions in Drag Reduction Flow. *NASA CR-2267*, 1973.

Klinzing, G. E. (1981). *Gas-Solid Transport.* New York: McGraw-Hill.

Konno, H. and Saito, S. (1969). Pneumatic Conveying of Solids Through Straight Pipes. *J. Chem. Eng. Japan*, 2, 211.

Konrad, K. (1986). Dense-Phase Pneumatic Conveying: A Review. *Powder Tech.*, 49, 1.

Konrad, K., Harrison, D., Nedderman, R. M. and Davidson, J. F. (1980). Prediction of the Pressure Drop for Horizontal Dense-Phase Pneumatic Conveying of Particles. *Pneumotransport*, 5, 225.

Kunii, D. and Levenspiel, O. (1969). *Fluidization Engineering.* New York: Wiley.

Leung, L. S. (1980). Vertical Pneumatic Conveying: A Flow Regime Diagram and a Review of Choking Versus Nonchoking Systems. *Powder Tech.*, 25, 185.

Leva, M. (1959). *Fluidization.* New York: McGraw-Hill.

Marcus, R. D., Leung, L. S., Klinzing, G. E. and Rizk, F. (1990). *Pneumatic Conveying of Solids.* New York: Chapman & Hall.

McCarthy, H. E. and Olson, J. H. (1968). Turbulent Flow of Gas-Solids Suspensions. *I & EC Fund.*, 7, 471.

Moody, L. F. (1944). Friction Factors for Pipe Flow. *ASME Trans.*, 66, 671.

Peters, L. K. and Klinzing, G. E. (1972). Friction in Turbulent Flow of Gas-Solid Systems. *Can. J. Chem. Eng.*, 50,441.

Rose, H. E. and Duckworth, R. A. (1969). Transport of Solid Particles in Liquids and Gases. *The Engineer*, 227, 392.

Roco, M. and Shook, C. (1984). Computational Method for Coal Slurry Pipelines with Heterogeneous Size Distribution. *Powder Tech.*, 39, 159.

Schlichting, H. (1979). *Boundary Layer Theory*, 7th ed. New York: McGraw-Hill.

Schuchart, P. (1968). Widerstandsgesetze Beim Pneumatischen Transport in Rohrkrummern. *Chem.-Ing.-Tech.*, 40, 1060

Shimizu, A., Echigo, R., Hasegawa, S. and Hishida, M. (1978). Experimental Study on the Pressure Drop and the Entry Length of the Gas-Solid Suspension Flow in a Circular Tube. *Int. J. Multiphase Flow*, 4, 53.

Soo, S. L. (1962). Boundary Layer Motion of a Gas-Solid Suspension. *Proceedings of Symposium on Interaction Between Fluids and Particles.* Institute of Chemical Engineers, London.

Soo, S. L. (1989). *Particulates and Continuum: Multiphase Fluid Dynamics.* New York: Hemisphere.

Soo, S. L. (1990). *Multiphase Fluid Dynamics.* Beijing: Science Press; Brookfield, Vt: Gower Technical.

Soo, S. L. and Mei, R. (1987). Dense Suspension and Fluidization. *Proceedings of Powder and Bulk Solids, 1987 Conference*, Rosemont, 111.

Soo, S. L., Trezek, G. L., Dimick, R. C. and Hohnstreiter, G. F. (1964). Concentration and Mass Flow Distributions in a Gas-Solid Suspension. *I & EC Fund.*, 3, 98.

Soo, S. L. and Tung, S. K. (1971). Pipe Flow of Suspensions in Turbulent Fluid: Electrostatic and Gravity Effects. *Appl Sci. Res.*, 24, 83.

Stoess, H. A. (1983). *Pneumatic Conveying*, 2nd ed. New York: John Wiley & Sons.

Taylor, G. I. (1954). The Dispersion of Matter in Turbulent Flow Through a Pipe. *Proc. R. Soc. London*, A223, 446.

Thomas, D. G. (1962). Transport Characteristics of Suspensions. Part IV. Minimum Transport Velocity for Large Particle Size Suspension in Round Horizontal Pipes. *AIChE J.*, 8, 373.

Tien, C. L. (1961). Heat Transfer by a Turbulently Flowing Fluid-Solids Mixture in a Pipe. *Trans.ASME, J. Heat Transfer*, 83C, 183.

Tien, C. L. and Quan, V. (1962). Local Heat Transfer Characteristics of Air-Glass and Air-Lead Mixtures in Turbulent Pipe Flow. ASME Paper No. 62-HT-15.

Wen, C. Y. (1966). In *Pneumatic Transportation of Solids.* Ed. Spencer, Joyce, and Farber.Washington, D. C.: Bureau of Mines Information Circular, U. S. Deptartment of Interior.

Williams, O. A. (1983). *Pneumatic and Hydraulic Conveying of Solids.* New York: Marcel Dekker.

Yang, W. C. (1987). Pneumatic Transport in a 10cm Pipe Horizontal Loop. *Powder Tech.*, 49, 207.

Zenz, R. A. (1964). Conveyability of Materials of Mixed Particle Size. *I & EC Fund.*, 3, 65.

习　题

11.1　在一气固两相水平管道输送中，被输送的颗粒是直径为 100μm，密度为 2500kg/m³ 的玻璃球。管道直径为 50mm，输送管道中的颗粒平均体积分数为 1%。气体的密度是 1.2 kg/m³，气体的运动黏度为 $1.5\times10^{-5}\mathrm{m^2/s}$。试计算该输送系统的最小输送速度和单位长度功率消耗。如果被输送的颗粒换作是直径为 10μm 玻璃球，计算结果会有什么样的变化。

11.2　通过弯管的单相流，其二次流脱离层的动量积分方程可以由式 (11.36)～式 (11.38) 来表式示 (Ito, 1959)。请以这些方程式和式 (11.45) 中的近似式为基础，(a) 证明式 (11.46) 成立；(b) 证明该脱离层的厚度可以由式 (11.47) 来估计。

11.3　气流通过 90° 的弯管时，其压降可以用式 (11.23) 或式 (11.50) 来估算。对于管道半径与弯管曲率半径之比 $R_\mathrm{d}/R_\mathrm{B}$ 分别为 0.1、0.05 和 0.01 的三个弯管，在雷诺数 Re 为 $4000\sim10^5$ 范围的流动，试用前述两个公式计算三个弯管的压降，并作出比较。

11.4　现用薄板金属管道作气力输送管道，输送物为颗粒物，其滑动摩擦系数 f_p 约为 0.36 [Haag, 1967]。为了确保输送能顺利通过 90° 的弯头，颗粒物在转弯时应该总是贴壁面滑过。请估计实现这样平稳输送所需要的最小颗粒速度。管道的直径为 0.1m，弯管曲率半径为 0.5m。

11.5　用导电材料制作的水平矩形管道作为稀相气固两相流的通道，该管道有良好的接地，流动为充分发展流。假定在垂直方向上颗粒体积分数的分布与圆形管道流动相同。试导出：(a) 管道横截面上颗粒的平均体积分数，并用管道中心线位置的颗粒体积分数表示；(b) 在管道横截面的垂直方向上找到某个位置，该位置的颗粒体积分数能代表管道横截面上平均颗粒的体积分数。

11.6　在一管道稀相气固两相流中，其固体颗粒明显地带有静电。假设 (a) 该流动是充分发展流；(b) 引力作用可忽略不计；(c) 该流动和静电场是轴对称的。试导出一个公式来描述颗粒在径向上的体积分数分布，确定其颗粒的体积分数为最大值和最小值时在径向上的位置。如果该静电电荷的影响可忽略不计，推导能描述颗粒的体积分数在径向上分布的表达式。

11.7　在垂直管道中已充分发展的稀相气固两相流，固体颗粒明显带有静电。颗粒所带电荷量沿径向上变化。假设 (a) 该流动中的静电场是轴对称的；(b) 径向电荷分布 $C(r)$ 的定义为 $q(r)\alpha_\mathrm{p}(r)$ 是已知的。试推导颗粒体积分数在径向上的分布表达式。

第12章　流化系统的传热传质现象

12.1　引　　言

在许多气固两相流动中会涉及传热和传质现象，而流化系统是最常见的操作之一。当一些物理或化学操作要在床层内进行时，气固两相流的传热和传质就显得尤为重要，譬如干燥、煤炭燃烧、聚合反应、化学合成等。流化床的特点是固体颗粒和流化气体之间高效的换热效率。气体对固体本来就有天然的依附性，加之气固两相之间的快速混合，这就促进了两相之间的有效传热。流化床上有很高的热容量，而且一般能维持温度的均匀。因此在床层上的温度能得到有效地控制。类似的，流化床的特点还表现在气体与颗粒之间的传质、床层与气体或颗粒之间的传质。

传热和传质特性可用传热系数和传质系数来表征，一般会给出经验公式或半经验公式。传递系数用流态来定义，一个流态是在特定的流动条件下流体系统形成一定的几何状态。因此在应用这些相关公式时，必须在相同的流态下描述传热传质系数，因相同的流态下所得到的关系式才具有可比性。一个精确的传热和传质特征只有在对传递过程的流体动力学和基本机理彻底理解的时候才能完成。

在气固两相流系统中，主要是气体与颗粒之间的传热、颗粒与颗粒之间的传热、悬浮体系与表面之间的传热，其传热方式是传导、对流和热辐射。气体介质中单颗粒的传热和传质基础已在上册第4章中做了介绍。本章主要涉及描述气固两相流中传热和传质的建模。在多颗粒系统，使用球形颗粒或近似球形颗粒的流化系统，由颗粒接触引起的传导换热通常可以忽略。因此，本章所涉及的传热和传质现象，主要是在悬浮体系和壁面之间、悬浮体系和被淹没的表面之间，以及气体和多颗粒系统的固体之间。本章将介绍颗粒之间对流和气体之间的对流传热和传质机理，另外也讨论由辐射而引起的换热现象。

12.2　悬浮体系与表面之间的传热

要解释悬浮系统与表面之间的传热机理必须精确地量化传热行为，确定在各类关系中所依赖的无量纲数组形式。下面讨论悬浮体系与表面间的传热模型和流域，并用三种机理模型解释其传热行为。

12.2.1 传热模型和流态

流化床和被淹没的表面之间的传热可通过三种方式进行，分别为颗粒对流换热、气体对流换热和辐射换热。

颗粒对流传热是床层上一些固体颗粒流动到相邻区域，即颗粒间的对流而形成的表面传热。固体颗粒通过热传导从床层底部表面(假设床层底部表面温度高于颗粒的表面温度)获得热量。由于被加热颗粒重新返回到床层上，所以热量又散失。运动的颗粒传递热量的多少反映出悬浮导热的程度。气体对流传热是由气体穿过床层空隙与表面接触而引起的换热。辐射传热是由高温表面辐射热量传递给流态化颗粒或者颗粒的表面。总传热系数 h，可以由单个颗粒对流传热系数 h_{pc}、气体对流传热系数 h_{gc} 和辐射传热系数 h_r 的总和进行估计，尽管它们精确的关系并不是简单加和，即

$$h \approx h_{pc} + h_{gc} + h_r \tag{12.1}$$

传热系数直接受流化床操作条件的影响。譬如鼓泡流态化和喷腾流态化条件的变化会产生不同的床体结构，因此有不同的传热系数。所以了解传热的控制机理是开发和简化模型或方程的重要前提。气固流化床中悬浮体系和表面之间热量传递模式的相对关系见图 12.1 [Flamant et al., 1992]。图 12.1 可看到流化床中换热机理的控制模式与颗粒尺寸和床层/表面的温度比有关。除了大颗粒在低温条件下传热方式是以气体对流传热为主外，几乎所有的操作条件都是以颗粒对流传热为主。

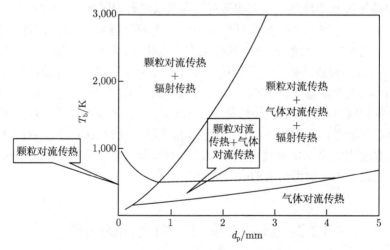

图 12.1　各种传热方式控制区简图 [Flamant et al., 1992]

在大部分密相气固流化床系统，循环颗粒(譬如鼓泡流化)主要是以颗粒对流传热为主。当颗粒刚接触传热表面时，温度梯度大，传热速率就快，随着时间的发

12.2 悬浮体系与表面之间的传热

展,温度梯度逐渐减小,传热速率逐渐减小。当大量颗粒和床层表面之间的固体颗粒不断变化时,传热速率就快。因此增加循环颗粒量会促进传热速率。

流化系统力学模型的开发本质上是量化系统的传热现象。最早开发的模型大部分是针对密相流化系统,但也适用于其他流化系统。图 12.2 是为建立密相流化系统的力学模型而提供的传热基本特征。图 12.2 中显示的是传热系数随气体速度的变化规律,可以看到在低气速时对应的是固定床,其传热系数较低,随着气体速度的增大,传热系数迅速地增大,到最大值后又开始减小。传热系数的增大或减小现象是由固体颗粒的对流传热和气体的对流传热之间相互影响造成的,这种相互影响将在 §12.2.2~§12.2.4 中介绍的力学模型中加以解释。

描述流化床中传热行为的模型已经开发了很多。这些模型粗略地分为下列三种类型:薄层模型、单颗粒模型和乳化相/团束模型。每个模型都有其应用的限制条件。据此,一个给定的模型可能比另一个模型更适合于某些流化条件。譬如,薄膜模型和单颗粒模型更适合于散式流化床 [Gel'Perin and Einstein, 1971] 而不适合于含气泡的流化床。式 (12.1) 中对传热系数贡献的各分量可分别用不同的模型估算。然而,在应用这些模型时最大的问题在于如何确定和相邻区域发生传热表面的流动特性的热学特征。

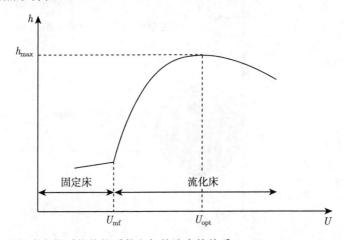

图 12.2 密相流态化系统传热系数和气体速度的关系 [Gel'Perin and Einstein, 1971]

12.2.2 薄层模型

在一个流化充分的气固流态化系统,床层上的颗粒群可近似地认为是等温的,因此,热阻可忽略不计。这个近似说明,热阻仅影响床层和加热表面间的传热速率,而这个影响的范围在被加热表面一个很窄的气体层内。流化床薄层模型假设热量的传递是通过很薄的气体层或者气体边界层向邻近的表面加热。颗粒的作用是磨

蚀薄层和减小阻力的影响，如图 12.3 所示。薄层模型的传热系数可表示为

$$h = \frac{K}{\delta} \tag{12.2}$$

式中，K 是气体导热系数，δ 是边界层厚度，它与流体速度和流体的物理性质以及固体颗粒对气体边界层磨蚀的程度有关。随着气体速度的增加，表面附近的颗粒运动更加剧烈，但局部颗粒浓度会减小。这个相互影响存在一个最大值，如图 12.2 h-U 曲线所示。

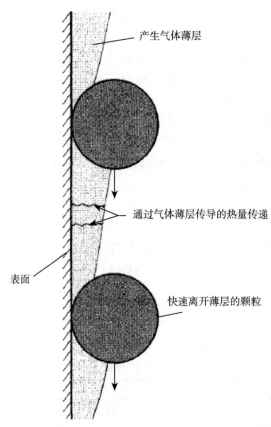

图 12.3　薄层模型示意图 [Levenspiel and Walton，1954]

该模型是基于纯限定薄层热阻的概念，包括传热过程的稳定、忽略实质上传热的不稳定性 (对许多气固悬浮系统的传热过程观察到实际上是不稳定的)。要充分考虑这些不稳定的传热行为和流化床中颗粒的对流，就要采用表面恢复模型。该模型考虑相邻表面传热中薄层的阻力，引入了颗粒-气体形成的乳化相，而不是再用纯气体相。该模型能够解释为什么气体速度一旦超过流化开始点后，传热系数就会增大这个问题。因此，该模型所提出的不同传热机理适用于对流化床中高传热系数

时的描述 [Botterill, 1975]。

薄层模型描述固体颗粒比热这样的热物理性质对传热的影响时会有欠准确，因此，这个模型就不能预测传热过程中颗粒对流传热的分量。更确切地说，表面恢复模型在对从加热面到床层的温度梯度的测量上比薄层模型更确切 [Baeyens and Goossens, 1973]。所以，基于通过气体边界层热传导的模型不能用于估计传热中颗粒对流分量对传热的贡献，§12.2.4 所给出的乳化相/团束模型可用于描述从加热面到床层的温度梯度。

12.2.3 单颗粒模型

单颗粒模型 [Zabrodsky, 1963] 假定通过热传导方式传热的运动颗粒在传热过程中起着重要作用。该模型认为热传导是通过加热表面的气体层导热，因此要考虑固体颗粒物料热物理性质的影响。在该模型中，不考虑气体对流传热，也不考虑床层对表面的热辐射。图 12.2 所示的高传热系数是由在加热运动颗粒中的高温度梯度引起的。在传热曲线上随气体速度而出现的最大传热系数是温度梯度的上升和固体颗粒浓度的降低同时影响的结果。

最简单的模型可以用一个孤立的颗粒在一定的时间内与环绕的气体或加热表面附近的气体接触为例，在这个过程中，颗粒和加热表面之间发生短暂的传导换热，如图 12.4 所示。则该模型的传导换热可用傅里叶 (Fourier) 方程表示。

对固体颗粒相

$$\rho_p c \frac{\partial T_p}{\partial t} = K_p \nabla^2 T_p \tag{12.3}$$

对气相

$$\rho c_p \frac{\partial T}{\partial t} = K \nabla^2 T \tag{12.4}$$

式 (12.3) 和式 (12.4) 的初始边界条件如下：

(1) 在对称平面

$$\frac{\partial T_p}{\partial n} = 0, \quad \frac{\partial T}{\partial n} = 0 \tag{12.5}$$

(2) 在加热表面

$$T_p = T_s, \quad T = T_s \tag{12.6}$$

在颗粒与表面无接触时，只有 $T = T_s$。

(3) 在气体与颗粒的界面

$$K_p \frac{\partial T_p}{\partial n'} = K \frac{\partial T}{\partial n'} \tag{12.7}$$

式中，$\frac{\partial T_p}{\partial n'}$ 和 $\frac{\partial T}{\partial n'}$ 是气体颗粒界面间的法向微分。

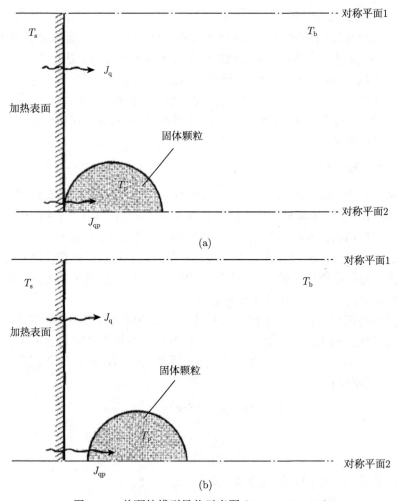

图 12.4 单颗粒模型导热示意图 [Botterill, 1975]
(a) 颗粒与表面的接触导热；(b) 颗粒与表面无接触导热

(4) 床层内部

$$T = T_b \tag{12.8}$$

(5) 在 $t=0$ 处 (初始条件)

$$T = T_p = T_b \tag{12.9}$$

图 12.5 所示的是用粒径为 $200\mu m$ 的玻璃球与环绕的静态气体接触 1.2ms 和 52.4ms 时传热的仿真结果 [Botterill and Williams, 1963]。玻璃球与气体的初始温差为 10℃。可以看到在接触的瞬间，热流开始绕过球体的上表面，而且在传热面和球体的接触点发生明显地传热。相对于气体，球体颗粒表面的温升相对缓慢，但随着

时间的增加，热容明显增大。该模型可以从单颗粒表面扩展到单层颗粒的表面。这就需要颗粒的详细位置和在加热表面附近的停留时间，这个条件要求可能就限制了模型在某些场合的应用。因此，该模型只适用于热量的传递不超过单颗粒层的情况。在床层中的穿透深度可通过加热表面的温度梯度来估算，由式 (4.26) 可得到

$$\delta_{em} \propto \sqrt{D_{tem} t_c} \tag{12.10}$$

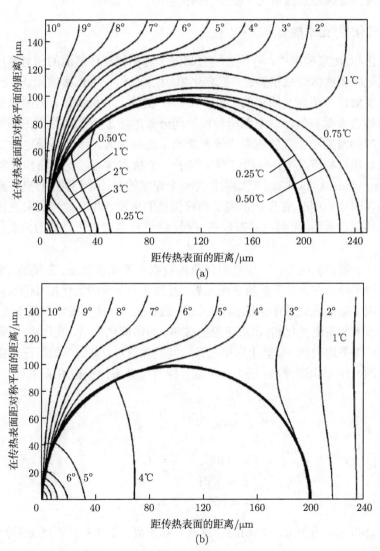

图 12.5 200μm 的玻璃球与环绕气体从初始温差为 10°C 接触一定时间后的等温换热线
(a) 接触时间 1.2ms；(b) 接触时间 52.4ms

式中，D_{tem} 是乳化相的热扩散系数，t_c 是颗粒在加热表面的平均接触（停留）时间。由式 (12.10) 可得到

$$\frac{\delta_{\text{em}}}{d_p} \propto \sqrt{\text{Fo}} \tag{12.11}$$

式中，Fo 是傅里叶 (Fourier) 数 ($\text{Fo}=D_{\text{tem}}t_c/D_p^2$)。根据这个分析可知，单颗粒模型只适用于低傅里叶数的情况，即适用于大颗粒且接触时间短的流化床传热。为了将该模型扩展到多颗粒层的情况，可应用热扩散方程 [Gabor, 1970]。

12.2.4 乳化相/团束模型

在乳化相/团束模型中，将传热阻力归因于乳化相与传热面的相对厚度。该模型采用流化床和液体介质相类比，把乳化相/团束看作一个连续的相。各种不同的乳化相模型取决于所定义团束的方法。在 h-U 曲线上的最大值，是团束更换频率的增加和传热表面被气泡或空隙所覆盖时间分数的增加所共同作用的结果。当颗粒的热学时间常数小于颗粒的取代速率所确定的时间时，这个不稳定的模型就达到了极限。在这种情况下，传热过程近似于一个稳定状态。麦克利和费尔班克斯 [Mickley and Fairbanks, 1955] 把团束作为一个连续的相，由于颗粒的热容量是常态下气体热容的 1000 倍，首先认识到了颗粒传热的重要作用。对一团束乳化相由气泡引导循环扫过壁面，可解出瞬态导热方程。麦克利和费尔班克斯的模型将在下边讨论。

现分析一团束乳化相在一定的时间段内被吹送到加热表面。在接触过程中，乳化相团束被不稳定态条件下的热表面加热，直到下一个新的乳化相/团束将其取代，这样就形成了新老乳化相团束的循环，如图 12.6 所示。传热速率取决于乳化相/团束的加热速率和新老乳化相/团束更换的频率。为了简化模型，乳化相/团束内颗粒和间隙可认为是均匀的，在静止床层上有相同的热特性。最简单的情况是在半无限大空间中的一维非稳态导热。因此，控制方程及边界条件和初始条件为

$$\frac{\partial T}{\partial t} = \frac{K_{\text{em}}}{c\rho_{\text{em}}}\frac{\partial^2 T}{\partial x^2}, \quad 0 \leqslant x \leqslant \infty \tag{12.12}$$

$$\begin{aligned} x &= 0 \text{时}, \quad T = T_s \\ x &= \infty \text{时}, \quad T = T_\infty \\ t &= 0 \text{时}, \quad T = T_\infty \end{aligned} \tag{12.13}$$

式中，K_{em} 和 ρ_{em} 分别是乳化相的导热系数和密度。则式 (12.12) 的解可表示为

$$T = T_s + (T_\infty - T_s)\,\text{erf}\left(x\sqrt{\frac{c\rho_{\text{em}}}{4K_{\text{em}}t}}\right) \tag{12.14}$$

式中，erf(x) 是自变量 x 的误差函数。则瞬态热流量可表示为

$$J_{\mathrm{q}} = -K_{\mathrm{em}} \frac{\partial T}{\partial x}\bigg|_{x=0} = \frac{T_{\mathrm{s}} - T_{\infty}}{\sqrt{\pi\, t}}\sqrt{K_{\mathrm{em}} c \rho_{\mathrm{em}}} \tag{12.15}$$

相应地，瞬态局部传热系数为

$$h_{\mathrm{i}} = \sqrt{\frac{K_{\mathrm{em}} c \rho_{\mathrm{em}}}{\pi\, t}} \tag{12.16}$$

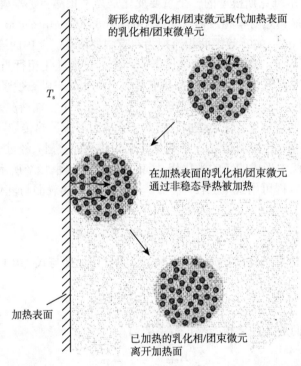

图 12.6　麦克利和费尔班克斯 [Mickley and Fairbanks, 1955] 的乳化相–接触模型示意图

进一步分析则得到面积平均的局部传热系数为

$$h = \frac{1}{A_{\mathrm{m}}} \int_0^{A_{\mathrm{m}}} \left(\int_0^{\infty} h_{\mathrm{i}} \psi(\tau)\, \mathrm{d}\tau \right) \mathrm{d}A = \sqrt{K_{\mathrm{em}} c \rho_{\mathrm{em}} S} \tag{12.17}$$

式中，A_{m} 是与加热面接触的乳化相/团束的面积，$\psi(\tau)$ 代表乳化相/团束在时间 τ 内出现的频率，S 是面积平均波动系数。其定义为

$$\sqrt{S} = \frac{1}{A_{\mathrm{m}}} \int_0^{A_{\mathrm{m}}} \left(\frac{1}{\sqrt{\pi}} \int_0^{\infty} \frac{\psi(\tau)}{\sqrt{\tau}}\, \mathrm{d}\tau \right) \mathrm{d}A \tag{12.18}$$

该模型能很好地解释在空隙率 $\alpha<0.7$ 的密相流化床中固体颗粒在传热过程中所起的重要作用。但该模型在固体颗粒与热表面的接触时间减小时，其预测的数值偏大，这是因为该模型没有考虑到在壁面附近固体颗粒浓度的非均匀性。

由于与时间相关的空隙率在壁面附近的变化，其乳化相/团束的热学特性与床层内部不同，所以该模型就受限于没有考虑壁面附近颗粒浓度的不均匀性。因此，该模型仅仅在大傅里叶数条件下才是精确的，其模型的一般使用条件在 §4.3.3 已做了讨论。

麦克利和费尔班克斯模型的一个重要变化是为了预测更加准确而开发的膜渗透模型。该模型最初是对单相液体流动提出的 [Toor and Marchello, 1958]，后来由吉田 [Yoshida et al., 1969] 等把两相流视为在有限厚度 (δ_{em}) 内的连续体，从而将其扩展到气固两相流。膜渗透机理类比于单相流，包括乳化相行为的两个极端情况。一个极端情况是乳化相/团束与加热面接触时间很短，以致使吸收的热量只用于加热乳化相/团束而没有穿透 (渗透理论) 团束。另一个极端情况是乳化相/团束在加热面停留时间足够长，使之达到稳定状态，从而形成了热传导阻力。

在传热过程中，一厚度为 δ_{em} 的乳化相层与传热面接触，经过一定时间 t_c 以后，被在悬浮系统中形成的新的乳化相/团束所取代，如图 12.7 所示。精确地描述该过程，其控制方程可用式 (12.12) 表示，其中 x 是加热表面与乳化相/团束的距离，其定义域为

$$0 \leqslant x \leqslant \delta_{em} \tag{12.19}$$

解该控制方程的边界条件和初始条件，除下式外，其他都与式 (12.13) 相同

$$x = \delta_{em} \text{时}, \quad T = T_{\infty} \tag{12.20}$$

为方便起见，我们定义乳化相的热扩散系数为

$$D_{tem} = \frac{K_{em}}{\rho_{em} c} \approx \frac{K_{em}}{\rho_p c (1-\alpha_{mf})} \tag{12.21}$$

则瞬态局部热传递系数可表示为 [Yoshida et al., 1969]

$$h_i = \frac{K_{em}}{\sqrt{\pi D_{tem} t}} \left[1 + 2 \sum_{n=1}^{\infty} \exp\left(-\frac{\delta_{em}^2 n^2}{D_{tem} t}\right) \right], \quad \pi \leqslant \frac{\delta_{em}^2}{D_{tem} t} \leqslant \infty \tag{12.22}$$

$$h_i = \frac{K_{em}}{\delta_{em}} \left[1 + 2 \sum_{n=1}^{\infty} \exp\left(-\frac{\pi^2 D_{tem} t n^2}{\delta_{em}^2}\right) \right], \quad 0 < \frac{\delta_{em}^2}{D_{tem} t} \leqslant \pi \tag{12.23}$$

式中，无量纲数组 $D_{tem} t / \delta_{em}^2$ 是反映乳化相与加热表面接触时间长短或更换强度特征的量。当 $t_c \gg \delta_{em}^2 / D_{tem}$ 时，可用薄层理论；当 $t_c \ll \delta_{em}^2 / D_{tem}$ 时则应用膜渗

透理论。时间平均的传热系数可表示为

$$h = \int_0^\infty h_i I(t)\, dt \tag{12.24}$$

式中，$I(t)$ 是时间分布函数，它代表一个团束在 t 到 $t+dt$ 的一段时间内在热表面停留的时间分数。因此，这个乳化相单元体的时间分布函数就需要定义。常用的时间分布函数有两种，一种是乳化相/团束在热表面的随机更换，另一种则是有规律的更换，分别讨论如下。

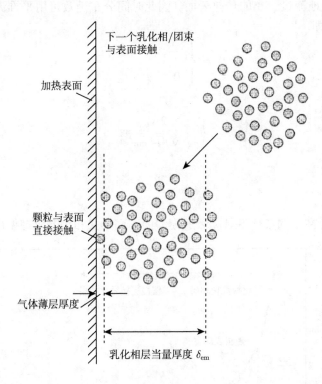

图 12.7 悬浮系统与表面传热的膜渗透理论模型示意图 [Yoshida et al., 1969]

随机更换表面模型是一个悬浮体连续地与上升的气泡接触。该单元体在表面上的停留时间可借用连续搅拌式反应釜 (CSTR) 的控制模型，其时间分布函数可表示为

$$I(t) = \frac{1}{t_c} \exp\left(-\frac{t}{t_c}\right) \tag{12.25}$$

我们可得到在两种极端情况下的平均传热系数，当 $t_c \ll \delta_{em}^2/D_{tem}$，即表面接触快

速更换时

$$h = \frac{K_{em}}{\sqrt{D_{tem}t_c}} \left[1 + 2\sum_{n=1}^{\infty} \exp\left(-\frac{2\delta_{em}n}{\sqrt{D_{tem}t_c}}\right)\right] \quad (12.26)$$

当 $t_c \gg \delta_{em}^2/D_{tem}$，即表面接触缓慢更换时

$$h = \frac{K_{em}}{\delta_{em}}\left(1 + \frac{\delta_{em}^2}{3D_{tem}t_c}\right) \quad (12.27)$$

在有规律更换模型中，所有乳化相单元体与表面接触都有相同的时间，这种情况代表乳化相顺畅地流过一小的传热表面。因此时间分布函数可用平推流反应器的停留时间模型，即

$$I(t) = \begin{cases} \dfrac{1}{t_c}, & 0 < t < t_c \\ 0, & t > t_c \end{cases} \quad (12.28)$$

则对快速更换

$$h = \frac{2K_{em}}{\sqrt{\pi D_{tem}t_c}} \quad (12.29)$$

对缓慢更换

$$h = \frac{K_{em}}{\delta_{em}} \quad (12.30)$$

图 12.8 对在不同条件下对膜渗透模型的不同形式和控制机理做出的说明。

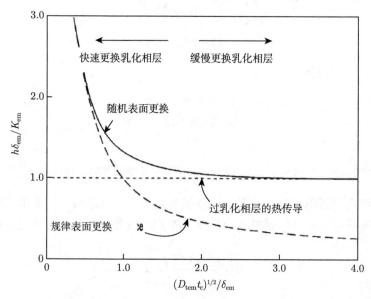

图 12.8 传热系数在不同机制下随无量纲数组 $[(D_{tem}t_c)^{1/2}/\delta_{em}]$ 的变化规律

应注意前述的乳化相团束模型对传热系数的预测，仅适合于均质的乳化相系统 (即散式流态化系统)。该模型应用于描述鼓泡流化床时就需要修正。修正需要考虑的是气泡或空隙覆盖表面所占的时间分数，以及拟热学特性的变化。

例 12.1 在微球形催化剂的流化中，颗粒和气体的性质如下 [Yoshida *et al.*, 1969]：

$d_\text{p}=152\,\mu\text{m}$, $\rho_\text{p}=1540\,\text{kg/m}^3$, $U_\text{mf}=0.02\,\text{m/s}$, $\alpha_\text{mf}=0.505$, $c=920\,\text{J/(kg·K)}$, $K_\text{p}=0.139\,\text{W/(m·K)}$, $K=2.62\times10^{-2}\,\text{W/(m·K)}$, $U=0.1\,\text{m/s}$, $\text{Nu}_\text{p}=2.33$

(a) 假设可应用薄层模型，请计算薄层的厚度；

(b) 应用乳化相模型，假设为随机表面更换，试计算快速取代表面的平均更换新时间，以及缓慢取代乳化相层的有效厚度。

(c) 假设为规律表面更换，试计算表面平均更换时间。

解 (a) 根据努塞尔数 Nu_p，可计算的 h 值为

$$h = \frac{K\text{Nu}_\text{p}}{d_\text{p}} = \frac{2.62\times10^{-2}\times2.33}{152\times10^{-6}} = 402\,\text{W/(m}^2\text{·K)} \quad (\text{E}12.1)$$

如果用薄层模型，则

$$\delta = \frac{K}{h} = \frac{2.62\times10^{-2}}{402} = 65.2\,\mu\text{m} \quad (\text{E}12.2)$$

(b) 假设为随机表面更换，快速更换，由式 (12.26) 则

$$h = \frac{K_\text{em}}{\sqrt{D_\text{tem}t_\text{c}}} \quad (\text{E}12.3)$$

结合式 (12.21) 可得到

$$\begin{aligned}t_\text{c} &= \frac{K_\text{em}\rho_\text{p}c(1-\alpha_\text{mf})}{h^2} = \frac{[K\alpha_\text{mf}+K_\text{p}(1-\alpha_\text{mf})]\rho_\text{p}c(1-\alpha_\text{mf})}{h^2}\\&= \frac{[2.62\times10^{-2}\times0.505+0.139\times(1-0.505)]\times1540\times920\times(1-0.505)}{402^2}\\&= 0.36\,\text{s}\end{aligned} \quad (\text{E}12.4)$$

对缓慢更换，由式 (12.27)，得到

$$\begin{aligned}\delta_\text{em} &= \frac{K_\text{em}}{h} = \frac{K\alpha_\text{mf}+K_\text{p}(1-\alpha_\text{mf})}{h}\\&= \frac{2.62\times10^{-2}\times0.505+0.139\times(1-0.505)}{402} = 204\,\mu\text{m}\end{aligned} \quad (\text{E}12.5)$$

(c) 假设为规律更换，由式 (12.29)，得到

$$t_\text{c} = \frac{4K_\text{em}\rho_\text{p}c(1-\alpha_\text{mf})}{\pi h^2} = \frac{4\times[K\alpha_\text{mf}+K_\text{p}(1-\alpha_\text{mf})]\rho_\text{p}c(1-\alpha_\text{mf})}{\pi h^2}$$

$$= \frac{4 \times [2.62 \times 10^{-2} \times 0.505 + 0.139 \times (1-0.505)] \times 1540 \times 920 \times (1-0.505)}{3.14 \times 402^2}$$
$$= 0.45 \text{ s} \tag{E12.6}$$

12.3 密相流化床中的传热

如前所述，气固流化系统的大部分传热模型和一些相关公式最初都是对密相流化床所开发 (见第 9 章)。下面我们对悬浮体系 (或床层) 和颗粒之间的传热，悬浮体系 (或床层) 和气体之间的传热，悬浮体系 (或床层) 和壁面或传热表面之间的传热系数进行讨论。

12.3.1 颗粒对气体以及床层对气体的传热

颗粒对气体的传热可以通过非稳定实验获得，实验需要测定冷颗粒的温度、质量和表面积以及颗粒进入床体时床体的表面温度。假设床层混合良好、颗粒群的温度和气体温度相同，则热平衡式为

$$cM\mathrm{d}T_\mathrm{p} = h_\mathrm{gp}S_\mathrm{p}(T_\mathrm{b} - T_\mathrm{p})\,\mathrm{d}t \tag{12.31}$$

式中，h_gp 是固体与气体间的传热系数。对该式积分可得到

$$\frac{T_\mathrm{p} - T_\mathrm{po}}{T_\mathrm{b} - T_\mathrm{po}} = 1 - \exp\left(-\frac{h_\mathrm{gp}S_\mathrm{p}t}{Mc}\right) \tag{12.32}$$

密相流化床颗粒对气体的传热系数可以由下式确定 [Kunii and Levenspiel, 1991]

$$\mathrm{Nu}_\mathrm{gp} = \frac{h_\mathrm{gp}d_\mathrm{p}}{K} \approx 2 + (0.6 \sim 1.8)\,\mathrm{Re}_\mathrm{pf}^{1/2}\mathrm{Pr}^{1/3} \tag{12.33}$$

式中，$\mathrm{Re}_\mathrm{pf} = d_\mathrm{p}U\rho/\mu$, $\mathrm{Pr} = c_\mathrm{p}\mu/K$，$U$ 是表观气体速度。式 (12.33) 说明在流化床中颗粒与气体的传热系数值在用等径的大颗粒的固定床 (上式第二项中的系数取 1.8 [Ranz, 1952]) 和上式第二项中的系数取 0.6 时的计算值之间。注意取系数 0.6 时，上式的计算值与单颗粒的传热系数一致，即用式 (4.40) 所给出颗粒与气体的相对速度计算 Nu_p 和 Re_p。

对悬浮体系与气体 (或床层与气体) 的传热，在固体颗粒在床层混合良好时，热平衡在低毕奥 (Biot) 数下 (即忽略内部的热阻)，如果假设气流是平推流，稳定温度条件下的热平衡可表示为

$$c_\mathrm{p}U\rho\,\mathrm{d}T = -h_\mathrm{bg}S_\mathrm{B}(T - T_\mathrm{p})\,\mathrm{d}H \tag{12.34}$$

式中，$\mathrm{d}T$ 是当气流通过高度为 $\mathrm{d}H$ 的床层时温度的变化，h_bg 是悬浮体系对气体的传热系数，S_B 是单位床层体积内颗粒的表面积，可由下式给出

$$S_\mathrm{B} = \frac{6(1-\alpha)}{d_\mathrm{p}} \tag{12.35}$$

12.3 密相流化床中的传热

对式 (12.34) 积分得到

$$\ln\left(\frac{T-T_b}{T_i-T_b}\right) = -\left(\frac{h_{bg}S_B}{U\rho c_p}\right)H \tag{12.36}$$

式中，T_i 为入口气体温度。

在文献中所报道的床层对气体的传热系数范围，如图 12.9 阴影部分是根据式 (12.36) 计算的结果。由图可看到当雷诺数较大 ($\text{Re}_{pf}>100$) 时，床层与气体间传热系数 h_{bg} 非常接近由式 (12.33) 确定的颗粒与气体间的传热系数 h_{gp}，所以，将气相作为平推流是符合实际的。但在低雷诺数 ($\text{Re}_{pf}<100$) 的情况就不是如此。在低雷诺数时，努塞尔数 Nu_{bg} 就像细颗粒流化，Nu_{bg} 小于式 (12.33) 的计算值，更远远小于式 (4.15) 对孤立的球体颗粒在固定条件下所得到的努塞尔数 2。在雷诺数低于 100 的范围内和努塞尔数 Nu_{bg} 的关系为

$$\text{Nu}_{bg} = \frac{h_{bg}d_p}{K} = 0.03\text{Re}_{pf}^{1.3} \tag{12.37}$$

应该说这个偏差比机理分析更依赖于模型，因为真实的气固接触比式 (12.36) 所描述的栓流模型更少 [Kunii and Levenspiel, 1991]。这个偏差可能与颗粒边界层减少的影响有关，而颗粒边界层减少是由颗粒碰撞和气泡的运动与颗粒接触引起湍流的产生而导致的 [Brodkey et al., 1991]。

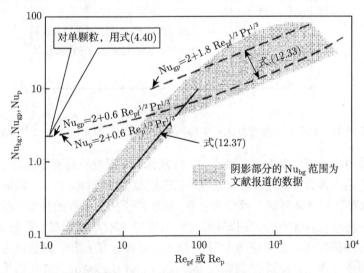

图 12.9 不同条件下颗粒对气体和床层对气体的传热系数 [Kunii and Levenspiel, 1991]

12.3.2 床层对表面的传热

在密相流化床中床层与表面的传热，由气泡运动而引起的颗粒循环起着很重

要的作用。这可以从由托塔和克利夫 [Tuot and Clift, 1973] 所做的气固悬浮流中绕单气泡上升的传热特性研究中看到。他们用一个低热容的反应快速的敏感探针进行测试,观察到传热系数随着气泡上升向探针靠近而增大 (图 12.10 中实线从 A 点到 B 点)。某些颗粒运动向探针表面靠近像气体由下部向上靠近探针一样会使传热系数增大。随着时间的延长,气泡逐渐包围了探针,因为气体导热系数和热容量都较低,所以传热系数降低 (图 12.10 中实线的 C 点)。气泡进一步上升产生一个传热系数的第二个峰值 (图 12.10 中实线的 D 点),这是气泡尾流通过探针时引起颗粒夹带而使颗粒浓度较高的影响。过 D 点以后由于介质湍流的作用,传热系数的相对衰减趋于缓慢而进入一个新的稳定态。图 12.10 中的虚线显示的探针边部所测到的气泡传热系数,其最大值受气泡尾流通过探针时引起颗粒夹带而使颗粒浓度较高的影响。因此,很明显在气固流化系统气泡尾流对颗粒循环和传热起着重要作用。

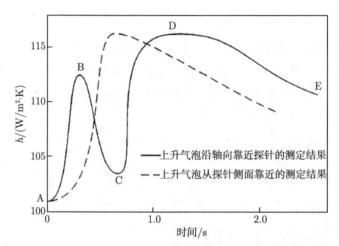

图 12.10　流化床中探针对床层中传热系数的测定 [Tuot and Clift, 1973]

表面传热主要有三部分,正如式 (12.1) 所示,即颗粒的对流传热、气体对流传热和辐射传热三部分。在气固流化系统,当床层温度低于 400℃ 时,辐射传热可以忽略。颗粒对流和气体对流以哪个为主导,要取决于所用颗粒的类型。根据以往的经验,对小颗粒 ($d_p<400\mu m$) 是以颗粒对流为主导,对 A 类颗粒 (见 §9.2.1),颗粒对流起着关键的作用。而对使用大颗粒 ($d_p>1500\mu m$) 的高压、高速流态化,则是气体对流起主导作用,譬如 D 类颗粒 [Maskaev and Baskakov, 1974] 则是气体对流起着关键的作用。而对 B 类颗粒则两种机制都很重要。

12.3.2.1　颗粒对流传热项

颗粒对流,是由床层内颗粒的运动所引起,当颗粒与乳化相接触并取代了空隙

12.3 密相流化床中的传热

或气泡时就涉及表面的传热。因此，颗粒对流传热系数可定义为

$$h_{\rm pc} = \frac{1-\alpha_{\rm b}}{\text{颗粒对流热阻}} \tag{12.38}$$

式中，颗粒对流热阻可进一步划分成两类：① 团束 (颗粒相) 平均热阻；② 薄层热阻。则式 (12.38) 可表示为

$$h_{\rm pc} = \frac{1-\alpha_{\rm b}}{1/h_{\rm p} + 1/h_{\rm f}} \tag{12.39}$$

式中，气泡的体积分数 $\alpha_{\rm b}$ 可通过式 (9.43) 求得，$h_{\rm p}$ 可由下式得到

$$h_{\rm p} = \frac{1}{t_{\rm c}} \int_0^{t_{\rm c}} h_{\rm i} {\rm d}t \tag{12.40}$$

式中，$h_{\rm i}$ 是在接触面积上的平均瞬时传热系数。

现在考虑乳化相团束的热扩散，假设乳化相的性质与最小流化时的性质相同，则 $h_{\rm i}$ 可表示为 [Mickley et al., 1961]

$$h_{\rm i} = \left(\frac{K_{\rm em}\rho_{\rm p}(1-\alpha_{\rm mf})\,c}{\pi\,t}\right)^{1/2} \tag{12.41}$$

将式 (12.41) 代入式 (12.40) 可得到

$$h_{\rm p} = \frac{2}{\sqrt{\pi}} \left(\frac{K_{\rm em}\rho_{\rm p}(1-\alpha_{\rm mf})\,c}{t_{\rm c}}\right)^{1/2} \tag{12.42}$$

乳化相与表面的接触时间可以用这种方法估算：假设气泡覆盖表面所用的时间分数等于床层上气泡所占的体积分数，则

$$t_{\rm c} = \frac{1-\alpha_{\rm b}}{f_{\rm b}} \tag{12.43}$$

式中，$f_{\rm b}$ 是气泡在表面出现的频率，由式 (12.42) 和式 (12.43) 得到

$$h_{\rm p} = \frac{2}{\sqrt{\pi}} \left(\frac{K_{\rm em}\rho_{\rm p}(1-\alpha_{\rm mf})\,c\,f_{\rm b}}{1-\alpha_{\rm b}}\right)^{1/2} \tag{12.44}$$

$K_{\rm em}$ 可用下式表示 [Ranz, 1952]

$$K_{\rm em} = K_{\rm e} + 0.1\rho c_{\rm p} d_{\rm p} U_{\rm mf} \tag{12.45}$$

式中，$K_{\rm e}$ 是在气体量不变的固定床中的有效导热系数。在固定床中，气体和固体颗粒通过平行的通道而传热，如图 12.11(a) 所示。对这种情况，有效传热系数为

$$K_{\rm e} = \alpha_{\rm mf} K + (1-\alpha_{\rm mf}) K_{\rm p} \tag{12.46}$$

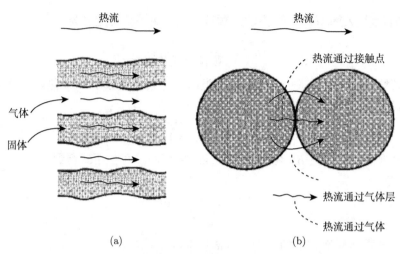

图 12.11　固定床有效导热系数估算模型示意图 [Kunii and Levenspiel, 1991]

(a) 平行通道模型；(b) 库尼和史密斯 [Kunii and Smith, 1960] 修正模型

为考虑用固定气体的固定床中相邻颗粒间的实际几何形状和接触区域 (图 12.11(a))，库尼和史密斯 [Kunii and Smith, 1960] 对式 (12.46) 作了修正如下

$$K_e = \alpha_{mf}K + (1-\alpha_{mf})K_p \left(\frac{1}{\varphi_b(K_p/K) + 2/3}\right) \tag{12.47}$$

式中，φ_b 是气体薄层当量厚度与颗粒直径的比值。

现在看薄层热阻，薄层的传热系数可用下式表示

$$h_f = \frac{\xi K}{d_p} \tag{12.48}$$

式中，ξ 是一个系数，其数值为 4~10 [Xavier and Davidson, 1985]。则颗粒的对流传热系数 h_{pc} 可通过式 (12.39)、式 (12.44) 和式 (12.48) 求得。

12.3.2.2　气体对流传热项

气体对流项包括由气体穿过颗粒相而导致的表面传热和由气泡而引起的表面传热。对于小颗粒，虽然气体对流在床层颗粒群中的量较小，但在自由空域却是很重要的部分。气体的传热系数一般随传热表面的几何形状而改变。但是，在不把表面形状作为特殊表面时，其传热系数可近似地认为与表面形状无关，对于粒径为 $0.16\text{mm} \leqslant d_p \leqslant 4\text{mm}$ 的固体颗粒，巴斯卡阔夫 [Baskakov et al., 1974] 等给出了以下关系式

$$\frac{h_{gc}d_p}{K} = 0.009\text{Ar}^{1/2}\text{Pr}^{1/3} \tag{12.49}$$

登洛耶和博特瑞尔 [Denloye and Botterill, 1978] 对操作压力为 1MPa，阿基米德数的范围在 $10^3 < Ar < 2.\times 10^6$，给出了下式

$$\frac{h_{gc}\sqrt{d_p}}{K} = 0.86 Ar^{0.39} \tag{12.50}$$

式中，0.86 的单位是 $m^{-1/2}$。

对气体对流项的传热速率可看作类似于初始流态化条件处理。因此，可假设 $h_{gc} = h_{mf}$，泽维尔和戴维森 [Xavier and Davidson, 1985] 用拟流体进行了系统模拟，该拟流体中气固介质以相同的表观气体速度流动，其表观导热系数为 K_a，进出口的温度与气体相同。则流体经过一个圆柱形容器的导热可用式 (4.43) 表示

$$\frac{\partial T}{\partial z} = \frac{K_a}{\rho c_p U}\left(\frac{\partial^2 T}{\partial r^2} + \frac{1}{r}\frac{\partial T}{\partial r}\right) \tag{12.51}$$

由于气体的流动，这里轴向上的导热与气体对流导热相比可以忽略。这个假设对于低速情况下的流化可能是无效的。

对于垂直传热面，其边界条件可由下式给出

$$\begin{array}{l} 0 < r < \dfrac{D}{2},\quad z = 0,\quad T = T_1 \\[4pt] 0 < z < L,\quad r = \dfrac{D}{2},\quad T = T_s \end{array} \tag{12.52}$$

如果 T_2 是气体离开床层，即 $z = L$ 的平均温度，则床层的温度分布可由下式获得

$$\frac{T_2 - T_s}{T_1 - T_s} = 4\sum_{n=1}^{\infty}\frac{1}{\lambda_n^2}\exp\left(-4\lambda_n^2\frac{K_a L}{\rho c_p U D^2}\right) \tag{12.53}$$

式中，λ_n 是特征方程 $J_0(\lambda)=0$ 的特征值其前三个值分别是：$\lambda_1=2.450$，$\lambda_2=5.520$，$\lambda_3=8.645$。

12.3.2.3 辐射传热项

辐射传热在高温流化床操作中起着重要作用，譬如在煤的燃烧和气化流化床中。当把流化床整体地看作为一个灰体，则在温度为 T_b 的流化床和温度为 T_s 的传热表面之间的辐射传热系数 h_r 可定义为

$$h_r = \frac{J_r}{T_b - T_s} = \sigma_b \varepsilon_{bs}\left(T_b^2 + T_s^2\right)(T_b + T_s) \tag{12.54}$$

式中，J_r 是辐射热流量，σ_b 是斯特藩－玻尔兹曼 (Stefan-Boltzmann) 常数，ε_{bs} 是广义发射率，它取决于物体的形状和性质以及接收体和发射体的辐射率 [Baskakov, 1985]。对于两块大型的且为纯灰体的平行面，其发射率为

$$\varepsilon_{bs} = (1/\varepsilon_b + 1/\varepsilon_s - 1)^{-1} \tag{12.55}$$

因为多表面的反射，所以床体层对表面的热辐射一般要大于颗粒的热辐射率 ε_p。同样，对相同的物料，不规则表面的热辐射率大于平滑表面的热辐射率。更重要的是，随着温度的升高其辐射率会明显地增加。颗粒尺寸增大也会增大辐射率 [Baskakov et al., 1973]。

一般床层对表面的辐射发射率可从单个颗粒的发射率估计 [Grace, 1982]

$$\varepsilon_{bs} \approx 0.5 (1 + \varepsilon_p) \tag{12.56}$$

对 ε_{bs} 的计算，巴斯卡阔夫 (Baskakov) 也提出了另一个计算式

$$\varepsilon_{bs} = \frac{1}{1/\varepsilon_b + 1/\varepsilon_s - 1} \approx \varepsilon_b \varepsilon_s \tag{12.57}$$

当 ε_b 和 ε_s 之和大于 0.8 时，式 (12.57) 的计算结果与实际相符。

当温度高于 600℃ 时，辐射传热系数变得更加重要，但是对其预测却是困难的。一般情况下，根据颗粒尺寸，在 600℃ 时，可增加总传热系数 h_r 的 8%~12%，在 800℃ 时，可增加总传热系数 h 的 20%~30% [Baskakov et al., 1973]。

例 12.2 在一个气固流化床反应器中发生放热反应。维持反应器温度为 350K，从反应器输出热量为 50MJ/h。该反应器的相关技术参数为如下：

U=0.25m/s, ρ =0.716kg/m^3, c_p=2185J/(kg·K), K=0.034W/(m·K),

μ=1.09×10^{-5}kg/(m·s), ρ_p=2600kg/m^3, c=840J/(kg·K), K_p=1.9W/(m·K),

d_p=0.5mm, α_{mf}=0.47, α_b=0.6, f_b=3, U_{mf}=0.192m/s, φ_b=0.85, ξ=6

冷却水温度为 293K。试确定该反应器所需要的传热面积。

解 要确定传热面积，首先根据式 (12.1) 计算所需要总的传热系数。在低于 350K 时，辐射传热可以忽略。

(1) 颗粒对流项 h_{pc} 可以根据式 (12.39) 计算。薄层传热系数可根据式 (12.48) 计算

$$h_f = \frac{\xi K}{d_p} = \frac{6 \times 0.034}{0.5 \times 10^{-3}} = 408 \, \text{W}/(\text{m}^2\cdot\text{K}) \tag{E12.7}$$

类似的，乳化相团束的传热系数可通过式 (12.42)、式 (12.45) 和式 (12.47) 计算得到 h_p=759W/(m^2·K)，则由式 (12.39) 可得到 h_{pc}=106W/(m^2·K)。

(2) 气体对流项可以根据式 (12.50) 计算。

$$h_{gc} = 0.86 Ar^{0.39} K/\sqrt{d_p} = 0.86 \times (19.2 \times 10^3)^{0.39} \times 0.034/\sqrt{0.5 \times 10^{-3}}$$

$$= 61.2 \, \text{W}/(\text{m}^2\cdot\text{K}) \tag{E12.8}$$

h_{pc} 加 h_{gc} 得到表面和床层的传热系数为 167W/(m^2·K)，则总传热面积为

$$A = \frac{J_q}{(T_b - T_w)h} = \frac{50 \times 10^6/3600}{(350 - 293) \times 167} = 1.46 \, \text{m}^2 \tag{E12.9}$$

12.3.3 操作条件的影响

密相流化床的独特的特点就是在忽略辐射传热时存在一个最大对流传热系数 $h_{\max}$。这个特点不同于用小颗粒的流化床。对于大颗粒流化床,一旦达到这个最大值 $h_{\max}$,传热系数对气体流速的变化就相对敏感。

对一定的系统,$h_{\max}$ 主要随颗粒性质和气体性质而变化。对粗颗粒流化,在 $U > U_{mf}$ 时,传热由气体对流所支配。因此,$h_{\max}$ 可用式 (12.50) 计算。对细颗粒流化床 $h_{\max}$ 则可用 h_{pc} 方程计算得到。一般情况下,$h_{\max}$ 是 $h_{pc,\max}$、h_f 以及其他参数的函数。泽维尔和戴维森 [Xavier and Davidson, 1985] 提出了以下关系式

$$\frac{h_{\max}}{h_{pc,\max}} = \left(\frac{h_f}{h_f + 2h_{pc,\max}} + \frac{h_{gc}}{h_{pc,\max}} \right)^{0.84} \tag{12.58}$$

对流传热系数 $h_c(=h_{pc}+h_{gc})$ 受压力和温度的影响。压力增加,气体密度增大,临界流化速度 U_{mf} 降低。因此,加压操作可提高对流传热系数,如图 12.12 是在真空下操作,对流传热系数 h_c 低于在环境压力下的操作,气体密度低,减小压力可减小 K_e [Bock and Molerus, 1985]。用小颗粒的流化床,提高压力可促进颗粒的混合和增加对流 [Borodulya et al., 1982]。对大颗粒,传热系数受气体对流所支配,可通过提高压力来增加气体的密度。一般地,对 D 类颗粒,对流传热系数随压力的增加而明显地增大,但是,随着颗粒尺寸的减小压力效应随之减小。对 A 类颗粒和 B 类颗粒,对流传热系数 h_c 随压力增加得很小。

在高温状态下,气体密度减小能减小气体对流项的传热系数 h_{gc}。另一方面,高温气体的导电率增大又能使 h_{gc}、K_e 和 h_{pc} 增大。对小颗粒的流化床,后者起支配作用。因此,可以观察到对流传热系数 h_c 的净增加量随温度升高辐射的作用更明显。对 D 类颗粒,对流传热系数 h_c 随温度的提高而减小 [Knowlton, 1992]。温度效应对 h_{pc}、h_{gc} 和 $h_{\max}$ 的影响见图 12.13。

对辐射传热,流化床和固定床不同 [Kovenskii, 1980]。当床层从固定床变为流化床时,辐射传热快速增大 10%~20%,随着气体速度进一步增大到鼓泡流化床,传热系数维持不变。

在流化床中的传热,常用一些如水冷却管道等的内部装置。必须清楚这些被埋设在床层中的内部装置对局部流化行为和局部传热系数的影响。不失一般性地,我们分析热流化床中埋设水平安装的冷却管道 [Botterill et al., 1984]。埋设的冷却管道与循环颗粒相互之间的干扰导致颗粒在传热面上的停留时间增加。在埋设的冷却水管道上凸起部分上部的颗粒通常是静止的就是这种干扰存在的证据。另外在高气速情况下,气团也常出现在水平管道的上部。因此,在水平管的周围,传热系数有明显的变化。如图 12.14 所示,这是一个埋设水平管道的流化床,在管道凸起位置的传热系数明显低于两边,这说明在管道凸起位置,迟滞气体使对流传热减

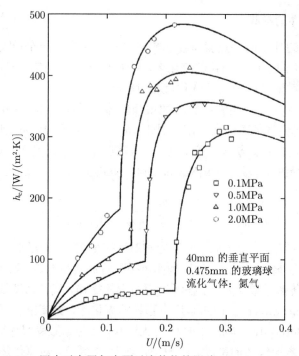

图 12.12 压力对床层与表面对流传热的影响 [Xavier et al., 1980]

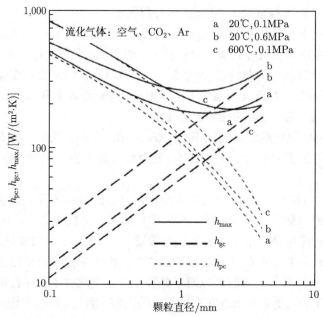

图 12.13 在床层和表面的传热中温度和压力对 h_{pc}、h_{gc} 和 h_{max} 的影响
[Botterill et al., 1981]

小。对大颗粒，其相间的气体对流传热项不可或缺，周围的变化类似于管道两边的峰值传热系数，但对于大颗粒，由于颗粒对流不再起主导作用，所以，其变化要比小颗粒的小。但整体传热系数的取向性不是太大，水平管道比垂直管道略低。

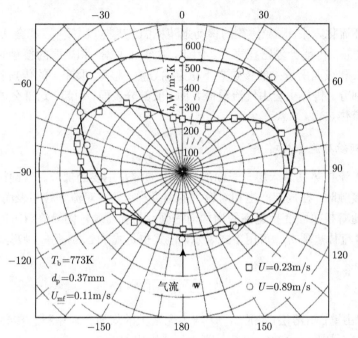

图 12.14　埋设于氧化铝流化床中的水平管道周围传热系数的变化情况图

[Botterill *et al.*, 1984]

要注意，大多数模型和关系式的开发都是针对鼓泡流化床。但大部分模型推广到湍流区都在合理的误差范围之内。湍流区内总传热系数是两种作用相互抵消的结果，一个作用是气固两相的强烈运动使传热系数增大，另一作用是较低的颗粒浓度又减小了传热系数。

12.4　循环流化床中的传热

本节描述循环流化床的传热机理，讨论操作变量对局部传热和总传热系数的影响。

12.4.1　机理和建模

循环流化床 (见第 10 章) 中悬浮体系与壁面的传热机理有多种模式，包括颗粒团簇或颗粒沿壁面下落时的表面导热、热辐射、由气流、颗粒团簇或颗粒流动引起的对流换热等。对循环流化床传热的建模，其传热面通常用颗粒团簇或分散颗粒相所交替覆盖的表面表示 [Subbarao and Basu, 1986; Wu et al., 1990]。从机理分析的角度看，如果"团束"可以代表"团簇"，就可应用为密相流化床所开发的"团束"模型。

在循环流化床中，颗粒团簇的移动是随机的。某些"团簇"可能会从表面扫过，而有些"团簇"可能会停留在表面。因此，由于"团簇"和表面的接触时间是可变的，"团簇"和表面所发生的传热是不稳定的导热。移动"团簇"的传热就是对流传热的主要部分。传热也会由气流覆盖表面（或部分表面）引起，这部分的传热则属于气体对流传热项。

12.4.1.1 颗粒对流传热项

颗粒对流传热在总床层与表面的传热中通常是主要的部分。当颗粒或颗粒团簇与表面接触时，在局部产生相对较大的温度梯度。在对流颗粒与表面的接触中，传热速率随着换热面变换速率的增加而增强，或者随颗粒团簇停留时间减小而增强。颗粒对流传热项 h_{pc} 可用下式表示，该式也是式 (12.39) 另一种形式

$$h_{pc} = \frac{\delta_c}{1/h_f + 1/h_p} \tag{12.59}$$

因此，h_{pc} 由壁面（薄层）热阻 $1/h_f$ 与半无限大的均质介质中瞬态传导热阻 $1/h_p$ 之和所决定，类比于式 (12.48)，h_f 可由下式给出 [Gloski et al., 1984]

$$h_f = \frac{K_f}{\delta^* d_p} \tag{12.60}$$

式中，δ^* 是壁面和颗粒群之间的无量纲有效气体层厚度（气体层厚度和颗粒尺寸的比值），它是横截面上颗粒体积分数的函数 [Lints and Glicksman, 1993]。δ^* 的范围在图 12.15 中实例说明。

类似的，h_p 由式 (12.42) 类比可得到 [Lints and Glicksman, 1993]

$$h_p = \left(\frac{K_c \rho_p (1-\alpha_c) c_{pc}}{\pi t_c} \right)^{1/2} \tag{12.61}$$

对接触时间很短的"团簇"或者很大的流化颗粒，h_f 由颗粒对流传热所支配，则由式 (12.59) 得

$$h_{pc} = \frac{\delta_c K_f}{\delta^* d_p} \tag{12.62}$$

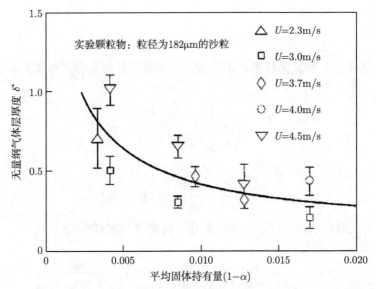

图 12.15　颗粒团簇和壁面之间的气体层厚度 δ^* 随平均固体持有量的变化规律
[Lints and Glicksman, 1993]

12.4.1.2　气体对流传热项

在工程中，气体对流传热系数可通过下列任一种方法来估算：

(1) 密相流化床中的式 (12.50) 的扩展；

(2) 用稀相气力输送的近似 [Wen and Miller, 1961; Basu and Nag, 1987]；

(3) 用单相气流传热系数估计 [Sleicher and Rouse, 1975]；

对在大尺寸的表面上具有高浓度颗粒的情况，因为 h_{gc} 的值很小，所以以上任何一种方法的计算都可以使用。在高温和低颗粒浓度时，这些方法计算的 h_{gc} 结果可能会有差别。

12.4.1.3　辐射传热项

为分析循环流化床的辐射传热，可把流化床看为拟灰体，则辐射传热系数可由下式给出 [Wu et al., 1989]

$$h_r = \frac{\sigma_b \left(T_b^4 - T_s^4\right)}{\left(\dfrac{1}{\varepsilon_{sus}} + \dfrac{1}{\varepsilon_s} - 1\right)(T_b - T_s)} \tag{12.63}$$

式中，ε_{sus} 是悬浮体系的辐射率。

对循环流化床辐射传热的另一种处理方法是辐射分别来自于颗粒团簇 (h_{cr}) 和分散相 (即悬浮体系内除颗粒团簇以外的其他方面的辐射 h_{dr})，则辐射传热系数为

[Basu, 1990]
$$h_{\mathrm{r}} = \alpha_{\mathrm{c}} h_{\mathrm{cr}} + (1-\alpha_{\mathrm{c}}) h_{\mathrm{dr}} \tag{12.64}$$

式中，α_{c} 是床层上颗粒团簇的体积分数。而颗粒团簇辐射和其他辐射则分别由下式给出

$$h_{\mathrm{cr}} = \frac{\sigma_{\mathrm{b}}\left(T_{\mathrm{b}}^{4}-T_{\mathrm{s}}^{4}\right)}{\left(\dfrac{1}{\varepsilon_{\mathrm{c}}}+\dfrac{1}{\varepsilon_{\mathrm{s}}}-1\right)(T_{\mathrm{b}}-T_{\mathrm{s}})} \tag{12.65}$$

$$h_{\mathrm{dr}} = \frac{\sigma_{\mathrm{b}}\left(T_{\mathrm{b}}^{4}-T_{\mathrm{s}}^{4}\right)}{\left(\dfrac{1}{\varepsilon_{\mathrm{d}}}+\dfrac{1}{\varepsilon_{\mathrm{s}}}-1\right)(T_{\mathrm{b}}-T_{\mathrm{s}})} \tag{12.66}$$

颗粒团簇的发射率 ε_{c} 可由式 (12.56) 给出，其他项的发射率 ε_{d} 为

$$\varepsilon_{\mathrm{d}} = \sqrt{\frac{\varepsilon_{\mathrm{p}}}{(1-\varepsilon_{\mathrm{p}})B}\left(\frac{\varepsilon_{\mathrm{p}}}{(1-\varepsilon_{\mathrm{p}})B}+2\right)} - \frac{\varepsilon_{\mathrm{p}}}{(1-\varepsilon_{\mathrm{p}})B} \tag{12.67}$$

式中，B 对各向同性的散射可取 0.5，对漫反射颗粒可取 0.667。

12.4.2 传热系数在径向和轴向上的分布

与相对均匀的密相流化床结构相反，在循环流化床中径向和轴向上的空隙率、颗粒速度和气体速度分布都非常不均匀 (见第 10 章)。

在轴向上，颗粒浓度随床体的高度上升而降低，这导致了在横截面上平均传热系数的减小。另外，固体颗粒循环量在流化床下部影响明显，而在上部则影响较小，如图 12.16 所示。在径向上，由于固体颗粒浓度在径向分布不均匀以及壁面附近和中心区域固体颗粒流向的相反，所以情况就更为复杂。一般地说，在中心区域，传热系数较低，且近似为常数。由中心区域到壁面，传热系数快速增大。图 12.16 是由学者毕 [Bi et al., 1989] 及其合作者做出的、三个具有代表性的径向上传热系数分布图，该图显示的是不同固体颗粒保持量在径向上传热系数的分布规律，可看出以下三点。

(1) 当颗粒保持量高时，颗粒对流传热系数 h_{pc} 占主导地位，而气体对流传热系数 h_{gc} 对总传热系数影响较小。传热系数在径向上分布近似为抛物线，如图 12.16(a) 所示。这样的传热系数分布类似于第 10 章所描述的固体颗粒浓度分布。

(2) 随着气体速度的增大，固体颗粒保持量减小，气体对流传热系数 h_{gc} 对总传热系数的贡献变得与颗粒对流传热系数 h_{pc} 同样重要。在提升管的中心区域，以气体对流传热系数 h_{gc} 为主，随着固体颗粒持有量沿径向到壁面方向逐渐增大，气体对流传热系数 h_{gc} 的影响越来越小。在壁面区域附近，颗粒对流传热系数 h_{pc} 占主导地位。颗粒对流传热系数 h_{pc} 随着固体颗粒浓度由壁面向中心区域的逐渐减

小而降低。总传热系数的最小值出现在 r/R 比为 0.5~0.8 的位置，如图 12.16(b) 所示。

(3) 进一步减小颗粒浓度到 $\alpha > 0.93$，除了在紧靠壁面的位置，气体对流传热系数 h_{gc} 逐渐占据主导地位。因此在提升管的大部分位置，传热系数随着 r/R 比的增大而减小，如图 12.16(c) 所示。气体速度分布在径向上有相同的趋势。在紧靠壁面的区域，颗粒对流传热系数 h_{pc} 快速增大，很显然，这是该区域内颗粒浓度很高所致。

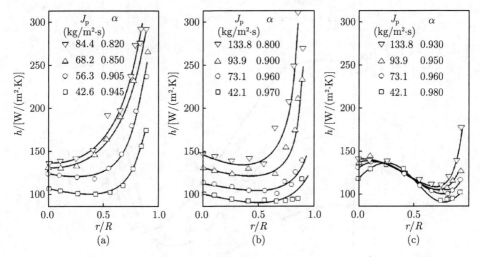

图 12.16 循环流化床中传热系数的径向分布 [Bi et al., 1989]

颗粒粒径：d_p=280μm；颗粒密度：ρ_p=706kg/m³。(a) U=3.7m/s, H=1.25m；(b) U=6.0m/s, H=1.25m；(c) U=6.0m/s, H=6.5m

12.4.3 操作参数的影响

总传热系数受悬浮体系密度、固体颗粒循环量、气体速度、颗粒性质、床层温度、压力，以及加热面大小的影响。总传热系数随悬浮体系密度 [Wu et al., 1989] 和固体颗粒循环量的增大而增大。气体速度的增加对传热系数有两个相互矛盾的影响，分别是气体速度的增加使气体对流传热系数 h_{gc} 增大，对颗粒对流传热系数 h_{pc} 则因气体速度增加使颗粒浓度降低而减小，如图 12.17 所示。当颗粒对流传热系数 h_{pc} 为主 (在颗粒浓度高的壁面附近) 时，传热系数 h 随气体速度 U 的增大而减小。另一方面，如果气体对流传热系数 h_{gc} 为主 (譬如，在颗粒浓度很小的中心区域)，传热系数 h 随气体速度的增大而增大。传热系数 h 在近壁面区域随气体速度 U 的增大而减小的另一原因是颗粒下降速度减小，颗粒与壁面的接触时间延长。

一般地，小而轻的颗粒能使传热增强。由小而轻的颗粒形成的颗粒团簇对改进颗粒对流传热 h_{pc} 有促进作用。用小颗粒的流化也能减小气体层的热阻 [Wu et al., 1987]。当床层温度低于 400℃ 时，由于气体性质的改变，所以床层温度的变化对传热系数有影响，而辐射传热系数 h_r 可忽略。在高温时，传热系数 h 随温度升高而增大，这主要是由辐射传热引起的。

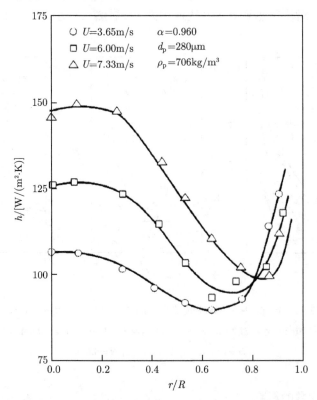

图 12.17　循环流化床中气体速度对传热系数在径向上分布的影响 [Bi et al., 1989]

在循环流化床中测量传热系数，为了减小流场的相互影响，需要用非常小的传热探针。传热面积的尺寸明显地影响着提升管径向任一位置的传热系数。所有对循环流化床传热的描述都用小尺寸的传热表面。传热系数随传热面垂直尺寸的增加而逐渐减小 [Bi et al., 1990]。大尺寸的传热表面可能延长颗粒或颗粒团簇在换热面的停留时间，从而降低了换热面的更换频率，因此表观传热系数较低。

12.5　喷腾床上的传热

本节讨论在喷腾床上气体和颗粒间、床层和表面间的传热问题。

12.5.1 气体对颗粒的传热

喷腾床 (见 §9.8) 的传热行为不同于密相流化床和循环流化床，因为它们的流态结构有本质的差别。喷腾床的流态结构由两个区域构成：边部环形区域和中心喷腾区域 (见第 9 章)。在这两个区域的传热通常分别用不同的模型。对中心喷腾区域，当 $Re_{pf}>1000$ 时，罗维和克莱克斯顿 [Rowe and Claxton, 1965] 给出了以下关系式

$$\mathrm{Nu_{gp}} = \frac{2}{1-(1-\alpha_{cs})^{1/3}} + \frac{2}{3\alpha_{cs}}\mathrm{Pr}^{1/3}\mathrm{Re}_{pf}^{0.55} \qquad (12.68)$$

式中，α_{cs} 是中心喷腾区域气体的体积分数。在边部环形区域则可用固定床的关系式加以描述，当 $Re_{pf}<100$ 时，理特曼和斯里瓦 [Littman and Sliva, 1971] 给出了下式

$$\mathrm{Nu_{gp}} = 0.42 + 0.35\mathrm{Re}_{pf}^{0.8} \qquad (12.69)$$

用喷腾床相应的数值代入式 (12.32)、式 (12.68) 和式 (12.69) 中计算说明，在环形区域气体与固体要达到热平衡需要运行的距离为厘米数量级，而在中心区域这个距离要比环形区域大一个或者两个数量级。

由于床层上颗粒接触时间相对较短，而且具有较大的毕奥数，所以颗粒内部热阻的重要性是明显的。因此，对浅的喷腾床，总传热速率和传热效率就受颗粒内部温度梯度的影响。当颗粒进入喷腾床底部与高温气体接触时，这个温度梯度很可能是最重要的，而当颗粒在边部环形空间缓慢下行时则可以忽略。因此，在边部环形区，不像在喷腾区，即使在较浅的喷腾床内，环形区域内气体与颗粒之间也会达到热平衡。

12.5.2 床层对表面的传热

相比于流化床，喷腾床的热交换装置很少埋设于床层内部。因此，在喷腾床内床层与表面的传热主要是床层与壁面之间的传热。床层与埋设物的传热系数在喷口与环形区的界面处达到最大，而且随颗粒直径的增大而增大 [Epstein and Grace, 1997]。

由于喷腾床内固体颗粒的充分混合，所以在边部环形空间的不同部位，其颗粒物料的平均温度可认为是相同的，就像在流化床上情况一样。在 h-U 图上显示的传热系数最大值也类似于密相流化床 [Mathur and Epstein, 1974]。

12.6 多颗粒气固系统的传质

多相系统的传质系数取决于定义该系数的模型，因此，传质系数应使用与之对应的模型方程。

12.6.1 密相流化床的传质

在密相流化床 (见第 9 章) 中，传质可发生在颗粒和气体间、气泡和乳化相间以及床层和表面间。下边讨论这些过程。

12.6.1.1 气体与颗粒间的传质

在气体速度 U 接近临界流化速度 U_{mf} 或者在散式流化床中的低气速条件下，气相可假设为栓流态 [Wen and Fane, 1982]。现分析 A 物从固相到气相的升华相变，根据 A 物气相浓度 C_A 的质量平衡，C_A 在高度 dH 上的增加量可用下式表示

$$U\frac{dC_A}{dH} = k_f S_B (C_A^s - C_A) \tag{12.70}$$

式中，C_A^s 是 A 物在固体表面的饱和浓度，k_f 是颗粒对气体的传质系数。

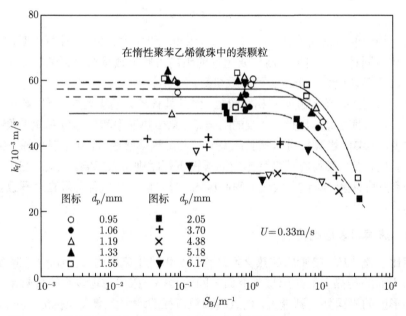

图 12.18 萘比界面面积和颗粒尺寸对传质系数的影响 [de Kok et al., 1986]

假设 k_f 不随高度而变化，德·考克 [de Kok et al., 1986] 研究了比界面面积对总传质系数影响。图 12.18 描绘了这个影响，图中显示颗粒与气体间的传质系数 k_f 在 $S_B \cong 2\mathrm{m}^{-1}$ 之前是一个常数，之后则减小，对式 (12.70) 积分可得到

$$k_f = \frac{U}{S_B H_f} \ln\left(\frac{C_A^s - C_{A,in}}{C_A^s - C_{A,out}}\right) \tag{12.71}$$

式 (12.71) 提供了一种在低气速的条件下根据测量进口和出口物浓度来量化的方法。学者文和范 [Wen and Fan, 1982]，利用卡托等 [Kato et al., 1970] 的实验数据，

提出了适用于气固流化床上的总传质系数的经验关系式

当 $0.5 \leqslant \mathrm{Re_{pf}} \left(\dfrac{d_\mathrm{p}}{H_\mathrm{e}}\right)^{0.6} \leqslant 80$ 时, $\quad \mathrm{Sh} = 0.43 \left[\mathrm{Re_{pf}}\left(\dfrac{d_\mathrm{p}}{H_\mathrm{e}}\right)^{0.6}\right]^{0.97} \mathrm{Sc}^{0.33}$ (12.72)

当 $80 \leqslant \mathrm{Re_{pf}} \left(\dfrac{d_\mathrm{p}}{H_\mathrm{e}}\right)^{0.6} \leqslant 1000$ 时, $\quad \mathrm{Sh} = 12.5 \left[\mathrm{Re_{pf}}\left(\dfrac{d_\mathrm{p}}{H_\mathrm{e}}\right)^{0.6}\right]^{0.2} \mathrm{Sc}^{0.33}$ (12.73)

式中,$\mathrm{Sh}=k_\mathrm{f}d_\mathrm{p}/D_\mathrm{m}$,$\mathrm{Sc}= \mu /(\rho D_\mathrm{m})$,$H_\mathrm{e} = x_\mathrm{s}H_\mathrm{f}$,$x_\mathrm{s}$ 是在传质中活性固体所占的体积分数。所给出的 Sh 定义假设惰性成分或非扩散成分平均分数的对数为 1。当床层上充满活性颗粒时,$x_\mathrm{s}=1$。

在相对高气速下,譬如鼓泡流化,则轴向混合的影响就需要加到式 (12.70) 中,则可得到

$$-D_\mathrm{a}\frac{\mathrm{d}^2 C_\mathrm{A}}{\mathrm{d}H^2} + U\frac{\mathrm{d}C_\mathrm{A}}{\mathrm{d}H} = k'_\mathrm{f} S_\mathrm{B} \left(C_\mathrm{A}^\mathrm{s} - C_\mathrm{A}\right) \tag{12.74}$$

式中,D_a 是轴向分散系数,可由实验估计。很明显式 (12.74) 给出的公式,围绕气泡相的传质阻力可忽略。

12.6.1.2 气泡与乳化相间的传质

处理气相和固相之间的传质需要清楚床体结构中气泡相和乳化相的组成 (见 §9.4)。现有含物相 A 的气泡通过流化床,并且在床层内耗尽,这个过程中从气泡相向乳化相的质量传递或者质量交换系数 K_be,与物相 A 在气泡中浓度 $C_\mathrm{A,b}$ 和在乳化相中的浓度 $C_\mathrm{A,e}$ 的关系用微分方程表示为 [Kunii and Levenspiel, 1968]

$$-\frac{1}{V_\mathrm{b}}\frac{\mathrm{d}N_\mathrm{A,b}}{\mathrm{d}t} = -\frac{\mathrm{d}C_\mathrm{A,b}}{\mathrm{d}t} = -U_\mathrm{b}\frac{\mathrm{d}C_\mathrm{A,b}}{\mathrm{d}H} = K_\mathrm{be}\left(C_\mathrm{A,b} - C_\mathrm{A,e}\right) \tag{12.75}$$

气泡相和乳化相之间的传质阻力可以用气泡与气泡晕之间、气泡晕与乳化相之间的变换关系描述。则

$$K_\mathrm{be}\left(C_\mathrm{A,b} - C_\mathrm{A,e}\right) = K_\mathrm{bc}\left(C_\mathrm{A,b} - C_\mathrm{A,c}\right) = K_\mathrm{ce}\left(C_\mathrm{A,c} - C_\mathrm{A,e}\right) \tag{12.76}$$

式中,K_bc 和 K_ce 分别是气泡与气泡晕之间、气泡晕与乳化相之间的交换系数,K_be 与 K_bc 和 K_ce 的关系为

$$\frac{1}{K_\mathrm{be}} = \frac{1}{K_\mathrm{bc}} + \frac{1}{K_\mathrm{ce}} \tag{12.77}$$

定义 k_be 的依据是

$$-U_\mathrm{b}V_\mathrm{b}\frac{\mathrm{d}C_\mathrm{A,b}}{\mathrm{d}H} = A_\mathrm{be}k_\mathrm{be}\left(C_\mathrm{A,b} - C_\mathrm{A,e}\right) \tag{12.78}$$

式中，A_{be} 是气泡与乳化相的界面面积。结合式 (12.75) 和式 (12.78) 则得到

$$K_{be} = k_{be}\frac{A_{be}}{V_b} = \frac{6}{d_b}k_{be} \tag{12.79}$$

在气固系统没有化学反应和吸附的情况下，通过实验测定物相 A 在气相和乳化相的浓度以及系统进口的浓度，则 K_{be} 可由式 (12.75) 确定。

K_{be} 也可通过式 (12.77) 所给出的关系中计算得到。依据气泡的结构，戴维森和哈里森 [Davidson and Harrison, 1963] 对流化床中 K_{bc} 的分析及昆尼和利文斯皮尔 [Kunii and Levenspiel, 1968] 对流化床 K_{ce} 的分析在 §9.4.2.1 中都有描述，对上升中的单气泡做物料平衡可得到

$$-\frac{dN_{A,b}}{dt} = -V_b\frac{dC_{A,b}}{dt} = (Q + k_{bc}S_{bc})(C_{A,b} - C_{A,c}) \tag{12.80}$$

式中，Q 是图 9.7(a) 中气泡晕循环气体的体积流量；S_{bc} 是气泡和气泡晕之间的界面面积 ($\approx \pi d_b^2$)，可假设气体流速是临界流化速度 U_{mf} 的三倍，则 Q 可用下式表示

$$Q = \frac{3\pi}{4}U_{mf}d_b^2 \tag{12.81}$$

对由扩散引起的气泡与其气泡晕之间的传质系数，戴维森和哈里森假设球冠气泡的尾涡角为 $\theta_w=50°$，导出了下列公式

$$k_{bc} = 0.975 D_m^{1/2} d_b^{-1/4} g^{1/4} \tag{12.82}$$

式中，D_m 是气体分子扩散系数。结合式 (12.75) 和式 (12.80) 可得到

$$K_{bc} = \frac{Q + k_{bc}S_{bc}}{V_b} \tag{12.83}$$

由式 (12.81) 和式 (12.82)，则式 (12.83) 中的 K_{bc} 可表示成

$$K_{bc} = 4.5\left(\frac{U_{mf}}{d_b}\right) + 5.85\left(\frac{D_m^{1/2}g^{1/4}}{d_b^{5/4}}\right) \tag{12.84}$$

即戴维森和哈里森对气泡与乳化相之间的传质总交换系数 K_{be}，对忽略气泡晕的快速气泡可用式 (12.84)。对于带大气泡晕的气泡，气泡晕与乳化相之间的交换系数 K_{ce}，可用式 (12.77) 所示的关联式加以考虑。

对气泡晕与乳化相之间传质，其界面的物料平衡由下式给出

$$-\frac{dN_{A,c}}{dt} = S_{ce}k_{ce}(C_{A,c} - C_{A,e}) \tag{12.85}$$

式中，k_{ce} 是气泡晕和乳化相之间的传质系数，S_{ce} 是气泡晕和乳化相之间的界面面积。类比于气泡与液体的接触，也可用渗透模型，则可导出 k_{ce} 为（见习题 12.6）

$$k_{ce} \cong \left(\frac{4D_{em}\alpha_{mf}}{\pi t_e}\right)^{1/2} \tag{12.86}$$

式中，D_{em} 是乳化相中的有效扩散系数，t_e 是穿透模型中气泡与乳化相接触时表面更换持续的时间。对带气泡晕的气泡，t_e 可用下式估计

$$t_e = \frac{d_c}{U_{b\infty}} \cong \frac{d_b}{U_{b\infty}} \tag{12.87}$$

由于气泡到气泡晕再到乳化相的传质过程是一个连续的过程，所以，式 (12.75) 也可写成

$$-\frac{1}{V_b}\frac{dN_{A,c}}{dt} = K_{ce}(C_{A,c} - C_{A,e}) \tag{12.88}$$

结合式 (12.85) 和式 (12.88) 则得到

$$K_{ce} = \frac{S_{ce}k_{ce}}{V_b} \tag{12.89}$$

对于带很薄气泡晕的气泡，S_{ce}/V_b 可近似为 $6/d_b$，由式 (12.86)、式 (12.87)，并用 d_b 代替式 (9.37) 中的 $d_{b\infty}$，则式 (12.89) 可变为

$$k_{ce} \cong 5.71\left(\frac{D_{em}\alpha_{mf}(gd_b)^{1/2}}{d_b^3}\right)^{1/2} \tag{12.90}$$

例 12.3 在一气固流化床中，流化气体为空气，操作温度为 400℃，操作压力为环境压力，颗粒粒径：d_p=510μm，颗粒密度：ρ_p=2242 kg/m³，颗粒形状系数：φ=0.84，气体速度：U=0.5m/s，床层上颗粒总质量：M_p=50 kg，流化床直径：D=0.3m，扩散系数：D_m=3×10⁻⁵m²/s，试确定气泡到乳化相的交换系数。

解 临界流化速度可从式 (9.14) 中得到：U_{mf}=0.113 m/s；在临界流化时的床层空隙率可由欧根 (Ergun) 公式，即式 (9.11) 中得到：α_{mf}=0.422；床层膨胀高度由式 (9.47) 得到：H_f=0.638m；床层内的气泡平均尺寸从式 (E9.11) 得到：d_b=0.091m；乳化相有效扩散系数近似为 [Kunii and Levenspiel, 1991]

$$D_{em} \cong D_m \tag{E12.10}$$

气泡与气泡晕的交换系数由式 (12.84) 得到

$$K_{bc} = 4.5\left(\frac{U_{mf}}{d_b}\right) + 5.85\left(\frac{D_m^{1/2}g^{1/4}}{d_b^{5/4}}\right)$$

$$= 4.5 \times \left(\frac{0.113}{0.091}\right) + 5.85 \times \left(\frac{(3 \times 10^{-5})^{1/2} \times 9.8^{1/4}}{0.091^{5/4}}\right) = 6.72 \, \text{s}^{-1} \quad \text{(E12.11)}$$

气泡晕与乳化相的交换系数由式 (12.90) 得到

$$k_{ce} = 5.71 \left(\frac{D_{em}\alpha_{mf}(gd_b)^{1/2}}{d_b^3}\right)^{1/2}$$

$$= 5.71 \times \left(\frac{3 \times 10^{-5} \times 0.422 \times (9.8 \times 0.091)^{1/2}}{0.091^3}\right)^{1/2} = 0.72 \, \text{s}^{-1} \quad \text{(E12.12)}$$

则由式 (12.77) 可得到在传质中气泡相与乳化相的交换系数为

$$K_{be} = \left(\frac{1}{\frac{1}{K_{bc}} + \frac{1}{K_{ce}}}\right) = \left(\frac{1}{\frac{1}{6.72} + \frac{1}{0.72}}\right) = 0.65 \, \text{s}^{-1} \quad \text{(E12.13)}$$

12.6.1.3 床层对表面的传质

从表面到气固悬浮体的传质明显高于向非悬浮体的自由颗粒的传质。这个增加量是由于减小了传质中的边界层，也由于增大了颗粒间气体的流动速度。固体颗粒就像一个热载体一样对传热的影响甚至更加明显。

对气固流化床，学者文和范 [Wen and Fan, 1982] 提出床层对表面的传质系数可以应用相应的传热公式，应用中要用舍伍德 (Sherwood) 数代替传热过中的努塞尔 (Nusselt) 数，用数组 $Sc(c_p\rho)/(c\rho_p)/(1-\alpha)$ 代替传热中的普朗特 (Prantl) 数。对床层与表面间的传质几乎没有可行的实验，尤其对气固流化床中操作气速很高的情况，实验测定很难。

12.6.2 循环流化床上的传质

循环流化床 (见第 10 章) 上气固传质的有效性可通过接触的有效性反映出来，它是对固体颗粒暴露在气流中程度的度量。正如第 10 章所提到的，细颗粒取向于形成颗粒团簇，在颗粒团簇内部的颗粒与气流产生接触阻力。接触效率可通过示踪热气体 [Dry et al., 1987] 或者用臭氧与氧化铁催化剂颗粒的反应估计 [Jiang et al., 1991]。人们发现接触效率随着床层上颗粒浓度的增加而减小。在气体速度较低时，由于湍流强度较低，颗粒聚集程度高，所以接触效率也低。接触效率随着气体速度的增加而增加，但增加的速度随气体的增加而下降。

克瓦克等 [Kwauk et al., 1986] 在 B 类颗粒形成的循环流化床上，用四氯化碳 (CCl$_4$) 作为示踪气体测量了气固之间的传质系数。在他们的研究中传质系数用气相和固相完全混合的栓流来定义。他们报道在快速流化区，传质系数随气体速度的增加而增加。海德尔和巴苏 [Haider and Basu, 1988] 在循环流化床中用萘颗粒的升华来研究气固间的传质问题。他们的研究表明颗粒和床层之间的传质系数随颗粒与气体间滑移速度 $U_{\mathrm{s}}(=[(U/\alpha)-U_{\mathrm{p}}/(1-\alpha)])$ 的变化而有明显的改变。滑移速度越小则传质系数越小。由此，他们对弗洛斯灵 (Froessling) 方程 (式 (4.96)) 作出修正

$$\frac{k_{\mathrm{f}} d_{\mathrm{p}}}{D_{\mathrm{m}}} = 2\alpha + 0.69 \left(\frac{U_{\mathrm{s}} d_{\mathrm{p}} \rho}{\mu \alpha}\right)^{0.5} \mathrm{Sc}^{0.33} \tag{12.91}$$

式中，α 是床层空隙率。

符 号 表

符号	说明	符号	说明
A_{be}	气泡和乳化相的界面面积	H_{f}	床层膨胀高度
A_{m}	与热表面接触的团束面积	h	传热系数
Ar	阿基米德 (Archimedes) 数	h	床层与表面间的传热系数
B	式 (12.67) 定义的常数	h_{bg}	床层与气体间的传热系数
C_{A}	物相 A 的浓度	h_{c}	床层与表面间的对流传热系数
$C_{\mathrm{A}}^{\mathrm{s}}$	物相 A 的饱和浓度	h_{cr}	颗粒群的辐射传热系数
$C_{\mathrm{A,b}}$	物相 A 在气泡中的浓度	h_{dr}	分散相的传热系数
$C_{\mathrm{A,c}}$	物相 A 在气泡晕中的浓度	h_{f}	气体层传热系数
$C_{\mathrm{A,e}}$	物相 A 在乳化相中的浓度	h_{gc}	h_{c} 的气体对流传热系数项
$C_{\mathrm{A,in}}$	物相 A 在系统进口的浓度	h_{gp}	床层中气体与颗粒间的传热系数
$C_{\mathrm{A,out}}$	物相 A 在系统出口的浓度	h_{i}	瞬态传热系数
c	颗粒的比热	$h_{\max}$	最大传热系数
c_{p}	定压比热	h_{p}	无气层阻力时颗粒与表面间的平均传热系数
c_{pc}	气泡晕的比热		
D_{a}	气体在轴向上的分散系数	h_{pc}	h_{c} 的颗粒对流传热系数项
D_{m}	气体分子扩散系数	$h_{\mathrm{pc,max}}$	h_{c} 的最大值
D_{em}	乳化相中的有效扩散系数	h_{r}	辐射传热系数
D_{tem}	乳化相的热扩散率	$I(t)$	膜渗透模型中时间的分布函数
d_{b}	气泡的体积直径	J_{q}	热流量
d_{c}	气泡晕直径	J_{r}	辐射热流量
Fo	傅里叶 (Fourier) 数	K	气体导热系数
f_{b}	表面气泡频率	K_{a}	气固悬浮体通过空管床时的表观导热率
g	重力加速度		
H	高度	K_{bc}	气泡与气泡晕在传质中的交换系数
H_{e}	床层有效高度	K_{be}	气泡与乳化相在传质中的交换系数

K_c	颗粒群的导热率		时间
K_{ce}	气泡晕与乳化相在传质中的交换系数	T_1	床层入口的气体温度
K_e	无流动气体固定床的有效导热率	T_2	床层出口的气体温度
K_{em}	乳化相的导热率	T_∞	当 $x \to \infty$ 时乳化相的气体温度
K_f	气体层的导热率	T_b	床层温度
K_p	颗粒的导热率	T_p	颗粒温度
k_{bc}	气泡与气泡晕间的传质系数	T_s	加热表面温度
k_{be}	气泡与乳化相间的传质系数	U	表观气体速度
k_{ce}	气泡晕与乳化相间的传质系数	U_b	气泡上升速度
k_f	气体与固体间的传质系数	$U_{b\infty}$	孤立气泡的上升速度
k_f'	式 (12.74) 定义的气体与固体间的传质系数	U_p	表观颗粒速度
		U_s	气体相和固体相间的滑移速度
M	颗粒的质量	U_{mf}	临界流化速度
M_p	床层上颗粒的总数	U_{opt}	在 $h = h_{\max}$ 时的表观气体速度
$N_{A,b}$	A 物在气泡中的摩尔数	V_b	气泡体积
$N_{A,c}$	A 物在气泡晕中的摩尔数	x	距表面的距离
Nu_{bg}	床层与气体的努塞尔数	x_s	传质中固体颗粒所占据的体积分数
Nu_{gp}	颗粒与气体的努塞尔数	z	轴向坐标
Nu_p	单颗粒与气体的努塞尔数		
n	温度对称面的法向坐标	**希腊字母**	
n'	气固界面的法向坐标		
Pr	普朗特数	α	床层空隙率
Q	单气泡进出的体积流量	α_b	床层中气泡的体积分数
r	径向坐标	α_c	床层中颗粒群的体积分数
R	床体半径	α_{cs}	中心喷腾区域的体积分数
Re_p	基于颗粒直径和相对速度的颗粒雷诺数	α	临界流化时的床层空隙率
		δ	边界层厚度
Re_{pf}	基于颗粒直径和表观速度的颗粒雷诺数	δ^*	无量纲气体层厚度
		δ_c	颗粒群覆盖壁面的时间平均分数
S	搅拌指数面积平均	δ_{em}	表面上乳化相层厚度
S_B	床层上单位体积的表面积	ε_{bs}	床层与表面间辐射常规床层发射率
S_{bc}	气泡和气泡晕的界面面积	ε_b	床层悬浮体的发射率
S_{ce}	气泡晕和乳化相的界面面积	ε_c	颗粒群的发射率
S_p	颗粒的表面积	ε_d	分散相的发射率
Sc	施密特 (Schmidt) 数	ε_p	颗粒表面的发射率
Sh	气体与颗粒的舍伍德数	ε_s	传热表面的发射率
t_c	颗粒群或颗粒相与气体的接触时间	ε_{sus}	悬浮相的发射率
t_e	穿透模型中气泡与乳化相接触更新时间	ξ	式 (12.48) 定义的参数

ρ_{em} 乳化相的密度 $\psi(t_c)$ 团束模型的时间分布函数
ρ_p 颗粒的密度 φ_b 当量气体层厚度与颗粒直径的比率
σ_b 斯特藩—玻尔兹曼常数

参 考 文 献

Baeyens, J. and Goossens, W. R. A. (1973). Some Aspects of Heat Transfer Between a Vertical Wall and a Gas Fluidized Bed. *Powder Tech.*, 8, 91.

Baskakov, A. P. (1985). Heat Transfer in Fluidized Beds: Radiative Heat Transfer in Fluidized Beds. In *Fluidization*, 2nd ed. Ed. Davidson, Clift and Harrison. London: Academic Press.

Baskakov, A. P., Berg, B. V., Vitt, O. K., Filippovsky, N. R, Kirakosyan, V. A., Goldobin, J. M. and Maskaev, V. K. (1973). Heat Transfer to Objects Immersed in Fluidized Beds. *Powder Tech.*, 8, 273.

Baskakov, A. P., Vitt, O. K., Kirakosyan, V. A., Maskaev, V. K. and Filippovsky, N. F. (1974). Investigation of Heat Transfer Coefficient Pulsations and of the Mechanism of Heat Transfer from a Surface Immersed into a Fluidized Bed. *Proceedings of International Symposium on Fluidization Applications*. Toulouse: Cepadues-Editions.

Basu, P. (1990). Heat Transfer in High Temperature Fast Fluidized Beds. *Chem. Eng. Sci.*, 45, 3123.

Basu, P. and Nag, P. K. (1987). An Investigation into Heat Transfer in Circulating Fluidized Beds. *Int. J. Heat & Mass Transfer*, 30, 2399.

Bi, H.-T., Jin, Y., Yu, Z. Q. and Bai, D.-R. (1989). The Radial Distribution of Heat Transfer Coefficients in Fast Fluidized Bed. In *Fluidization VI*. Ed. Grace, Shemilt and Bergougnou. New York: Engineering Foundation.

Bi, H.-T., Jin, Y., Yu, Z.-Q. and Bai, D.-R. (1990). An Investigation on Heat Transfer Circulating Fluidized Bed. In *Circulating Fluidized Bed Technology III*. Ed. Basu, Horio and Hasatani. Oxford: Pergamon Press.

Bock, H.-J. and Molerus, O. (1985). Influence of Hydrodynamics on Heat Transfer in Fluidized Beds. In *Fluidization*. Ed. Grace and Matsen. New York: Plenum.

Borodulya, V. A., Ganzha, V. L. and Kovensky, V. I. (1982). *Nauka I Technika*. Minsk, USSR.

Botterill, J. M. S. (1975). *Fluid-Bed Heat Transfer*. London: Academic Press.

Botterill, J. M. S., Teoman, Y. and Yiiregir, K. R. (1981). Temperature Effects on the Heat Transfer Behaviour of Gas Fluidized Beds. *AIChE Symp. Ser.*, 77(208), 330.

Botterill, J. M. S., Teoman, Y. and Yuregir, K. R. (1984). Factors Affecting Heat Transfer Between Gas-Fluidized Beds and Immersed Surfaces. *Powder Tech.*, 39, 177.

Botterill, J. M. S. and Williams, J. R. (1963). The Mechanism of Heat Transfer to Gas-Fluidized Beds. *Trans. Instn. Chem. Engrs.*, 41, 217.

Brodkey, R. S., Kim, D. S. and Sidner, W. (1991). Fluid to Particle Heat Transfer in a Fluidized Bed and to Single Particles. *Int. J. Heat & Mass Transfer*, 34, 2327.

Brewster, M. Q. (1986). Effective Absorptivity and Emissivity of Particulate Medium with Applications to a Fluidized Bed. *Trans. ASME, J. Heat Transfer*, 108, 710.

Davidson, J. F. and Harrison, D. (1963). *Fluidized Particles.* Cambridge: Cambridge University Press.

de Kok, J. J., Stark, N. L. and van Swaaij, W. P. M. (1986). The Influence of Solids Specific Interfacial Area on Gas-Solid Mass Transfer in Gas Fluidized Beds. In *Fluidization V.* Ed. Ostergaard and Sorensen. New York: Engineering Foundation.

Denloye, A. O. O. and Botterill, J. M. S. (1978). Bed to Surface Heat Transfer in a Fluidized Bed of Large Particles. *Powder Tech.*, 19, 197.

Dry, R. J., Christensen, I. N. and White, C. C. (1987). Gas-Solids Contact Efficiency in a High Velocity Fluidized Bed. *Powder Tech.*, 52, 243.

Epstein, N. and Grace, J. R. (1997). Spouting of Particulate Solids. In *Handbook of Powder Science and Technology*, 2nd ed. Ed. Fayed and Otten. New York: Chapman & Hall.

Flamant, G., Fatah, N. and Flitris, Y. (1992). Wall-to-Bed Heat Transfer in Gas-Solid Fluidized Beds: Prediction of Heat Transfer Regimes. *Powder Tech.*, 69, 223.

Gabor, J. D. (1970). Wall-to-Bed Heat Transfer in Fluidized and Packed Beds. *Chem. Eng. Prog. Symp. Ser.*, 66(105), 76.

Gel'Perin, N. I. and Einstein, V. G. (1971). Heat Transfer in Fluidized Beds. In *Fluidization.* Ed. Davidson and Harrison. New York: Academic Press.

Gloski, D., Glicksman, L. and Decker, N. (1984). Thermal Resistance at a Surface in Contact with Fluidized Bed Particles. *Int. J. Heat & Mass Transfer*, 27, 599.

Grace, J. (1982). Fluidized-Bed Heat Transfer. In *Handbook of Multiphase Systems.* Ed. G. Hetsroni. New York: McGraw-Hill.

Haider, P. K. and Basu, P. (1988). Mass Transfer from a Coarse Particle to a Fast Bed of Fine Solids. *AIChE Symp. Ser.*, 84(262), 58.

Higbie, R. (1935). The Rate of Absorption of a Pure Gas into a Still Liquid During Short Periods of Exposure. *Trans. AIChE*, 31, 365.

Jiang, P., Inokuchi, K., Jean, R.-H., Bi, H.-T. and Fan, L.-S. (1991). Ozone Decomposition in a Catalytic Circulating Fluidized Bed Reactor. In *Circulating Fluidized Bed Technology III.* Ed. Basu, Horio, and Hasatani. Oxford: Pergamon Press.

Kato, K., Kubota, H. and Wen, C. Y. (1970). Mass Transfer in Fixed and Fluidized Beds. *Inst. Chem. Eng. Symp. Ser.*, 66(105), 86.

Knowlton, T. M. (1992). Pressure and Temperature Effects in Fluid-Particle System. In *Fluidization VII.* Ed. Potter and Nicklin. New York: Engineering Foundation.

Kovenskii, V. I. (1980). Calculation of Emittance of a Disperse System. *J. Eng. Physics*, 38, 602.

Kunii, D. and Levenspiel, O. (1968). Bubbling Bed Model for Kinetic Processes in Fluidized Beds. *I & EC Proc. Des. Dev.*, 7, 481.

Kunii, D. and Levenspiel, O. (1991). *Fluidization Engineering*, 2nd ed. Boston: Butterworth-Heinemann.

Kunii, D. and Smith, J. M. (1960). Heat Transfer Characteristics of Porous Rocks. *AIChE J.*, 6, 71.

Kwauk, M., Wang, N., Li, Y, Chen, B. and Shen, Z. (1986). Fast Fluidization at ICM. In *Circulating Fluidized Bed Technology*. Ed. P. Basu. Toronto: Pergamon Press.

Levenspiel, O. and Walton, J. S. (1954). Bed-Wall Heat Transfer in Fluidized Systems. *Chem. Eng. Prog. Symp. Ser.*, 50(9), 1.

Lints, M. C. and Glicksman, L. R. (1993). Parameters Governing Particle-to-Wall Heat Transfer in a Circulating Fluidized Bed. In *Circulating Fluidized Bed Technology IV*. Ed. A. A. Avidan. New York: AIChE Publications.

Littman, H. and Sliva, D. E. (1971). Gas-Particle Heat Transfer Coefficient in Packed Beds at Low Reynolds Number. In *Heat Transfer 1970, Paris-Versailles*, CT 1.4. Amsterdam: Elsevier.

Maskaev, V. K. and Baskakov, A. P. (1974). Features of External Heat Transfer in a Fluidized Bed of Coarse Particles. *Int. Chem. Eng.*, 14, 80.

Mathur, K. B. and Epstein, N. (1974). *Spouted Beds*. New York: Academic Press.

Mickley, H. S. and Fairbanks, D. F. (1955). Mechanism of Heat Transfer to Fluidized Beds. *AIChE J.*, 1, 374.

Mickley, H. S., Fairbanks, D. F. and Hawthorn, R. D. (1961). The Relation Between the Transfer Coefficient and Thermal Fluctuations in Fluidized Bed Heat Transfer. *Chem. Eng. Prog. Symp. Ser.*, 57(32), 51.

Ranz, W. E. (1952). Friction and Transfer Coefficients for Single Particles and Packed Beds. *Chem. Eng. Prog.*, 48, 247.

Rowe, P. N. and Claxton, K. T. (1965). Heat and Mass Transfer from a Single Sphere to a Fluid Flowing Through an Array. *Trans. Instn. Chem. Engrs.*, 43, T321.

Sleicher, C. A. and Rouse, M. W. (1975). A Convective Correlation for Heat Transfer to Constant and Variable Property Fluids in Turbulent Pipe Flow. *Int. J. Heat & Mass Transfer*, 18, 677.

Subbarao, D. and Basu, P. (1986). A Model for Heat Transfer in Circulating Fluidized Beds. *Int. J. Heat & Mass Transfer*, 29, 487.

Toor, R. L. and Marchello, J. M. (1958). Film-Penetration Model for Mass and Heat Transfer. *AIChE J.*, 4, 97.

Tuot, J. and Clift, R. (1973). Heat Transfer Around Single Bubbles in a Two-Dimensional

Fluidized Bed. *Chem. Eng. Prog. Symp. Ser.*, 69(128), 78.

Wen, C. Y. and Fane, A. G. (1982). Fluidized-Bed Mass Transfer. In *Handbook of Multi-phase System.* Ed. G. Hetsroni. Washington, D. C.: Hemisphere.

Wen, C. Y. and Miller, E. N. (1961). Heat Transfer in Solid-Gas Transport Lines. *I & EC,* 53, 51.

Wender, L. and Cooper, G. T. (1958). Heat Transfer between Fluidized-Solids, Beds, and Boundary Surfaces: Correlation of Data. *AIChE J.,* 4, 15.

Wu, R. L., Grace, J. R., Lim, C. J. and Brereton, C. M. H. (1989). Suspension-to-Surface Heat Transfer in a Circulating Fluidized Bed Combustor. *AIChE J.,* 35, 1685.

Wu, R. L., Grace, J. R. and Lim, C. J. (1990). A Model for Heat Transfer in Circulating Fluidized Beds. *Chem. Eng. Sci.,* 45, 3389.

Wu, R. L., Lim, C. J., Chaouki, J. and Grace, J. R. (1987). Heat Transfer from a Circulating Fluidized Bed to Membrane Waterwall Surfaces. *AIChE J.,* 33, 1888.

Xavier, A. M., King, D. F., Davidson, J. F. and Harrison, D. (1980). Surface-Bed Heat Transfer in a Fluidized Bed at High Pressure. In *Fluidization.* Ed. Grace and Matsen. New York: Plenum.

Xavier, A. M. and Davidson, J. F. (1985). Heat Transfer in Fluidized Beds: Convective Heat Transfer in Fluidized Beds. In *Fluidization,* 2nd ed. Ed. Davidson, Clift, and Harrison. London: Academic Press.

Yoshida, K., Kunii, D. and Levenspiel, O. (1969). Heat Transfer Mechanisms Between Wall Surface and Fluidized Bed. *Int. J. Heat & Mass Transfer,* 12, 529.

Zabrodsky, S. S. (1963). Heat Transfer Between Solid Particles and a Gas in a Nonuniformly Aggregated Fluidized Bed. *Int. J. Heat & Mass Transfer,* 6, 23 and 991.

习 题

12.1 温度为 473K 的热气体从密相流化床底部进入并穿过床层。床体温度维持在 273K，床体膨胀后高度为 3m。如果气体表观速度为 0.5m/s，试确定床体与气体间的换热系数，以及在床体不同高度上的气体温度。计算按下列条件考虑：$\alpha = 0.5$, $d_p = 0.5$mm, $k_g = 0.026$W/(m·K), $c_p = 1005$J/(kg·K)。

12.2 床体与表面的换热系数对床体径向上不同的位置而不同。温德和库珀 [Wender and Cooper, 1958] 对埋设垂直管道的换热数据进行了归纳整理，对颗粒雷诺数为 $0.01 < \text{Re}_p < 100$ 的情况，提出了下列经验公式：

$$\frac{hd_p}{K} = 3.51 \times 10^{-4} C_R (1-\alpha) \left(\frac{c_p \rho}{K}\right)^{0.43} \left(\frac{d_p \rho U}{\mu}\right)^{0.23} \left(\frac{c}{c_p}\right)^{0.8} \left(\frac{\rho_p}{\rho}\right)^{0.66} \quad (P12.1)$$

式中，C_R 是由图 P12.1 确定的参数，请按例 9.2(b) 所给出的条件，计算横截面上的平均换热系数。另外计算的条件为：$c = 840$J/(kg·K), $c_p = 1005$J/(kg·K), $K_p = 1.9$W/(m·K), $K = 0.0262$W/(m·K), $t_c = 0.8$s。计算结果与 §12.3.2 所给出的方法进行比较。

习 题

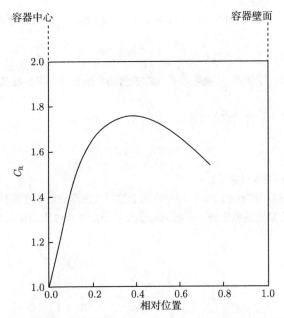

图 P12.1 埋设垂直管非轴向位置的 C_R 值 [Wender and Cooper, 1958]

12.3 试用 §10.4.1 所给出的条件推导在细颗粒循环流化床中颗粒对流换热系数沿轴向上的分布。推导中可假设在床层中的颗粒都为团簇形式。

12.4 试用 §10.4.2 所给出的条件推导在细颗粒循环流化床中颗粒对流换热系数沿径向上的分布,并分别给出核心区域和近壁面区域的简化式。

12.5 对气固流化床,气泡与气泡晕间由扩散而引起的传质系数可用式 (12.82) 类比液体中的气泡传质而导出 [Davidson and Harrison, 1963]。考虑到气泡内部的气体循环,A 类颗粒从气泡通过表面向气泡晕的扩散,在径向上形成浓度梯度。在气泡表面附近的气体流函数可由下式给出

$$\psi = R_{\mathrm{b}} V_{\mathrm{s}} y \sin\theta \tag{P12.2}$$

式中,R_{b} 是气泡半径;y 是距气泡表面法向上的距离;θ 是半径与气泡垂直轴之间的夹角;V_{s} 是气泡表面乳化相的运行速度,该速度是相对于气泡的上升速度所给出的,由下式给出

$$V_{\mathrm{s}} = \sqrt{2gz} \tag{P12.3}$$

式中,z 是距气泡突出部分的垂直距离。

(a) 假设在径向上的沿循环流和对流的扩散可忽略不计,请按 A 类颗粒在气泡中的质量平衡导出下式

$$D_{\mathrm{m}} R_{\mathrm{b}} \left(\frac{\partial^2 C_{\mathrm{A}}}{\partial y^2}\right)_{\theta} = V_{\mathrm{s}} \left(\frac{\partial C_{\mathrm{A}}}{\partial \theta}\right)_{\psi} \tag{P12.4}$$

(b) 请将式 (P12.4) 变成下式

$$D_{\mathrm{m}} R_{\mathrm{b}} \left(\frac{\partial^2 C_{\mathrm{A}}}{\partial \psi^2}\right)_{\phi} = \left(\frac{\partial C_{\mathrm{A}}}{\partial \Phi}\right)_{\psi} \tag{P12.5}$$

对式 (P12.5) 所指定的边界条件，用 ψ 表示 y，而用 Φ 表示 θ，Φ 是由下式定义的参数

$$\frac{\mathrm{d}\Phi}{\mathrm{d}\theta} = R_{\mathrm{b}}^3 V_{\mathrm{s}} \sin^2\theta \tag{P12.6}$$

(c) 解式 (P12.5) 以获得 A 类颗粒在气泡表面的浓度分布，用穿过气泡前部表面的质量传递速度表示。

(d) 按照下式对 k_{bc} 的定义，求在 $\theta_{\mathrm{w}}=50°$ 时 k_{bc} 的值。

$$N_{\mathrm{A}} = k_{\mathrm{bc}} \pi d_{\mathrm{b}}^2 (C_{\mathrm{A,b}} - C_{\mathrm{A,c}}) \tag{P12.7}$$

式中，N_{A} 是物相 A 的传质速度。

12.6 请用亥哥贝 [Higbie, 1935] 的穿透模型推导气泡晕和乳化相间传质 (式 (12.86)) 的交换系数。亥哥贝的穿透模型假设暴露时间与单元界面沿气泡边缘的运动时间相等。

附录 标量、向量和张量的符号意义

表 A1~ 表 A5 将书中出现的主要标量、向量和张量的符号意义做出具体的解释。表 A1 给出的是向量和二阶张量的基本定义。表 A2 给出的是向量和二阶张量的数字计算；表 A3~ 表 A5 是标量、向量和张量在笛卡儿坐标、柱面坐标以及球面坐标中的微分式。注意表中相同下角标的乘积符合，如 $a_i b_i$ 表示爱因斯坦 (Einstein) 求和约定数，δ_{ij} 表示克罗内克函数。黑体字表示向量和张量。

表 A1　向量和二阶张量的基本定义

矢量
$$\boldsymbol{a} = a_1 \boldsymbol{e}_1 + a_2 \boldsymbol{e}_2 + a_3 \boldsymbol{e}_3 = a_i \boldsymbol{e}_i$$

二阶张量
$$\boldsymbol{\tau} = \begin{pmatrix} \tau_{11} & \tau_{12} & \tau_{13} \\ \tau_{21} & \tau_{22} & \tau_{23} \\ \tau_{31} & \tau_{32} & \tau_{33} \end{pmatrix} = \tau_{ij} \boldsymbol{e}_i \boldsymbol{e}_j$$

单位张量
$$\boldsymbol{I} = \begin{pmatrix} 1 & 0 & 0 \\ 0 & 1 & 0 \\ 0 & 0 & 1 \end{pmatrix} = \delta_{ij} \boldsymbol{e}_i \boldsymbol{e}_j = \boldsymbol{e}_i \boldsymbol{e}_i$$

迹线
$$\operatorname{tr} \boldsymbol{\tau} = \tau_{11} + \tau_{22} + \tau_{33} = \tau_{ii}$$

表 A2　向量和二阶张量的数字计算

两个向量的标积
$$\boldsymbol{a} \cdot \boldsymbol{b} = a_1 b_1 + a_2 b_2 + a_3 b_3 = a_i b_i$$

两个向量的叉积
$$\boldsymbol{a} \times \boldsymbol{b} = \begin{vmatrix} \boldsymbol{e}_1 & \boldsymbol{e}_2 & \boldsymbol{e}_3 \\ a_1 & a_2 & a_3 \\ b_1 & b_2 & b_3 \end{vmatrix} = (a_2 b_3 - a_3 b_2) \boldsymbol{e}_1 + (a_3 b_1 - a_1 b_3) \boldsymbol{e}_2 + (a_1 b_2 - a_2 b_1) \boldsymbol{e}_3$$

两个向量的并矢积
$$\boldsymbol{a}\boldsymbol{b} = a_1 b_1 \boldsymbol{e}_1 \boldsymbol{e}_1 + a_1 b_2 \boldsymbol{e}_1 \boldsymbol{e}_2 + a_1 b_3 \boldsymbol{e}_1 \boldsymbol{e}_3 + a_2 b_1 \boldsymbol{e}_2 \boldsymbol{e}_1 + a_2 b_2 \boldsymbol{e}_2 \boldsymbol{e}_2 + a_2 b_3 \boldsymbol{e}_2 \boldsymbol{e}_3 + a_3 b_1 \boldsymbol{e}_3 \boldsymbol{e}_1 + a_3 b_2 \boldsymbol{e}_3 \boldsymbol{e}_2$$
$$+ a_3 b_3 \boldsymbol{e}_3 \boldsymbol{e}_3 = a_i b_j \boldsymbol{e}_i \boldsymbol{e}_j$$

两个张量的标积
$$\boldsymbol{\tau} : \boldsymbol{\sigma} = \tau_{11} \sigma_{11} + \tau_{12} \sigma_{21} + \tau_{13} \sigma_{31} + \tau_{21} \sigma_{12} + \tau_{22} \sigma_{22} + \tau_{23} \sigma_{32} + \tau_{31} \sigma_{13} + \tau_{32} \sigma_{23} + \tau_{33} \sigma_{33} = \tau_{ij} \sigma_{ji}$$

一个向量与一个张量的矢积
$$\boldsymbol{a} \cdot \boldsymbol{\tau} = (a_1 \tau_{11} + a_2 \tau_{21} + a_3 \tau_{31}) \boldsymbol{e}_1 + (a_1 \tau_{12} + a_2 \tau_{22} + a_3 \tau_{32}) \boldsymbol{e}_2 + (a_1 \tau_{13} + a_2 \tau_{23} + a_3 \tau_{33}) \boldsymbol{e}_3 = a_j \tau_{ji} \boldsymbol{e}_i$$

一个张量与一个向量的矢积
$$\boldsymbol{\tau} \cdot \boldsymbol{a} = (\tau_{11} a_1 + \tau_{12} a_2 + \tau_{13} a_3) \boldsymbol{e}_1 + (\tau_{21} a_1 + \tau_{22} a_2 + \tau_{23} a_3) \boldsymbol{e}_2 + (\tau_{31} a_1 + \tau_{32} a_2 + \tau_{33} a_3) \boldsymbol{e}_1 = \tau_{ij} a_j \boldsymbol{e}_i$$

表 A3　笛卡儿坐标系下的微分 (x, y, z)

标量的梯度

$$\nabla s = \frac{\partial s}{\partial x}\boldsymbol{e}_x + \frac{\partial s}{\partial y}\boldsymbol{e}_y + \frac{\partial s}{\partial z}\boldsymbol{e}_z$$

向量的散度

$$\nabla \cdot \boldsymbol{a} = \frac{\partial a_x}{\partial x} + \frac{\partial a_y}{\partial y} + \frac{\partial a_z}{\partial z}$$

标量的拉普拉斯算子

$$\nabla^2 s = \frac{\partial^2 s}{\partial x^2} + \frac{\partial^2 s}{\partial y^2} + \frac{\partial^2 s}{\partial z^2}$$

向量的拉普拉斯算子

$$\nabla^2 \boldsymbol{a} = \left(\frac{\partial^2 a_x}{\partial x^2} + \frac{\partial^2 a_x}{\partial y^2} + \frac{\partial^2 a_x}{\partial z^2}\right)\boldsymbol{e}_x + \left(\frac{\partial^2 a_y}{\partial x^2} + \frac{\partial^2 a_y}{\partial y^2} + \frac{\partial^2 a_y}{\partial z^2}\right)\boldsymbol{e}_y + \left(\frac{\partial^2 a_z}{\partial x^2} + \frac{\partial^2 a_z}{\partial y^2} + \frac{\partial^2 a_z}{\partial z^2}\right)\boldsymbol{e}_z$$

张量的散度

$$\nabla \boldsymbol{\tau} = \left(\frac{\partial \tau_{xx}}{\partial x} + \frac{\partial \tau_{yx}}{\partial y} + \frac{\partial \tau_{zx}}{\partial z}\right)\boldsymbol{e}_x + \left(\frac{\partial \tau_{xy}}{\partial x} + \frac{\partial \tau_{yy}}{\partial y} + \frac{\partial \tau_{zy}}{\partial z}\right)\boldsymbol{e}_y + \left(\frac{\partial \tau_{xz}}{\partial x} + \frac{\partial \tau_{yz}}{\partial y} + \frac{\partial \tau_{zz}}{\partial z}\right)\boldsymbol{e}_z$$

向量的梯度

$$\nabla \boldsymbol{a} = \frac{\partial a_x}{\partial x}\boldsymbol{e}_x\boldsymbol{e}_x + \frac{\partial a_y}{\partial x}\boldsymbol{e}_x\boldsymbol{e}_y + \frac{\partial a_z}{\partial x}\boldsymbol{e}_x\boldsymbol{e}_z + \frac{\partial a_x}{\partial y}\boldsymbol{e}_y\boldsymbol{e}_x + \frac{\partial a_y}{\partial y}\boldsymbol{e}_y\boldsymbol{e}_y + \frac{\partial a_z}{\partial y}\boldsymbol{e}_y\boldsymbol{e}_z$$

$$+ \frac{\partial a_x}{\partial z}\boldsymbol{e}_z\boldsymbol{e}_x + \frac{\partial a_y}{\partial z}\boldsymbol{e}_z\boldsymbol{e}_y + \frac{\partial a_z}{\partial z}\boldsymbol{e}_z\boldsymbol{e}_z$$

沿气体流动方向的物质导数

$$\frac{Ds}{Dt} = \frac{\partial s}{\partial t} + U \cdot \nabla s, \quad \frac{Da}{Dt} = \frac{\partial a}{\partial t} + U \cdot \nabla a$$

沿颗粒流动方向的物质导数

$$\frac{Ds}{Dt} = \frac{\partial s}{\partial t} + U_p \cdot \nabla s, \quad \frac{Da}{Dt} = \frac{\partial a}{\partial t} + U_p \cdot \nabla a$$

表 A4　柱面坐标系下的微分 (r, θ, z)

$$\nabla s = \frac{\partial s}{\partial r}\boldsymbol{e}_r + \frac{1}{r}\frac{\partial s}{\partial \theta}\boldsymbol{e}_\theta + \frac{\partial s}{\partial z}\boldsymbol{e}_z$$

$$\nabla \cdot \boldsymbol{a} = \frac{1}{r}\frac{\partial}{\partial r}(ra_r) + \frac{1}{r}\frac{\partial a_\theta}{\partial \theta} + \frac{\partial a_z}{\partial z}$$

$$\nabla^2 s = \frac{1}{r}\frac{\partial}{\partial r}\left(r\frac{\partial s}{\partial r}\right) + \frac{1}{r^2}\frac{\partial^2 s}{\partial \theta^2} + \frac{\partial^2 s}{\partial z^2}$$

$$\nabla^2 \boldsymbol{a} = \left[\frac{\partial}{\partial r}\left(\frac{1}{r}\frac{\partial}{\partial r}(ra_r)\right) + \frac{1}{r^2}\frac{\partial^2 a_r}{\partial \theta^2} + \frac{\partial^2 a_r}{\partial z^2} - \frac{2}{r^2}\frac{\partial a_\theta}{\partial \theta}\right]\boldsymbol{e}_r$$

$$+ \left[\frac{\partial}{\partial r}\left(\frac{1}{r}\frac{\partial}{\partial r}(ra_\theta)\right) + \frac{1}{r^2}\frac{\partial^2 a_\theta}{\partial \theta^2} + \frac{\partial^2 a_\theta}{\partial z^2} + \frac{2}{r^2}\frac{\partial a_r}{\partial \theta}\right]\boldsymbol{e}_\theta$$

$$+ \left[\frac{\partial}{\partial r}\left(\frac{1}{r}\frac{\partial}{\partial r}(ra_z)\right) + \frac{1}{r^2}\frac{\partial^2 a_z}{\partial \theta^2} + \frac{\partial^2 a_z}{\partial z^2}\right]\boldsymbol{e}_z$$

附录　标量、向量和张量的符号意义

续表

$$\nabla \cdot \tau = \left[\frac{1}{r}\frac{\partial}{\partial r}(r\tau_{rr}) + \frac{1}{r}\frac{\partial \tau_{\theta r}}{\partial \theta} + \frac{\partial \tau_{zr}}{\partial z} - \frac{\tau_{\theta\theta}}{r}\right]\boldsymbol{e}_r$$

$$+ \left[\frac{1}{r^2}\frac{\partial}{\partial r}(r\tau_{r\theta}) + \frac{1}{r}\frac{\partial \tau_{\theta\theta}}{\partial \theta} + \frac{\partial \tau_{z\theta}}{\partial z} + \frac{\tau_{\theta r} - \tau_{r\theta}}{r}\right]\boldsymbol{e}_\theta$$

$$+ \left[\frac{1}{r}\frac{\partial}{\partial r}(r\tau_{rz}) + \frac{1}{r}\frac{\partial \tau_{\theta z}}{\partial \theta} + \frac{\partial \tau_{zz}}{\partial z}\right]\boldsymbol{e}_z$$

$$\nabla \boldsymbol{a} = \frac{\partial a_r}{\partial r}\boldsymbol{e}_r\boldsymbol{e}_r + \frac{\partial a_\theta}{\partial r}\boldsymbol{e}_r\boldsymbol{e}_\theta + \frac{\partial a_z}{\partial r}\boldsymbol{e}_r\boldsymbol{e}_z$$

$$+ \left(\frac{1}{r}\frac{\partial a_r}{\partial \theta} - \frac{a_\theta}{r}\right)\boldsymbol{e}_\theta\boldsymbol{e}_r + \left(\frac{1}{r}\frac{\partial a_\theta}{\partial \theta} + \frac{a_r}{r}\right)\boldsymbol{e}_\theta\boldsymbol{e}_\theta + \frac{1}{r}\frac{\partial a_z}{\partial \theta}\boldsymbol{e}_\theta\boldsymbol{e}_z$$

$$+ \frac{\partial a_r}{\partial z}\boldsymbol{e}_z\boldsymbol{e}_r + \frac{\partial a_\theta}{\partial z}\boldsymbol{e}_z\boldsymbol{e}_\theta + \frac{\partial a_z}{\partial z}\boldsymbol{e}_z\boldsymbol{e}_z$$

表 A5　球面坐标系下的微分 (R, θ, φ)

$$\nabla s = \frac{\partial s}{\partial R}\boldsymbol{e}_R + \frac{1}{R}\frac{\partial s}{\partial \theta}\boldsymbol{e}_\theta + \frac{1}{R\sin\theta}\frac{\partial s}{\partial \varphi}\boldsymbol{e}_\varphi$$

$$\nabla \cdot \boldsymbol{a} = \frac{1}{R^2}\frac{\partial}{\partial R}(R^2 a_R) + \frac{1}{R\sin\theta}\frac{\partial}{\partial \theta}(a_\theta \sin\theta) + \frac{1}{R\sin\theta}\frac{\partial a_\varphi}{\partial \varphi}$$

$$\nabla^2 s = \frac{1}{R^2}\frac{\partial}{\partial R}\left(R^2 \frac{\partial s}{\partial R}\right) + \frac{1}{R^2 \sin\theta}\frac{\partial}{\partial \theta}\left(\sin\theta \frac{\partial s}{\partial \theta}\right) + \frac{1}{R^2 \sin^2\theta}\frac{\partial^2 s}{\partial \varphi^2}$$

$$\nabla^2 \boldsymbol{a} = \left[\frac{\partial}{\partial R}\left(\frac{1}{R^2}\frac{\partial}{\partial R}(R^2 a_R)\right) + \frac{1}{R^2 \sin\theta}\frac{\partial_r}{\partial \theta}\left(\sin\theta \frac{\partial a_R}{\partial \theta}\right) + \frac{1}{R^2 \sin\theta}\frac{\partial^2 a_R}{\partial \varphi^2} - \frac{2}{R^2 \sin\theta}\frac{\partial}{\partial \theta}(a_\theta \sin\theta)\right.$$

$$\left. - \frac{2}{R^2 \sin\theta}\frac{\partial}{\partial \theta}(a_\theta \sin\theta) - \frac{2}{R^2 \sin\theta}\frac{\partial a_\varphi}{\partial \varphi}\right]\boldsymbol{e}_R$$

$$+ \left[\frac{1}{R^2}\frac{\partial}{\partial R}\left(R^2 \frac{\partial a_\theta}{\partial R}\right) + \frac{1}{R^2}\frac{\partial}{\partial \theta}\left(\frac{1}{\sin\theta}\frac{\partial}{\partial \theta}(a_\theta \sin\theta)\right) \frac{1}{R^2 \sin^2\theta}\frac{\partial^2 a_\theta}{\partial \varphi^2} + \frac{2}{R^2}\frac{\partial a_R}{\partial \theta} - \frac{2}{R^2}\frac{\cot\theta}{\sin\theta}\frac{\partial a_\varphi}{\partial \varphi}\right]\boldsymbol{e}_\theta$$

$$+ \left[\frac{1}{R^2}\frac{\partial}{\partial R}\left(R^2 \frac{\partial a_\varphi}{\partial R}\right) + \frac{1}{R^2}\frac{\partial}{\partial \theta}\left(\frac{1}{\sin\theta}\frac{\partial}{\partial \theta}(a_\varphi \sin\theta)\right) \frac{1}{R^2 \sin^2\theta}\frac{\partial^2 a_\varphi}{\partial \varphi^2} + \frac{2}{R^2}\frac{\partial a_R}{\partial \varphi} - \frac{2}{R^2}\frac{\cot\theta}{\sin\theta}\frac{\partial a_\theta}{\partial \varphi}\right]\boldsymbol{e}_\varphi$$

$$\nabla \cdot \tau = \left[\frac{1}{R}\frac{\partial}{\partial R}(R^2 \tau_{RR}) + \frac{1}{R\sin\theta}\frac{\partial}{\partial \theta}(\tau_{\theta R} \sin\theta) + \frac{1}{R\sin\theta}\frac{\partial \tau_{\varphi R}}{\partial \varphi} - \frac{\tau_{\theta\theta} + \tau_{\varphi\varphi}}{R}\right]\boldsymbol{e}_R$$

$$+ \left[\frac{1}{R^3}\frac{\partial}{\partial R}(R\tau_{R\theta}) + \frac{1}{R\sin\theta}\frac{\partial}{\partial \theta}(\tau_{\theta\theta} \sin\theta) + \frac{1}{R\sin\theta}\frac{\partial \tau_{\varphi\theta}}{\partial \varphi} + \frac{\tau_{\theta R} - \tau_{R\theta} - \tau_{\varphi\varphi} \cot\theta}{R}\right]\boldsymbol{e}_\theta$$

$$+ \left[\frac{1}{R^3}\frac{\partial}{\partial R}(R\tau_{R\varphi}) + \frac{1}{R\sin\theta}\frac{\partial}{\partial \theta}(\tau_{\theta\varphi} \sin\theta) + \frac{1}{R\sin\theta}\frac{\partial \tau_{\varphi\varphi}}{\partial \varphi} + \frac{\tau_{\varphi R} - \tau_{R\varphi} - \tau_{\varphi\theta} \cot\theta}{R}\right]\boldsymbol{e}_\varphi$$

$$\nabla \boldsymbol{a} = \frac{\partial a_R}{\partial R}\boldsymbol{e}_R\boldsymbol{e}_R + \frac{\partial a_\theta}{\partial R}\boldsymbol{e}_R\boldsymbol{e}_\theta + \frac{\partial a_\varphi}{\partial R}\boldsymbol{e}_R\boldsymbol{e}_\varphi + \left(\frac{1}{R}\frac{\partial a_R}{\partial \theta} - \frac{a_\theta}{R}\right)\boldsymbol{e}_\theta\boldsymbol{e}_R + \left(\frac{1}{R}\frac{\partial a_\theta}{\partial \theta} + \frac{a_R}{R}\right)\boldsymbol{e}_\theta\boldsymbol{e}_\theta$$

$$+ \frac{1}{R}\frac{\partial a_\varphi}{\partial \theta}\boldsymbol{e}_\theta\boldsymbol{e}_\varphi + \left(\frac{1}{R\sin\theta}\frac{\partial a_R}{\partial \varphi} - \frac{a_\varphi}{R}\right)\boldsymbol{e}_\varphi\boldsymbol{e}_R + \left(\frac{1}{R\sin\theta}\frac{\partial a_\theta}{\partial \varphi} - \frac{a_\varphi}{R}\cot\theta\right)\boldsymbol{e}_\varphi\boldsymbol{e}_\theta$$

$$+ \left(\frac{1}{R\sin\theta}\frac{\partial a_\varphi}{\partial \varphi} + \frac{a_R}{R} + \frac{a_\theta}{R}\cot\theta\right)\boldsymbol{e}_\varphi\boldsymbol{e}_\varphi$$

名 词 索 引

A

acoustic fluidized beds 声波流化床 9(80)
adsorption 吸附
   in dense-phase fluidized beds 在密相流化床中 9(74)
aeration 通风
      in standpipes 在竖管中 8(68、69)
age distribution function 时间分布函数 12(216)
agglomeration 凝聚
      of particles 颗粒的 10(150)
air slides 空气输送斜槽
      solids transport by 固体颗粒输送 11(167)
Archimedes number 阿基米德数 9(76、77、82、113),10(132、158),12(223)
arching 结拱
   at hopper outlets 在料斗卸料口处 8(36、45、46、49)
axial dispersion coefficient 轴向分散系数 12(235)
axial distribution 轴向分布
   of heat transfer coefficient 传热系数 12(230、245)
axial flow cyclone 轴流式旋风筒 7(3)

B

baffles 挡板
in dense-phase fluidized beds 在密相流化床中 9(79、101)
bag filters 袋式过滤器 7(17-22、23)
Basset force 巴塞特(Basset)力 11(182、187)
bed-to-gas heat transfer 床层与气体间的传热
   in dense-phase fluidized beds 在密相流化床中 12(218、219)
bed-to-surface heat transfer 床层与表面的传热 12(209、219-226)
   coefficient for 传热系数 12(244)
   in spouted beds 在喷腾床中 12(233)
bed-to-surface mass transfer 床层与表面间的传质 12(238)
belt conveyors 带式输送机
   solids transport by 固体颗粒的输送 11(167)
blowers 鼓风机
   in circulating fluidized beds 在循环流化床中 10(126、142)
bubble column 柱状气泡 9(74、86)
bubble Reynolds number 气泡雷诺数 9(94)
bubbles 气泡
      breakup of 破裂 9(77-79、92、93)
   in circulating fluidized beds 在循环流化床中 10(138)
circulation induced by 引起循环

12(212)
 cloudless 无晕的 9(85-87)
 cloud-type 带晕型 9(85-87、121)
coalescence of 聚并 9(77、78、90-92、100、102、103、107)
 configurations of 形状 9(85-88)
in dense-phase fluidized bed 在密相流化床中 9(77-79、88-91、103、107、121),12(219、220)
effect on heat transfer 对传热的影响 12(206、207、217、219-221)
effect on mass transfer 对传质的影响 12(245)
 flow around 绕流 9(88-90)
 formation of 形成 9(88-90)
 fraction of 体积分数 9(99),12(221)
 frequency of 频率 9(221)
invisible gas flow through 看不见的气流 9(96)
jet formation from 射流的形成 9(92-95)
 onset of bubbling 初始鼓泡 9(83、84)
 phase flow of 相流 9(95)
 pressure distribution around 压力分布 9(90)
 rise velocity of 上升速度 9(76、83、85、88、92-95、99、103、114),12(245)
 size of 尺寸 9(75、76、78、79、83、92-95、99)
 stability of 稳定性 92
 wake angle of 尾涡角 9(85-87)
wake of 尾流 9(83、85-87、90),12(220)
bubble-to-cloud interchange coefficient 气泡与气泡晕的交换系数 12(235、237)
bubble-to-cloud mass transfer 气泡与气泡晕的传质
in dense-phase fluidized beds 在密相流化床中 12(235-238、245)
bubbling fluidization 鼓泡流化
in dense-phase fluidized beds 在密相流化床中 9(75-78、83-99)
bucket elevators 斗式提升机
 solids transport by 固体物料输送 11(167)

C

cake filters 滤饼过滤 7(17、18、21)
catalytic cracking 催化裂化
circulating fluidized bed use in 在循环流化床中 10(125)
dense-phase fluidized bed use in 在密相流化床中 9(84)
 standpipe use in 在竖管中 8(54)
centrifugal fluidized beds 离心流化床 9(80、120)
centrifugal separators 离心分离器 7(1-3)
centrifugation 离心分离
gas-solid separation by 用于气固分离 7(1)
channeling 沟流
in dense-phase fluidized beds 在密相流化床中 9(77-79)
choking 阻塞
in circulating fluidized beds 在循环流化床中 10(129、132、133、138、165)
in pneumatic conveying 在气力输送中 11(171)

circulating fluidized beds (CFB) 循环流化床 10(125-166)
  applications of 应用 10(125)
axial profile of voidage in 空隙率的轴向分布 10(143-146、164)
  blowers in 鼓风机 10(126、142)
choking in 噎塞 10(129、132、133、138、165)
clusters and clustering in 团簇和成团 10(130、150-152、157)，12(228、238)
  compressors in 压缩机 10(126、142)
computational fluid dynamics for 计算流体动力学 10(156、157)
core-annular flow model for 环-核心流模型 10(152、165)
core-annular flow structure in 环-核心流结构 10(150、151)
  cyclones in 旋风筒 10(126、135)
dense-phase fluidization regime in 密相流化区 10(128、129、131、132)
deposition coefficient for 沉积系数 10(153、155)
dilute transport regime of 稀相输送区 10(125、147、148)
downcomer in 下料管 10(125-127)
  entrainment in 夹带
entrance geometry of 入口几何形状 10(145、146)
exit geometry of 出口几何形状 10(145、146)
fast fluidization regime in 快速流化区 10(128、129、131、134、152-157)
flow regimes and transitions in 流以及转变 10(128-142)

gas kinetic theory applied to 应用于气体动力论 10(157)
  granular flow in 颗粒流 10(157)
  granular temperature in 颗粒温度 10(157)
heat transfer coefficient in 传热系数 12(230、231)
  heat transfer in 传热 12(227-232)
hydrodynamics of 流体动力学 10(126、139、146、147、153、156)
intermittency index for 间歇性指数 10(150、151)
intermittent solids flow in 断续颗粒流 10(150、151)
  internals for 内部装置 10(125)
  J-valve in J-型阀 10(126)
  L-valve in L-型阀 10(126、136、139、140)
  mass transfer in 传质 12(239)
maximum gas velocities in 最大气体速度 10(132-134)
maximum stable bubble size in 最大稳定气泡尺寸 10(165)
  minimum gas velocities in 最小气体速度 10(132、134、141)
nonmechanical valves in 非机械阀 10(126、127、134)
operating conditions for 操作条件 10(125)，12(231、232)
particle-particle collision in 颗粒间的相互触碰 10(149、157)，12(230)
particle turbulent diffusion coefficient for 颗粒湍流扩散系数 10(153)
particle turbulent diffusion in 颗粒湍流扩散 10(153)

particle-wall collisions in 颗粒与壁面的碰撞 10(149), 12(230)

pressure balance in 压力平衡 10(134-138)

pressure drop in 压力降 10(128、129、135-137)

radial profile of voidage in 空隙率的径向分布 10(146、147), 12(230)

reactor applications of 应用于反应器 10(125)

risers in 上升管 10(125-128、135、139-141、145、146、153)

    seal pots in 密封槽 10(126)

solids circulation in 固体颗粒的循环 10(230、231)

solids flow control devices in 固体流量控制装置 10(126-127、136、138-142)

solids flow structure in 固体流结构 10(148-152)

solids holdup in 固体物料持有量 10(147-148)

    solids mixing in 固体颗粒混合 10(148-157)

S-shaped profiles of voidage in 气穴的S形分布 10(143、144)

suspension-to-wall heat transfer in 悬浮相与壁面的传热 12(227-228)

system configuration in 系统结构 10(126-127)

tangential gas injection in 注入切向气体 10(126)

transport velocity in 输送速度 10(130、164)

two-phase flow models applied to 两相流模型应用 10(156、157)

voidage in 空隙 10(143-147、150)

V-valve in V-型阀 10(126)

wall region of 壁面区域 10(128、129、147、148)

wavy solids layer in 波形固体颗粒层 10(149、150)

cloud-to-emulsion interchange coefficient 气泡晕与乳化相间的交换系数 12(235-237、245)

clusters and clustering 团簇和成团

in circulating fluidized beds 在循环流化床中 10(130、150-152), 12(228、238)

in dense-phase fluidized beds 在密相流化床中 9(104), 12(227-230)

role in heat transfer 在传热中的作用 12(227-230)

coal combustion 煤燃烧

circulating fluidized bed use in 应用于循环流化床 10(125)

dense-phase fluidized bed use in 应用于密相流化床 9(74)

heat transfer in 传热 11(205、223)

compatibility requirement 兼容性要求 8(44)

compressors 压缩机

in circulating fluidized beds 在循环流化床中 10(126、142)

conical hoppers 锥形料斗

    design diagram for 设计图 8(49)

    stress analysis of 应力分析 8(42)

contact efficiency 接触效率

effect on gas-solid mass transfer 对气固传质的影响 12(238)

continuity waves 连续波

in dense-phase fluidized beds 在密相流化

床中 9(84)
core-annular flow model 环-核心流模型 10(152、165)
core (funnel) flow hoppers 核心(漏斗)流料斗 8(36)
Coulomb powders 库仑粉体 8(39-40、51)
cyclones 旋风筒 7(1)
See also rotary flow dust separators 参见旋转流式除尘器
See also tangential flow cyclones 参见切向流旋风筒
 in circulating fluidized beds 在循环流化床中 10(126、135)
 collection efficiency of 收集效率 7(8-12)
  cut-off size of 切割尺寸 7(11)
 in dense-phase fluidized beds 在密相流化床中 9(79)
 flow field in 内部流场 7(4-8)
 geometric configuration of 几何结构 7(8)
 principles of 原理 7(1-12)
 reverse-flow cyclone 折返流旋风筒 7(1、3)
 uniform cyclone 同向流旋风筒 7(1、3)
cyclone scrubbers 旋风筒式洗涤器 7(27、28)
cylindrical column 圆柱
 stresses in 应力 8(41-42)

D

Darcy's law 达西定律 9(88、123)
Davidson-Harrison model 戴维森-哈里森模型
 for flow around a bubble in fluidized beds 流化床中的绕气泡流 9(88、90、121)、10(165)，12(236、245)
Davies and Taylor equation 戴维斯-泰勒方程 9(94)
DeBroucker's mean diameter 德布鲁克平均粒径 9(81)
dense-phase fluidized beds 密相流化床 9(74-124)，10(125)
acoustic fluidized beds 声波流化床 9(80)
 applications of 应用 9(74、75)
dense-phase fluidized beds 密相流化床 9(74-124)，10(125)
 baffles in 挡板 9(79、101、102)
 bed-collapsing technique applied to 床层崩塌技术的应用 9(122)
 bed expansion in 床膨胀 9(81、82、95-99)
 bed voidage in 床层空隙 9(74、91、101-103、112、116、123)
 bubble behavior in. See bubbles 气泡行为，参见气泡
 bubbling fluidization in 鼓泡流化 9(77、78、83-99)
 centrifugal fluidized beds 离心流化床 9(80)
 channeling in 沟流 9(77、78、79)
 components of 部件 9(79-80)
 convective heat transfer coefficient of 对流传热系数 12(225)
  cyclones in 旋风筒 9(79)
  diplegs in 料腿 9(79、80)
  elutriation in 扬析 9(103-105)
 emulsion phase in 乳化相 9(95-98)
 entrainment in 夹带 9(74、103、104)
 flow around bubbles in 绕气泡流 9(88-90)

fluidization regimes in 流态化区 9(77-79)
　　force fields for 场力 9(80)
freeboard of 自由空域 9(79、80、86、103、104)，10(145)
gas flow division in 气流分配 9(95-99)
heat exchangers in 热交换装置 9(79)
dense-phase fluidized beds 密相流化床 9(74-124)，10(125)
heat transfer in 传热 12(206、214、218-224)
hydrodynamics of 流体动力学 9(75、76、102、103)
　　instability of 不稳定 9(83)
internals in 内部装置 9(79、101、102)
inter particle forces in 颗粒间的力 9(75)
　　jetting in 射流 9(83、90、91)
lean-phase fluidization in 稀相流化床 9(74、77、99、100)
magnetofluidized beds 磁力流化床 9(80)
　　mass transfer in 传质 12(233-239)
minimum bubbling velocity in 临界鼓泡速度 9(85)
minimum fluidization in 临界流化 9(81、82、88)
minimum fluidization velocity in 临界流化速度 9(81、98、110)
particle classifications in 颗粒分类 9(74-79)
particle interaction in 颗粒间的相互作用 9(84)
particulate fluidization in 散式流化床 9(76-78)
reactor applications 反应器应用 9(74)
regime classifications in 流化区分类 9(75-79)
regime transition in 流化区转变 9(99-101)
slugging in 节涌 9(77、78、106-109)
solids ejection in 固体颗粒喷射 9(103、104)
dense-phase fluidized beds 密相流化床 9(74-124)，10(125)
solids mixing in 固体颗粒混合 9(74、83、86)
spouting in 喷射 9(76-79、90、110-112)
transition velocity in 转变速度 9(101)
transport disengagement height (TDH) 输送分离高度 9(103-106)
turbulent fluidization in 湍流流态化 9(77、78、99-102)
two-phase theory of fluidization applied to 流化床应用的两相理论 9(77、96、118、124)
　　vibrofluidized beds 振动流化床 9(80)
　　wall effect in 壁效应 9(106、122)
deposition coefficient 沉积系数 10(153、155)
depth filters 层间过滤 7(1、17-24)
Deutsch equation 多依奇方程 7(15-17)
diffusivity, thermal. See thermal diffusivity 扩散，热学，参见热扩散
dilute transport 稀相输送 9(77)，10(125)，12(229)
diplegs 料腿
in dense-phase fluidized beds 在密相流化床中 9(79、80)
discharge flow 卸出料流 7(67)
downcomer 下料管

in circulating fluidized beds 在循环流化床中 10(125-127、136、138-142)
drag coefficient 曳力系数 11(190、200)
drag force 阻(曳)力 7(21),8(57),11(168、182-184)
drag reduction 阻力变小 11(174-178)
drying 干燥
in dense-phase fluidized beds 在密相流化床中 9(74)
dust removal 除尘 7(1)
dynamic waves 动力波
in dense-phase fluidized beds 在密相流化床中 9(84、121)

E

electric wind 电场风
in electrostatic precipitation 在静电分离器内 7(1、14-15)
electrostatic precipitation and precipitators 静电分离器及工作原理
collection efficiency in 收集效率 7(15-17)
cylinder-type precipitators 圆筒形静电分离器 7(14)
gas-solid separation by 气固分离 7(1、13-17)
migration velocity and electric wind in 迁移速率和电场风 7(14、15)
particle charging in 颗粒荷电 7(13)
particle discharging in 颗粒放电 7(13)
plate-type precipitators 板式静电分离器 7(14)
principles of 工作原理 7(13-14)
elutriation 扬析
in dense-phase fluidized beds 在密相流化床内 9(103-106)

elutriators 淘洗器
in settling chambers 在沉降室内 7(24、25)
emulsion phase flow 乳化相 9(95-98)
emulsion phase/packet model 乳化相/团束模型
for heat transfer 用于传热 12(207、209、212-218)
entrainment 夹带
in dense-phase fluidized beds 在密相流化床内 9(74、103-106),10(145)
model for 模型 10(152-156)
equation of motion 运动方程 11(187)
Ergun equation 欧根方程 9(81)

F

fabric filters 纤维过滤 7(21)
collection efficiency of 收集效率 7(22、23)
diffusion collection in 扩散收集 7(22)
inertial impaction collection in 惯性碰撞收集 7(22)
interception collection in 拦截收集 7(22、23)
materials used in 应用材料 7(18)
fast fluidization regime 快速流化区 10(125)
in circulating fluidized beds 在循环流化床 10(128-130、134、138-142、152-157)
gas velocities for 气体速度 10(133-134)
mass transfer in 传质 12(238)
operating constraints of 操作条件 10(138-142)
Faxen effect 费克森效应 11(182)
film model 薄层模型

for heat transfer 应用于传热 12(207、297-209)
film-penetration model 薄层渗透模型
    for heat transfer 应用于传热 12(214-216)
filtration and filters 过滤和过滤器
    cake filters 滤饼过滤 7(17、18)
    collection efficiency of 捕集效率 7(22、23)
    fabric filters 纤维过滤 7(18、21-23)
    mechanisms and types of 原理和类型 7(17、18)
        pressure drops in 压降 7(17-22)
Fischer-Tropsch synthesis
    circulating fluidized bed use in 循环流化床应用 10(125)
fixed beds 固定床 9(74、77、81)
flowability of powders 粉体的流动性 8(41、45-50)
    arching effects on 结拱的影响 8(36、37、45、46、50)
        Jenike's model for 詹尼克模型 8(46)
    piping effects on 管流的影响 8(36、46)
    segregation effects on 分离的影响 8(46)
flow properties of powders 粉体的流变性
    angle of fall 塌落角 8(46)
    angle of repose 堆积角(休止角) 8(46)
        compressibility 压缩型 8(46)
        dispersibility 分散性 8(46)
fluid catalytic cracking (FCC) particles 流化催化裂化颗粒
    in fluidized beds 在流化床中 9(84、100)，10(125、130、133、139、144、147、164)

fluidization 流化
    regimes of 区 9(77-79)
    in dense-phase fluidized beds 在密相流化床 9(77-79)
    two-phase theory of 两相理论 9(83)
fluidized beds 流化床
    See also circulating fluidized beds 参见循环流化床
    See also dense-phase fluidized beds 参见密相流化床
    See also lean-phase fluidization 参见稀相流化
        bubbles in 气泡 12(217)
        See also bubbles 参见气泡
    dense-phase type. See dense-phase fluidized beds 密相型，参见密相流化床
    flow around bubbles in 绕气泡流 9(88)
    gas-particle heat transfer in 气体-颗粒之间传热 11(205)
    heat transfer coefficients in 传热系数 12(209)
        heat transfer in 传热 12(205-238)
        mass transfer in 传质 12(205-238)
        pressure drops in 压降 8(67)
    suspension-surface heat transfer in 悬浮系统表面传热 12(205、206)
    temperature control in 温度控制 12(205)
fountain height 喷流高度
    in spouted beds 喷腾床 9(112)
Fourier number 傅里叶数 12(212、214)
freeboard 自由空域
    in dense-phase fluidized beds 密相流化床

中 9(79、85)
friction 摩擦
    in powder flows 粉体流动 8(45、46)
Froude number 弗劳德数 9(83、113)，11(191、193、200)

G

gas convection 气体对流
    heat transfer by 传热 12(206、207)
gas convective component 气体对流项
    in heat transfer 传热 12(220、222、229)
gas distributors 气体分布板
    for dense-phase fluidized beds 用于密相流化床 9(79)
gas kinetic theory 气体动力论
    granular flow and 颗粒流 10(157)
gas-solid mixture momentum equation 气固混合动量方程 10(156)
gas-solid separation 气固分离 7(1-36)
    in circulating fluidized beds 在循环流化床中 10(126、127)
    by electrostatic precipitation 静电沉积设备(分离器) 7(1、13-17)
    by filtration 过滤 7(1、17-23)
    by gravity settling 重力沉降 7(1、23-26)
    by rotating flow 旋转流 7(1-12)
    by wet scrubbing 湿式洗涤 7(1、26、27)
gas-to-emulsion phase interchange coefficient 气体与乳化相间的转变系数 12(238)
gas-to-particle heat transfer 气体与颗粒间的传热
    in fluidized beds 流化床中 12(205、232、233)
    in spouted beds 喷腾床中 12(232、233)
gas-to-particle mass transfer 气体与颗粒间的传质
    in dense-phase fluidized beds 密相流化床 12(234、235)
gas turbulent diffusion coefficient 气体湍流扩散系数 10(158)
Gauss theorem 高斯定理 11(174)
Geldart's powder classification 吉尔达特粉体分类 9(75)，10(132)
grains 小硬颗粒
    pneumatic transport of 气力输送 11(167、204)
granular materials 颗粒物料
    hopper flows of 料斗流 8(36)
gravity chutes 重力溜槽
    solids transport by 固体颗粒输送 11(167)
gravity settling and settlers 重力沉降和沉降室
    collection efficiency of 收集效率 7(24、25)
    gas-solid separation by 气固分离 7(1、18)
    particle residence time in 颗粒停留时间 7(24、25)
    particle settling time in 颗粒沉降时间 7(25)
    pick-up velocity in 携带速度 7(24)

H

Haar-von Karman hypothesis 哈尔—冯卡门假说 8(51)
heat diffusion equation 热扩散方程 12(212)
heat exchanger 热交换装置

in dense-phase fluidized beds 密相流化床
9(74、79、80)
    downcomer use as 下料管 10(126)
heat transfer 传热 12(205-246)
    in annulus region 环形区域 12(232、233)
    bed-to-gas type 床层与气体 12(218、219)
    bed-to-surface type 床层与表面 12(209、219-224)
    in circulating fluidized beds 循环流化床 12(228-232)
    by convection 对流 12(206)
    in dense-phase fluidized beds 密相流化床 12(206、214、218-224)
    emulsion phase/packet model for 乳化相/团束模型 12(207、209、212-218)
    film model for 薄层模型 12(207-209)
    film-penetration model for 薄膜渗透模型 12(214-216)
    gas convective component in 气体对流分项 12(220、222、229、230)
    gas-to-particle type 气体与颗粒 12(233)
    modes and regimes of 模型和流态 12(206、207)
    particle convective component in 颗粒对流分项 12(220-222)
    by radiation 辐射 12(205、206、229、230)
    single-particle model for 单颗粒模型 12(207、209)
    in spouted beds 喷腾床 12(232、233)
    by thermal conduction 热传导 12(209)
    unsteady behavior of 非稳态行为

heat transfer coefficient(s) 传热系数 12(205)
    axial distribution of 轴向分布 12(230、231)
    for dense-phase fluidized beds 用于密相流化床 12(218)
    in emulsion phase/packet model 在乳化相/团束模型中 12(213)
    in film model 在薄层模型中 12(207)
    gas velocity effects on 气体速度的影响 12(207)
    of particle convection 颗粒对流 12(220-222、228)
    radial distribution of 径向分布 12(230、231)
    in turbulent regime 在湍流区域 12(227)
heat transfer probes 传热探针 12(220、232)
Higbie's penetration model 希格拜穿透模型 12(214、215、237、246)
Hinze-Tchen model 辛子-陈模型 11(176)
Hooke's law 胡克定律 8(37、44)
hoppers and hopper flows 料斗和料斗流 8(36-53)
    aerating jets for 空气炮 8(36)
    core (funnel) flow hoppers 核心(漏斗)流 8(36)
    flow patterns in 流动形态 8(36)
    flow-promoting devices for 促流装置
    hopper-standpipe-discharge flow 料斗-竖管卸料流量 8(58-61)
    mass flow hoppers 整体流料斗 8(36、

46-49)

hoppers and hopper flows 料斗和料斗流
 moving bed flows in 移动床 8(50-53)
 powder flowability in 粉体流动性
See flowability of powders 参见粉体流动性
 powder mechanics in 粉体机械 8(36-50)
 stress distribution in. See stress distribution 应力分布，参见应力分布
 stress failure in. See stress failure 应力破坏，参见应力破坏
 vibrators for 振动 8(36)
horizontal flow settling chamber 水平流沉降室 7(24、25)
Howard settling chamber 豪沃德(Howard)沉降室 7(24、25)
Hydrodynamics 流体动力学
 of circulating fluidized beds 循环流化床 10(126)
 of dense-phase fluidized beds 密相流化床 9(75)

I

inclined standpipe 倾斜竖管 8(68)
intermittency index 间歇指数
 for circulating fluidized beds 循环流化床 10(150-151)
internals 内部装置
 in fluidized beds 流化床中 9(79、101、102、122), 12(225)
intraparticle heat transfer resistance 颗粒内部传热阻力 12(233)

J

Janssen's model 詹森模型
 for stress distribution 应力分布 8(36、41-43), 9(123)
Jenike's model 詹尼克模型
 for powder flowability 粉体流动性 8(46)
Jenike translator 詹尼克平移
shear cell, for powder flowability 剪切盒，用于粉体流动性 8(45、46)
jetting 喷射
 in dense-phase fluidized beds 密相流化床 9(79、83、90、91)
 jet formation in 喷射流的形成 9(90、91)
 jet size in 喷射流大小 9(92-95)
J-Valves J-阀
 in circulating fluidized beds 循环流化床中 10(126)
 in standpipe systems 竖管系统中 8(67)

K

Knudsen number 克努森数 11(170、194、200)
Kolmogorov dissipative scale 科尔莫戈罗夫耗散尺度 10(152)
Kronecker delta 克罗内克函数 附录(247)

L

laser Doppler velocimetry (LDV) measurements 激光多普勒速度测定仪
 On cyclones 在旋风筒上应用 7(7)
lean-phase fluidization 稀相流化床 9(74、77、99、100), 10(125)
loopseal, in standpipe systems 弯管密封阀，在竖管系统 8(67、68)
L-valve L-型阀

in circulating fluidized beds 循环流化床
10(126、136、137、139、140)
in standpipe systems 竖管系统 8(67、68)

M

magnetofluidized beds 磁力流化床
9(80、120、121)
maleic anhydride production 马来(顺丁烯二)酸酐生产
circulating fluidized bed use in 循环流化床 10(125)
mass flow hoppers 整体流料斗 8(36、46-49)
mass interchange coefficient 质量交换系数 12(235、246)
mass transfer 传质
bubble-to-cloud type 气泡与气泡晕之间 12(235-238)
in circulating fluidized beds 循环流化床中 12(238)
in dense-phase fluidized beds 密相流化床中 12(234-238)
in gas-solid systems 气固系统中 12(234-239)
gas-to-particle type 气体与颗粒之间 12(234、235)
in multiphase systems 多相系统中 12(234-239)
mass transfer boundary layer 传质边界层 12(238)
mass transfer coefficient 传质系数 12(205、234-236)
Mickley-Fairbanks model for heat transfer 麦克利-费尔班克斯传热模型 12(212-214)

microorganism cultivation 微生物培养
dense-phase fluidized bed use in 密相流化床 9(74)
migration velocity 迁移速率
in electrostatic precipitation 静电分离器 7(14、15)
minimum fluidization 临界流化 9(81、82、88)
Mohr circle 莫尔圆
for plane stresses 平面应力 8(37-40、43、44、46、48)
Mohr-Coulomb failure criterion 莫尔-库仑破坏准则
for granular materials 颗粒物料 8(39、40、46、51)
molecular diffusion coefficient 分子扩散系数
of gas 气体 12(236)
momentum equation 动量方程 7(20)
Monte Carlo method 蒙特卡罗法 7(26)
Moody chart for pipe friction 管道摩擦穆迪图 11(176-178)
multiple-tray settling chamber 多盘式沉降室 7(24)

N

Navier-Stokes equations 纳维-斯托克斯方程 7(5、19)
nonmechanical valves 非机械控制阀 8(67-69)
Nusselt number 努塞尔数 12(218、219、233、238、240)

O

overflow weir 溢流堰(围栏板)
in dense-phase fluidized beds 密相流化床

9(123)

P

packet resistance 团束内阻
    for heat conduction 热传导 12(214)

packets 团束
    clusters as 团簇 12(228)

particle(s) 颗粒
    circulation of, effects on heat transfer 循环，对传热的影响 12(206、219、220)
    deformation of. See deformation 形变，参见形变
    in dense-phase fluidized beds 密相流化床 9(75-79)
    Geldart's classification of 吉尔达特分类 9(75)
    interactions of 相互作用 9(84)，10(157)，11(170、219)

intraparticle heat transfer 颗粒内部传热 12(205)

particle convective heat transfer 颗粒对流传热 12(206、209、220-222、224、228)

particle convective heat transfer coefficient 颗粒对流传热系数
    Axial and radial profiles of 轴向及径向分布 12(245)

particle Reynolds number 颗粒雷诺数 8(55)，9(82、113)，10(158)，12(240)

particle-to-gas heat transfer 颗粒与气体间的传热
    in dense-phase fluidized beds 在密相流化床 12(218、219)

particle-to-gas mass transfer coefficient 颗粒与气体间的传质系数 12(234)

particulate fluidization 颗粒流化
    in dense-phase fluidized beds 密相流化床 9(75-77)

particulate fluidized beds 散式流化床
    heat transfer in 传热 12(207、217)

pick-up velocity 携带速度
    in gravity settling chambers 重力沉降室 7(24)
    in horizontal pneumatic conveying 水平气力输送 11(180、182-184)

plugs 栓塞
    in pneumatic conveying 气力输送 11(171、172)
        square-nosed 方头凸起 9(107)

pneumatic conveying methods 气力输送方法 10(153)，11(167-204)
    acceleration length in 加速长度 11(178、179)
    advantages and disadvantages of 优缺点 11(167)
        choking in 噎塞 11(171)

pneumatic conveying methods 气力输送方法 10(153)，11(167-204)
    classifications of 分类 11(167)
    critical transport velocities in 临界输送速度 11(180、181)
    dilute suspension flow in 稀相悬浮流 11(169、172)
    dilute transport regime in 稀相输送区 10(125)
        drag reduction in 阻力变小 11(174-178)
    flow characteristics in 流动特征 11(170-172)

名 词 索 引

flow regimes and transitions in 流态及其
转变 11(170-173)
fully developed dilute pipe flows in 充分
发展的稀相管流 11(188-200)
horizontal transport in 水平输送
11(167、172、173、180)
inclination angle effects on 倾角的影响
11(183)
minimum transport velocity in 临界输送
速度 11(180-182、204)
momentum integral equations for 动量积
分方程 11(185、186)
moving bed flow in 移动床流 11(171)
negative- and positive-pressure systems in
负压和正压系统 11(167)
operational modes of 操作模式
11(167-169)
particle sedimentation in 颗粒沉积
11(171、172)
particle-wall forces in 颗粒与壁面间的作
用力 11(180、182、183)
pick-up velocity in 携带速度 11(180、
182-184)
pipe-bend flows in 弯管流 11(173、179、
184-188)
  plug flow in 栓塞流 11(171、172)
  pressure drop in 压降 11(173-178)
  saltation in 跳跃 11(171、180)
shedding layer in 脱离层 11(185、204)
single-phase flow in curved pipes in 弯管
内的单相流 11(184-187)
slip velocity of particles in 颗粒的滑移速
度 11(194)
  stratified flow in 分层流动 11(171、
172)

temperature distributions of phases in 相
的温度分布 11(196-200)
variables affecting 变量的影响 11(167)
vertical transport in 垂直输送 11(167、
172、173)
  wall region of 壁面区域 11(173、
176)
Poisson's ratio 泊松比 8(38、70)
polymerization 聚合
  heat transfer in 传热 12(205)
polymers 聚合物
use in fabric filters 用于纤维过滤 7(18)
powder(s). See also Coulomb powders 粉
体，参见库仑粉体
flowability of. See flowability of powders
流动性，参见粉体流动性
  flow properties of 流动特点 8(45)
motion onset in. See stress failure 运动起
始点，参见应力破坏
  shear testing of 剪切实验 8(44、45)
powder mechanics 粉体力学
  angle of friction 摩擦角 8(45)
  bulk density 松密度 8(45)
  cohesion 粘性 8(45)
  in hopper flows 料斗流 8(36-50)
  major principal stress 主应力 8(46)
unconfined yield strength 开放屈服强度
8(45)
Prandtl number 普朗特数 11(198、
200)，12(238、240)
pressure drops 压降
in circulating fluidized beds 循环流化床
10(128-130、138)
in fluidized beds 流化床 8(67)，9(81-82)
pseudocontinuum model 拟连续模型
8(41、54)

R

radiant heat transfer coefficient 辐射传热系数 12(224)

radiative heat transfer 辐射传热 12(205、206、220、223、224、229、230)

　　See also thermal radiation 参见热辐射

radiative heat transfer coefficient 辐射传热系数 12(229)

random surface renewal 随机表面更替

　　heat transfer and 传热 12(215)

Rankine's combined vortex model 兰金(Rankine)混合涡流模型 7(3-4)

reactors 反应器

　　circulating fluidized bed use in 循环流化床 10(125)

　　dense-phase fluidized bed use in 密相流化床 9(74、123)

regime classifications 流化区分类

　　in dense-phase fluidized beds 密相流化床 9(74-79)

relaxation time 弛豫时间

　　Stokes relaxation time 斯托克斯弛豫时间 7(9、33)，11(176、201)

Reynolds number 雷诺数 7(5)，11(176、177、190、193)，12(219)

Reynolds stress 雷诺应力 10(157)

Richardson-Zaki correlation 理查森-扎克相关性 8(55、70、73)，10(153)

risers 提升管

　　circular, model for 环形，模型 10(152)

　　in circulating fluidized beds 循环流化床 10(125-128、134、139-141、145-147)

　　unstable operation 不稳定操作 10(133、138、139、142)

rotary flow dust separators 旋转流分离器 7(1)

　　axial flow cyclones 轴流式旋风筒 7(2)

　　mechanism and types of 原理和类型 7(1-3)

　　tangential flow cyclones 切向流旋风筒 7(1、2、4、5-12)

　　tornado dust collectors 龙卷风除尘器 7(2)

S

Saffman force 萨夫曼力 11(182)

saltation 跳跃

　　in pneumatic conveying 气力输送 11(171、180)

screw conveyors 螺旋输送机

　　solids transport by 固体颗粒输送 11(167)

seal pots 密封槽

　　in circulating fluidized beds 循环流化床 10(128)

settling chambers 沉降室

　　gas-solid separation by 气固分离 7(1)

shear testing 剪切实验

　　Jenike translatory cell for 詹尼克平移剪切盒 8(44、45)

　　of powders 粉体 8(44、48、49)

　　rotational split-level shear cell for 旋转分层剪切盒 8(46)

Sherwood number 舍伍德数 12(238、240)

silo design 料仓设计 8(48)

single-particle model 单颗粒模型

　　for heat transfer 传热 12(207、209)

slip velocity 滑移速度
　cluster concept and (颗粒)团束概念 10(152)
　between particles 颗粒间 10(156), 12(239)
　　in standpipes 竖管中 8(66)
slugging 节涌
　in circulating fluidized beds 循环流化床中 10(129)
　　continuous 连续 9(107-109)
　in dense-phase fluidized beds 密相流化床 9(77、78、95、106-109)
solids circulation 固体颗粒循环
　in circulating fluidized beds 循环流化床中 12(230、231)
solids mixing 固体颗粒混合
　in circulating fluidized beds 循环流化床中 10(148-157)
　in dense-phase fluidized beds 密相流化床中 9(74、83、86、103)
spouted beds 喷腾床
　in dense-phase fluidization 密相流化中 9(75、77、79、90、109-112、123)
　　heat transfer in 传热 12(233)
spouting 喷腾
　effect on heat transfer coefficients 对传热系数的影响 12(206)
　　fountain height 喷腾高度 9(112)
　maximum spoutable bed depth in 最大喷腾高度 9(112)
　minimum spouting velocity 最大喷腾速度 9(111)
　　onset of 喷腾起始点 9(111)
　　spout diameter in 喷腾直径 9(109、112)

spray chamber scrubbers 喷雾室洗涤器 7(26-27)
square-nosed slugs 方头节
　formation in dense-phase fluidized beds 密相流化床中形成 9(107)
standpipes and standpipe flows 竖管和竖管流 8(36、54-58)
　aeration of 充气 8(68、69)
　downcomer use as 下料管 10(126)
　inclined standpipes 倾斜竖管 8(67-69)
　leakage of flow of gas in 气体的泄漏 8(62-65)
　multiplicity of steady flows in 稳定流的多样性 8(61、62)
　nonmechanical valves in 非机械控制阀 8(67-69)
　overflow standpipes 溢流型竖管 8(65-67)
　stress distributions in 应力分布 8(41、44)
　system types 系统形式 8(65-69)
　underflow standpipes 底流型竖管 8(65-67)
Stefan-Boltzmann constant 斯特藩-玻尔兹曼常数 11(197、201), 12(223、241)
Stokes drag force 斯托克斯曳力 7(8、24、25), 11(180)
Stokes flows 斯托克斯流 7(26)
Stokes number 斯托克斯数 10(155、158), 11(170)
Stokes relaxation time 斯托克斯弛豫时间 7(9、33), 11(176、201)
stress distribution 应力分布
　equation of equilibrium 平衡方程 8(44)
　in hoppers 料斗中 8(41-44)

Janssen's model (cylindrical column) 詹森模型(圆柱体) 8(36、41、42)
in steady hopper flow 稳定料斗流 8(44、45)
Walker's analysis 瓦尔克分析法 8(42、43)
Walters' analysis 瓦尔特分析法 8(42、43)
stress failure 应力破坏
  active failure 主动破坏 8(40、43)
  incipient failure 起始破坏 8(39)
Mohr-Coulomb failure criterion 莫尔-库仑破坏准侧 8(39、40)
  passive failure 被动破坏 8(40、43)
  of powders 粉体 8(36)
Sturm-Liouville boundary-value problem 施图姆-刘维尔边界值问题 11(199)
surface renewal model 表面更替模型
  for heat transfer 传热 12(208)
suspension density 悬浮体密度
  effects on heat transfer coefficient 对传热系数的影响 12(231)
suspension-surface heat transfer 悬浮体与表面间的传热
  See also bed-to-surface heat transfer 参见床层与表面间的传热
  in fluidized beds 流化床 12(205-218)
suspension-to-gas heat transfer 悬浮体与气体间的传热
  See also bed-to-gas heat transfer 参见床层与气体间的传热
  in dense-phase fluidized bed 密相流化床 12(218)

T

tangential flow cyclones 切向流旋风筒 7(1、2、4-8)
  collection efficiency of 收集效率 7(8-12)

thermophoresis effect 热泳效应 7(26)
tornado dust collector 龙卷风分离器 7(3)
transport disengagement height (TDH) 输送分离高度
  in dense-phase fluidized beds 密相流化床中 9(103-106、113)
transport velocity 输送速度
  in circulating fluidized beds 循环流化床中 10(130-132)
turbulence 湍流
  in cyclone separators 旋风分离器中 7(7)
turbulent fluidization 湍流流化
  in dense-phase fluidized beds 密相流化床中 9(77、78)
turbulent mixing 湍流混合 7(8、15)
two-phase theory of fluidization 流化的两相理论 9(78、96、108、124),10(156)

U

unsteady heat transfer behavior 非稳态传热行为 12(208)

V

Van der Waals forces 范德瓦尔斯力 7(18),9(75),10(150),11(180)
Venturi scrubbers 文丘里洗涤器 7(27、28)
vibratory conveyors 振动输送机
  solids transport by 固体颗粒的输送 11(167)
vibrofluidized beds 振动流化床 9(80)
viscosity 粘度
  of gas-solid suspensions 气固悬浮体 9(87)

V-valve V-型阀
 in circulating fluidized beds 循环流化床
  中 10(126)

W

wake 尾流
 from bubbles 气泡 9(83、90)
 shedding of 脱落 9(87)
 in slugging bed 节涌床中 9(107)
wake angle 尾涡角
 of bubbles 气泡 9(85-87)
Walker's analysis 瓦尔克分析法
of stress distribution 应力分布 8(42、
 43)
walls 壁面
effect on dense-phase fluidized beds 对密
 相流化床的影响 9(107、122)
particle collisions with 颗粒与器壁的碰
 撞 7(11)
role in heat transfer 在传热中的作用
 12(227-229、233)
wall slugs 壁涌节
formation in dense-phase fluidized beds
 形成于密相流化床中 9(107)
Walters's analysis 瓦尔特分析法
of stress distribution 应力分布 8(42-43)

waves 波
 in circulating fluidized beds 循环流化床
  中 10(149)
 in dense-phase fluidized beds 密相流化床
  中 9(84)
Weber number 韦伯数 9(87)
Wen-Yu equation 文-余方程 9(82)
wet scrubbing and scrubbers 湿法洗涤和
 洗涤器
 cocurrent-flow mode in 在顺流模型中
  7(27、31)
 countercurrent-flow mode in 在逆流模型
  中 7(27、30)
 cross-flow mode in 在交叉流模型中
  7(27、29)
  cyclone scrubbers 旋风式洗涤器
  7(26)
 gas-solid separation by 气固分离 7(1、
  24)
 mechanisms and types of 机理和类型
  7(26-27)
  modeling of 模型 7(27-31)
 spray chamber scrubbers 喷雾沉降室
  7(26-27)
Venturi scrubbers 文丘里洗涤器 7(26、
 27、28)